高等学校土木工程专业"十四五"系列教材

明挖法设计与施工

李东阳　陈玉超　付春青　编著

刘　波　主审

中国建筑工业出版社

图书在版编目（CIP）数据

明挖法设计与施工 / 李东阳，陈玉超，付春青编著
. — 北京：中国建筑工业出版社，2024.1
高等学校土木工程专业"十四五"系列教材
ISBN 978-7-112-29114-4

Ⅰ. ①明… Ⅱ. ①李… ②陈… ③付… Ⅲ. ①地下工
程－明挖法施工－高等学校－教材 Ⅳ. ①TU94

中国国家版本馆 CIP 数据核字（2023）第 170525 号

本书全面地讲解了明挖法基坑工程的调查规划，土压力的计算、渗透稳定性、支护结构内力与基坑变形、各种支护技术的原理、设计和施工方法，地下水控制、时空效应和工程监测方面的内容。

本书为土木工程，城市地下空间工程、交通工程等专业的教学用书，供高年级本科生、研究生及相关工程技术人员参考。

为便于教学，作者特制作了与教材配套的电子课件，如有需求，可发邮件（标注书号，作者名）至 jckj@cabp.com.cn 索取，或到 http://edu.cabplink.com 下载，电话（010）58337285。

责任编辑：吉万旺　刘颖超
文字编辑：勾淑婷
责任校对：赵　颖

高等学校土木工程专业"十四五"系列教材
明挖法设计与施工
李东阳　陈玉超　付春青　编著
刘　波　主审
*
中国建筑工业出版社出版、发行（北京海淀三里河路 9 号）
各地新华书店、建筑书店经销
北京红光制版公司制版
天津翔远印刷有限公司印刷
*
开本：787 毫米×1092 毫米　1/16　印张：18¾　字数：466 千字
2023 年 12 月第一版　2023 年 12 月第一次印刷
定价：**60.00** 元（赠教师课件）
ISBN 978-7-112-29114-4
（41826）

前　　言

随着明挖法工程实践的深入发展，工程界产生了许多技术创新，积累了大量新的经验，同时对工程技术的原理有了更为深入的认识。在课堂教学中，作为教材，将相关的规范和计算公式背后隐含的科学原理讲清楚，是一个值得努力的方向。特别是在强调技术创新的今天，培养具有创新能力的高等技术人才是国家高等教育的需求。只有从原理出发，掌握工程技术的内在逻辑和关键点，才是进行真正有效创新的关键。因此，本教材尝试对相关的工程技术原理做较为深入的剖析，以求达到学生能知其然，知其所以然的教学效果。为学生在本领域创新思维的培养奠定基础。因此，本教材偏重于工程技术原理的分析。

当今的工程设计和施工，几乎离不开相关计算模拟技术，特别是有限元、离散元模拟，已经获得广泛的应用。本教材选编了部分计算模拟的基础理论和方法，对于高年级本科生和研究生来说，应该进行知识应用能力的拓展，能够将实际工程问题和理论结合起来，正确地选用本构模型、边界条件和材料参数，采用某种计算软件正确地模拟明挖基坑工程的施工过程，从而培养学生利用课堂知识解决本领域实际工程问题的能力。

为增强课堂教学效果，提高教学质量，同时让学生了解本行业对其知识水平的要求。本教材选编了大量的案例与习题，主要参考岩土工程行业专业考试试题。难度比较大，部分内容需要学生自行查找行业规范来解决，从而培养学生在专业知识层面的自主学习能力和开拓能力。

限于编写时间和作者的知识局限，书中难免出现谬误，恳请读者来信指正，以便及时修正。

教材编写过程中，团队的研究生参与其中，马志宏、徐铭菲、赵癸、贺宇协助完成了部分章节的整理工作。

2023 年 8 月

目 录

第 1 章 概 述

1.1 明挖法

1.1.1 明挖法的定义

明挖法是从地面向下开挖至指定位置并修建构筑物的施工方法总称，通常需要同时支护系统。依据设计施工过程中的分析方法、仪器设备和检测方法的发展水平，及以往工程的实际开挖经验，目前普遍采用的开挖深度在 40m 以内。

1.1.2 主要术语

（1）极限状态设计法：用来研究各种极限状态的设计方法（包括承载能力极限状态、正常使用极限状态、疲劳极限状态），用于确定结构或构件是否满足功能要求并达到设计目的。

（2）极限状态：结构不能满足其功能要求的临界状态。

（3）设计使用年限：设计规定的结构或结构单元可以完全发挥其功能的年限。

（4）临时结构：在开挖至回填隧道主体期间，为支撑土压力、水压力和路面荷载等并保持开挖区域及周边地区稳定而修建的临时结构，包括支护系统和栈桥。

（5）支护系统：由挡土墙和支撑构成。一方面，挡土墙直接承受土压力和水压力，包括排桩和挡板、钢板（管）桩和地下连续墙等；另一方面，支撑作用于挡土墙，包括横撑、腰梁、角撑、水平拉杆、竖向拉杆和横撑梁。横撑可以用锚杆或类似结构来代替。还可使用悬臂式支挡系统。

（6）经典计算法：这种计算方法是通过表观土压力来计算挡土墙的应力。表观土压力是根据实测的横撑轴力求得。在此过程中，假设横撑位置受到简支梁或连续梁的支撑并且在基坑一侧的地层以下存在一个虚拟的支撑点。该方法适用于较小规模的开挖。

（7）梁-弹簧模型计算方法：这种计算方法被用于计算临时挡土结构的应力和变形，假设挡土墙为有限长的梁，基坑一侧的地层为弹塑性体，支撑为弹性支撑。这种方法适用于大规模的开挖。用于小规模开挖时，需要计算临时支护结构的变形。

（8）辅助工法：在地质条件不稳定或开挖可能对周边地层或结构产生较大影响时所采取的措施，包括化学注浆法、降水法、地层冻结法、石灰桩法、粉喷法等。

（9）作为主体结构的永久使用：指将挡土墙等临时结构作为主体结构使用，或者将主体结构的底板作为挡土支撑使用。

1.1.3 明挖法的施工流程

明挖隧道的建造过程如图 1-1 所示，涉及调查、规划到设计、施工顺序流程。

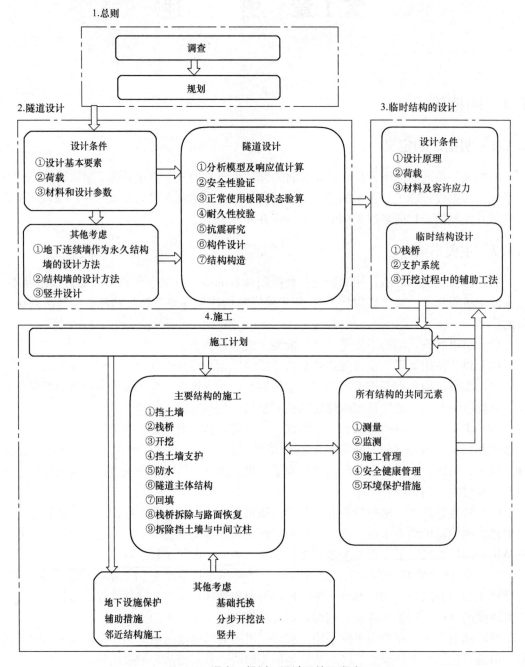

图 1-1 调查、规划、设计及施工顺序

1.2 调查

1.2.1 调查的目的

调查的目的是确保合理的隧道规划、设计、施工以及保护周边环境。需要收集必要资料，以便研究使用明挖法施工的区段、隧道线性、深度、形状和结构，以及施工方法、环境保护措施、施工安全措施、施工进度、工程费用，确保隧道规划、设计、施工合理恰当，同时保护周边环境。

调查务必翔实，所获资料不仅对施工过程非常重要，对完工隧道的后期维护和管理也十分重要，还必须考虑长期施工对周围环境可能造成的影响。

1.2.2 施工场地调查

现场调查是为了了解隧道线路附近的各种情况，以便确定隧道的线形、深度、形状结构和施工方法。调查数据也可用于施工前的规划、工程设计以及施工。

施工场地调查包括以下方面：

1. 土地使用情况

土地使用情况的调查目的在于确定城市、农村、森林、公园、河流、湖沼等区域的土地使用情况。在城市，还需调查法律法规、调查商业区的范围并了解城市未来土地使用规划。此外，应调查了解是否存在有价值的自然风景、历史遗迹、重要的文化遗产，有无土地所有权、水利所有权和其他物权的归属问题。

研究土地使用情况的另一目的在于了解隧道沿线区域地面及地下的各种限制条件。

2. 道路交通情况

道路宽度、车道数量、道路的重要程度、交通量将会对路面施工产生重大影响，尤其影响道路作业带的设置、弃渣和其他各种材料的运输及施工进度。应确认规划设计以及施工阶段可能遇到的各种情况。

3. 地形地貌情况

地形地貌调查是指根据既有文献和地形图以及现场踏勘情况，确定地貌的变化，例如高程差、地面地形或回填情况等。通过调查可以了解地层的总体情况，包括地层结构的复杂性、潜在的问题土体、地下水情况等。

4. 施工场地情况

在明挖法施工过程中，重型机械和泥土搬运设备的放置点是影响施工条件的重要因素。为确保这些地点的安全，必须事先进行详细调查。在规划阶段，还应考虑施工场地靠近城市中心区时的安全保障难度。为免施工过程中出现用电不足的情况，并保障大量用水和排水的需要，务必事先确定施工场地周边供电设施或给水排水设施的情况。

5. 河流湖沼情况

在河床以下修筑隧道时，应对河流的水文、通航、水利、开挖底部的稳定性、旱涝期水位差等情况进行调查。如果明挖隧道的施工现场靠近河流，也需进行此类调查，因为施工前必须在该区域临时设置河流围堰，防止河水流入施工现场。同样的调查也适用于隧道附近有池塘或湖泊的情况。

1.2.3　障碍物调查

　　障碍物情况调查，是指调查施工场地内是否存在妨碍或影响施工的物体。在规划阶段先进行粗略的调查，在设计和施工阶段要进行详细的调查。

　　应对以下构筑物产生的障碍情况进行调查：

　　1. 地上及地下建筑

　　对于房屋、桥梁、路面设施等地面建筑以及地下停车场、地下购物中心、地铁等地下建筑物进行调查时，必须以设计计算和设计图纸为依据，对其结构形式、基础情况、使用设施等情况进行调查。

　　2. 地下埋设物

　　地下设施调查是对地下管道的规模、位置、埋深、材料质量以及老化程度进行调查。大型埋设物对隧道规划有着重要影响。其余地下设施，例如打桩、开挖，对施工也多有妨碍。因此，为了防止事故并避免额外的施工量，对埋设物的调查必须不留遗漏。

　　在施工时，需要通过现场试坑的办法，确定是否存在障碍物影响隧道施工。地下设施的调查概要见表1-1。

地下设施的调查概要　　　　　　　　　　　　　　　表 1-1

调查阶段	前期调查	设计及施工规划阶段调查	施工调查
调查目的	① 确认地下设施的整体情况； ② 预设对隧道工程有影响的地下设施，并确认前期调查之后需进一步调查的内容	① 确认有影响的地下设施情况，获得设计和施工规划可用参考资料； ② 绘制地下设施分布平面图	确认这些设施是否影响施工
调查方法	① 根据平面测量图调查检修孔位置； ② 核对地下设施分类账目（由管理员保管）； ③ 踏勘确认	① 孔道和检修井等内部调查； ② 试坑； ③ 磁力勘探； ④ 雷达探测	① 在必要位置进行详细试坑； ② 确认涵洞、管道和检修孔的位置和内部情况
附注	要求管理员提供地下设施分类账目等相关资料	要求地下设施相关管理人员到场	与地下设施管理员保持密切联系，要求与会，对于管理归属不明及陈旧设施的处理办法要通过商议决定

　　3. 建筑和临时工程的残余物

　　在建筑物被拆除后，有许多废弃的基础和临时桩残留可能成为障碍物。另一种潜在的障碍物是修建地下建筑或设施时建造的临时工程。一些河川中还留有护堤和桥墩的残留物。因此，必须对施工场地或场地附近的残余物或回填料进行详细调查。

　　4. 地下文化遗产

　　在可能出土地下文化遗产的地点，必须在与相关各方进行密切协商后对其进行调查。

以了解详情。

5.其他障碍物

如果有计划将来在隧道位置周边建设地上及地下建筑物或设施，必须对这些计划施工的建筑进行研究，了解其结构和施工安排，并对隧道施工做出必要调整，以免发生互相干扰。

1.2.4 地质条件调查

为确保设计及施工的合理性，需要对地质进行调查，以便精确掌握隧道沿线和附近的地质构造和特性。由于场地特性各不相同，相关调查必须翔实。调查阶段大致分为初步调查和主体研究两个阶段。必要时可进行补充调查以获得所需信息。

初步调查是为了获取隧道整体路线。调查结果直接影响主体研究和补充调查的精确度和经济性，因此选取调查的项目和数量要适当。主体研究过程中，通常采用钻孔来了解地层条件。钻孔调查的具体要求（样本数量、间隔、深度等）必须结合地形条件、地层状况和隧道位置等因素确定。调查方法主要包括：查阅相关文献、现场踏勘、钻孔、试坑和地球物理勘探等。

地下调查概要见表 1-2。一般根据工程规模和内容对调查项目进行增减。主体研究和补充调查的位置、项目和内容必须依据初步调查的结果来确定。

地下调查概要 表 1-2

调查阶段	初步调查		主体研究		补充调查
	资料调查	现场踏勘	基础调查	详细调查	
调查目的	① 把握总体的地层构造、地质情况； ② 预测问题土质； ③ 确认主体调查的位置和项目		① 掌握整体路线沿线的地层构造和地质情况； ② 掌握潜在的问题土质； ③ 掌握地下水位等地理条件； ④ 掌握基本的岩土特性； ⑤ 决定详细调查方针	① 掌握详细的岩土特性； ② 掌握详细的水力特性； ③ 具体确认问题土质	① 主体调查的补充； ② 对未确认预测区域的追加调查； ③ 掌握特殊条件下设计所需的常数； ④ 确认数值分析预测所需的常数
主要方法	① 调查现存资料； ② 文献调查	① 地面调查； ② 竖井勘察； ③ 简易声波探查； ④ 询问当地居民	① 钻探法； ② 声波探测； ③ 地球物理勘探； ④ 实验室突然测试（物理特性和强度）	① 钻探法； ② 声波探测； ③ 地球物理勘探和测井； ④ 抽样测试； ⑤ 土工试验（物理特性和强度）； ⑥ 原位试验； ⑦ 水质测试； ⑧ 试坑	① 钻探法； ② 声波探测； ③ 地球物理勘探和测井； ④ 抽样测试； ⑤ 土工试验（物理特性、强度和动态特性）； ⑥ 现场试验； ⑦ 原位试验
调查内容	① 地形； ② 地质； ③ 周边环境（自然和社会的）； ④ 以往灾害； ⑤ 主体研究点的选定		① 地质构造； ② 问题底层的分布（如：软土）； ③ 水力条件（地下水位，含水层等）； ④ 岩土特性（物理特性、强度）； ⑤ 设计施工上的问题		① 详细的地层构造； ② 岩土物理特性（物理、强度、动态特性等）； ③ 详细的水力条件

依据现场条件，须对施工场地的地质条件进行调查，以获取以下信息：

1. 地层和地质构造

依据以往的资料调查、现场踏勘及钻探调查情况，必须掌握整条隧道路线上地层中的岩石构成情况、层厚及地层特性（连续性及方向性）。由于地貌大多能反映地层状况，因此依据现场踏勘确认地貌情况也很重要。一般情况下，在丘陵和高原地区，除边缘部分的冲积阶地外，不存在冲积层，软土层也很少。即使在低矮的冲积平地，通过细致观察地形和考察地貌，在某种程度上也有可能推测出地层中的岩石构成和地质结构。

如果规划的线路与高原和低地的边界平行或者相交，则有可能因土体条件不同产生巨大不对称压力。

若隧道易受地震影响，则需扩大地质调查范围，且加深调查深度。

2. 岩土力学特性

地层的物理特性与地质形成年代、沉积环境和地层的成分有关。沉积砂和沉积黏土的岩土力学特性（如物理特性、动力学特性以及渗透性）存在显著差异。因此，需要确认地层的形成年代、地质情况和地质相。

3. 地下水

地下水位通常通过钻探法测定。当砂层和砂砾层中存在黏土层或粉土层等不透水层时，这些含水层中的孔隙水压力分布未必与普通地下水位的静水压力分布相同。因此，需要测定各含水土层中的孔隙水压力。

地下水调查的目的在于确认地下水在各含水层中的分布情况（水位，波动情况等）以及土体的渗透性（土体渗透系数和储水系数等）。

相关地下水的调查有所不同，把握事项也相应不同。在靠近山地、高原或处于冲积扇区域的砂砾层中可能在正常地下水位以上存在承压水。在这种情况下，在隧道设计时，应注意水压力的取值。在施工时，这些因素会使挖掘变得复杂，或导致挖掘过程中地基沉陷和出现涌水涌砂。这时需要实施辅助工法，如抽取地下水来降低水压，或通过化学注浆进行止水。在选用辅助工法时，需要调查含水土层的透水系数，计算所需抽取水量及其影响范围和止水方法。渗透系数可大致从颗粒粒径分布估算。因此，有必要确定哪些条件会影响水头和测算。开挖深度大以及地下水的存在，尤其开挖面以下存在的承压水，将会成为影响辅助工法的选定和周边环境保护的重要影响因素。

明挖隧道经常穿过各种建筑物或旧址。近年来，所经区域的地下水污染已经产生了严重问题，因此必须对其进行详细的评价和研究，确认是否存在地下水污染情况，是否存在特定污染物以及污染源。此外，还需了解污染物使用、储存和处理的方法和场所。地面污染情况也应该如上所述根据需要进行调查。

4. 其他

特别应注意空气中是否存在缺氧情况和有毒气体。在不透水层下存在不含水或含水很少的砂砾层时，或在不透水层中的覆砂层或砂砾层之下存在含有机物的腐殖土时，这些砂层和砂砾层的间隙可能含有缺氧空气和有毒气体。在这种风险存在的情况下，必须调查间隙中空气的组成、气体的性质等。在确认缺氧空气或有毒气体存在的情况下，施工时必须通入新鲜空气并测定隧道内空气中的氧气浓度。

在设计施工过程中，以下地层条件可能产生问题，在调查时必须留意：

（1）含有承压地下水的卵石层和砂砾层会导致开挖和施工困难，可能需要采取止水等辅助措施。

（2）若隧道修建在地下水位以下的松软砂层中，发生地震时，隧道会因为周围地层液化而发生抬升或下沉的情况。必须进行标准贯入试验和土颗粒分析试验，研究隧道周边可能发生的液化现象。开挖这种类型的地层可能会出现涌水涌砂的情况。应根据透水系数选择支护方案和辅助方法。

（3）在软土淤泥层或黏土层中施工易导致周边地基土发生变形以及开挖底面隆起开裂。

（4）在软土淤泥层或黏土层中开挖隧道时，若发生地震时，这两种土体会发生很大位移，且土体的抗剪强度会大大下降。因此，需对地层进行测试，了解土体的动态变形特性。

由于这类地层会增加工程难度。施工前，应先基于已有资料绘出地质纵断面图。设计和施工过程中，应充分考虑工程位置、地层构造、土体类型以及地下水之间的相互关系。

1.2.5 环境保护调查

在隧道施工前、施工中及施工完成后，都应对可能影响周边环境的因素进行研究。为尽量减小隧道施工对周边环境的影响，必要时应对以下方面进行调查：

1. 噪声和振动

城区施工需遵守各种有关噪声和振动的规定。在学校、医院等公共设施周边的规定尤其严格。因此，事先必须调查这些公共设施的分布情况。在施工阶段，需要对噪声和振动进行测定，以便确定噪声和振动对周边环境的影响。工程投入使用后，如果噪声和振动对周边公共设施的运营可能产生不利的影响，也应研究应对措施。

2. 地层变形

应提前确认地层情况，并且应根据勘探所得资料预测施工阶段地层可能发生变形的范围、规模和影响。在施工阶段，必要时须测量地表建筑和周围建筑，同时须对施工引起的地层变形进行实时监测，以便采取适当措施。

3. 地下水

地下水位的波动会造成地基下沉及水井水位下降，甚至影响地下水的流动。此外，化学注浆可能会影响地下水的水质。因此，除了地层勘探项目之外，还需掌握地下水的流向和流速，并调查评估其影响。关于水井，则应提前调查井的位置、深度、使用条件、水位和水质情况。在施工期间和施工结束后，需对地下水的情况进行动态监控。

4. 施工过程中的副产物

在施工过程中会产生弃渣和废弃物之类的副产物。在进行施工规划时，需基于调查结果拟定计划，采取系统有效的措施，减少施工副产物的产生，提高其重复利用率，并予以妥善处理。

5. 其他

实施车流量调查，以便确认作业区和工程车辆通行对总体交通的影响。

1.3　规划

1.3.1　规划的基本要求

规划明挖隧道时，在充分考虑周边环境的同时，必须确保隧道施工安全经济、符合工程使用目的。

明挖法常被视为城市隧道的标准施工方法。这种工法对于平坦地貌情况下的浅埋隧道而言，安全性和经济性都是最优的。明挖法使得形状相对复杂的地下结构的建设比较容易，同时确保隧道断面能有效适用各种目的。此外，明挖法的使用具有灵活性。如果因为外在条件（如土体条件或地下水水位）影响，明挖法施工的工期或成本发生巨大变化，此时可以引进另一种适合的施工方法。

此外，如果开挖深度较大，成本和工期也会相应增加，此时明挖工法会变得非常昂贵。因此，采用此法前须对工程进行详细的研究。

计划采用明挖法施工时，主要考虑以下方面：

（1）和其他工法进行比较后，确定明挖法的适用区间；

（2）隧道的线形、坡度、深度、形状及构造；

（3）能够应对火灾等紧急情况的结构；

（4）施工方法，特别是预留核心土法、开挖工法及主体结构建造方法；

（5）环境保护措施，尤其是地面的利用、作业时间、噪声、振动以及工程车辆的通行；

（6）施工安全措施；

（7）施工进度计划及工程费用。

1.3.2　施工方法的选择

基于安全、经济和环保的总体判断，应为挡土系统、开挖和建筑隧道选择最合适的施工方法。

明挖法施工的主要内容包括临时挡土工程、挖掘和结构的修建。每个方面都可以采用不同的施工方法。明挖法可被用来优化各种施工方法与辅助方法的结合，用以适应场地的地层条件、施工环境和工作范围。

1. 支护系统的类型

挡土墙包括：①简单的挡土墙；②排桩和挡板；③钢板（管）桩墙；④地下连续墙。其中，第①~③种，墙体均为直接打入地下或钻孔后吊放。第④种，墙通过钢筋混凝土桩或水泥砂浆桩建造。将水泥浆与原位土混合搅拌后吊放导管，或者在开挖土体的同时用硬化剂硬化槽壁，然后吊放钢筋笼和导管。可以直接固化，也可以采用混凝土置换，或用水泥土与硬化剂的混合物进行置换。

除了浅层挖掘和自立式挡土墙外，其余挡土墙均要采用支撑系统。这些挡土墙通常采用内部支撑或锚杆支撑。逆作法施工时，使用预制的顶板或中隔板作为支撑。

选用支护系统时，应根据开挖面大小、地质、地下设施、现场环境、工程造价和施工工期等影响因素综合判断。

2. 开挖方法

开挖方法可以大致分为全断面开挖和分部开挖法。

全断面开挖是一种按照隧道设计开挖断面，一次开挖到位的施工方法。分部开挖法是一种局部开挖部分断面的方法。两种方法中，一般都安装了用作通道和工作平台的栈桥。

3. 隧道建设方法的种类

隧道主体结构一般从底部开始建造，采用自下而上的方法。在既有结构之下紧接着开挖时，通常采用沟槽开挖，预先修建侧墙和中隔墙。在既有结构附近的作业以及软土层的作业已经完成的情况下，采用逆作法预制顶板。中心岛式开挖用于在极其宽广挖掘区内预先修建部分断面。

如果地下连续墙被用作临时挡土墙通过改进施工精度和工作方法的可靠性可使这些墙体成为主体结构的永久组成部分。在将地下连续墙与内壁或板连接时要小心。

4. 辅助工法的种类

辅助工法常被用在明挖法施工当中，用以提高施工的安全性和工作效率。它们主要与明挖法配合使用，用于改善地面条件。

辅助工法通过增加地面的承载能力，防止开挖现场地基和周围建筑发生变形，提高工程安全性；通过排水和固化改善开挖条件，方便机械的使用和开挖土方的处理。

辅助方法包括排水法、石灰桩、深层搅拌桩、化学注浆和地层冻结。应在充分了解每种方法特点的基础上，采用最优方法。

1.3.3 环境保护措施

如果隧道在施工期间和完工后会影响周围的环境，则应准备好环保措施。

明挖法在施工过程中对周围环境影响较大。当施工场地处于城区且施工昼夜不停时，环境保护是首要任务。

在隧道施工过程中可能影响环境的因素包括噪声、振动、施工机械和工程车辆所产生的粉尘，挡土墙的变形，因抽取地下水、干旱以及筑坝挡水阻止地下水流动造成的地层变形。

应预先调查和研究有关影响因素，以便制订适当的保护环境计划。

隧道投入运营后，还应充分考虑噪声、振动、对地下水流动的干扰、附属设施（通风亭等）对阳光遮挡、无线电干扰和空气污染等问题。

1.3.4 项目进度安排

项目进度的安排应安全、经济，同时充分考虑施工的规模、作业顺序、方法以及环境问题。

项目进度计划应考虑其经济性。着重考虑路障的处理、基于工程量需采用的辅助工法、作业顺序，用于主要作业的方法（如支护系统、路面铺装、开挖、隧道结构施工和道路恢复）。决定项目进度的主要外部因素有：隧道使用年限、场地的使用条件、周围环境对作业时间的限制，以及同时在建的其他工程项目。

施工的总体流程是由许多复杂的子流程组成的。为妥善管理，需要掌握它们之间的关系，以便形成有效的管理方法，确保施工按照进度进行。此外，需要一个灵活的方案，用于处理施工方法或作业顺序上的变化。

　　除了整个项目的总体施工进度安排表之外，还需要为子项目和其他特殊任务设置子流程，以便施工作业的顺利完成。

1.3.5　观测和测量的工作记录

　　在施工过程中需要观测、调查和测量，不仅为了确保施工安全，也为一些必要的详细工作记录提供材料。这些记录会被保存下来以备后用。

　　明挖隧道施工过程中的观测、调查、测量和工作记录的主要目的在于：

　　（1）确保明挖隧道的施工安全；

　　（2）为施工过程中出现的事故或纠纷和理赔提供参考资料；

　　（3）工程结束后，为机械设备的养护、管理、维修等提供技术资料；

　　（4）为改进明挖隧道施工方法提供技术数据。

　　为了实现以上目的，记录应尽量准确、详细，且在工程结束后应进行文件归档和利用。

　　明挖隧道施工中的观测、调查、测量以及工作记录应包括：

　　1. 观测

　　（1）挡土墙、建筑物和地下设施周围地层的变形；

　　（2）地下水位的变化。

　　2. 调查和测量

　　（1）建筑和房屋；

　　（2）井；

　　（3）作用于挡土墙的土压力和水压力；

　　（4）挡土墙支撑结构的应力和位移。

　　3. 工作记录

　　（1）施工日志；

　　（2）完成文件（计划图、文件、计算等）；

　　（3）完工文件（平面图、纵断面图、计算等）；

　　（4）地层数据；

　　（5）照片和影像资料等。

1.3.6　维护和管理

　　（1）明挖隧道的规划、设计、施工阶段都应考虑维护和管理的需要。

　　维护和管理是在明挖隧道的服务期内进行的维持隧道结构性能的活动。它与设计、施工同等重要，且与规划、设计、施工密切相关。

　　规划、设计和施工过程中，须充分考虑维护的需要和明挖隧道生命周期成本（施工、维护和管理过程中的所有成本），安装维护所需的相关设施和设备，方便施工完成后的维护工作。

　　（2）在明挖隧道的服务期，应制订出合适的维护和管理方案来维持隧道的正常运作。

维护和管理规划是指综合规划初步检查（时间、频率和方法）、隧道功能退化情况评估、详细检查（日常性、周期性和深入度）、评价、判断以及措施。该规划应符合明挖隧道的使用目的。

在准备这样一个规划时，应考虑隧道使用目的所需的功能以及性能，如安全性、可用性和耐久性等。

（3）明挖隧道的维护和管理过程中，应合理安排初步检查、详细检查、评估、判断、对策、记录等工作。

作为明挖隧道管理和维护的第一步，隧道的结构信息的搜集工作应在隧道开通服务前就通过初步检查完成。继而应合理利用规划、设计和施工报告。此外，合理的维护和管理应结合退化预测、详细检查、评估、判断、维修、加固及其他措施，并形成报告。

在经过检查之后的维护结果以及采取过的措施都应记录下来，供以后养护和管理参考。应将养护记录和规划、设计、施工记录一起形成文档，并易于查询。

第 2 章　土压力计算与基坑稳定分析

2.1　概述

土压力是土力学中的经典课题之一，与刚性挡土墙相比，基坑工程中的挡土结构物承受的土水压力荷载与抗力有其自身的特点，需在分析计算中予以重视。

1. 水土压力计算

（1）它所支挡的原状土存在结构强度，即土在非饱和状态下存在吸力及其产生的强度。

与重塑土相比，其抗剪强度更高，室内试验测得的强度常会因取样和制样等引起的扰动与回弹而偏低。

（2）天然土层在空间的变化很大，工程勘察不可能完全准确地给出每一个断面的土层分布及其特性指标。

（3）地下水的分布、赋存形式和时空变化复杂，尤其是我国北方一些城市，由于大量抽取地下水，使其呈多层分布，滞水、潜水、层间潜水和承压水通常交错分布，并且各层地下水之间有水力联系，加上目前采用多种手段的地下水控制，使水土压力之间呈现十分复杂的相互耦合关系。

（4）支挡结构物一般不是刚性的，除整体的移动外，还伴随着结构物本身的变形，不同高度的墙前后土体一般处于不同的状态，很难达到刚性挡土墙中的全断面主动与被动极限状态的土压力。

（5）基坑开挖、支挡不同的次序使墙前后土体应力路径不同于一般挡土墙。墙前后地基土的应力路径既不同于一般的地基和土工建筑物，也不同于常规三轴试验的应力路径。这种施工过程涉及一个时空效应问题，结构的同一部位在不同的施工阶段承受不同的荷载和产生不同的抗力，支护结构的每一个断面都必须能够承担全过程中的最大荷载，亦即需按过程的最大荷载包络线设计，而不仅是挖到坑底时的状态设计。

（6）与地基及其他土工构造物相比，基坑的三维效应更为突出。很多基坑平面上两个尺度相差不大，与平面应变问题的假定差别较大。而基坑平面上的凸、凹、阳角，基坑两侧几何形状、地质条件与荷载的不对称，使问题进一步复杂化。

2. 地下水的影响

在基坑工程中，地下水的影响是至关重要的，基坑事故几乎都与土中水有关。土中水对基坑工程的影响主要包括：

（1）土中水破坏了土的结构，降低非饱和土的吸力，从而使土的抗剪强度降低；

（2）地下水对支挡结构物产生的水压力；作用于土体上的渗透力会产生附加的土压力；

（3）渗流造成坑底土的渗透变形，产生流土、液化和侧壁冲蚀等引起整体或局部塌陷；

（4）在外部作用下，产生超静孔隙水压力，这就涉及不同排水条件试验强度指标的合理选用问题；

（5）人工降水引起周边土层和相邻建筑物的沉降；

（6）不同含水量改变了土的重度。

综上所述，基坑设计施工是一个复杂的系统工程，是过程设计而非简单的状态设计，是概念设计而非准确的定量设计，经验的作用是非常重要的。

3. 基坑的稳定性分析

基坑的稳定是基坑工程设计的最基本要求，基坑的稳定性包括三个方面，即结构物的稳定性、土的抗剪强度稳定性和渗透稳定性。基坑失稳的形式很多，但都可归于这三个方面，或者是三者间共同作用的综合表现。

结构物的自身稳定包括结构物的抗剪、抗拉、抗弯和抗压屈稳定等。土的抗剪强度稳定问题包括重力式挡土墙的抗滑移稳定、支挡结构物的抗倾覆稳定、坑底土承载力稳定、锚杆和土钉的抗拉拔稳定、挡土构筑物的整体的抗滑稳定、基坑的抗流土（突涌）稳定、抗管涌稳定，砂土的抗液化稳定等。

坑底的隆起也是土的抗剪强度稳定分析的重要内容。隆起主要是由于软土地基的承载力问题，也可能由于桩、墙的插入深度不足发生的倾覆失稳，有时是由于支挡的桩、墙抗弯刚度不足产生的失稳形式。

2.2 土压力分析计算

2.2.1 主动土压力

经典的主动土压力理论包括朗肯和库仑两种。这一体系是早期针对重力式挡土墙的土压力建立起来的。对于作用于柔性支挡的结构，会产生与刚性挡土墙的不同移动方向、大小与运动形式，其主动土压力会有所不同，但目前在有关稳定分析中，还采用这两种理论。

1. 朗肯土压力理论

假设挡土结构物后的土体表面水平，墙背竖直、光滑，可用朗肯土压力理论计算支挡结构物墙后的主动土压力与墙前的被动土压力。基坑工程设计中，一般均采用朗肯理论计算土压力。设 K_a 为主动土压力系数，按照朗肯土压力理论：

$$K_a = \tan^2\left(45° - \frac{\varphi}{2}\right) \tag{2-1}$$

式中 φ——土的内摩擦角。

主动力强度可用 p_a 表示为：

$$p_a = K_a\sigma_1 - 2c\sqrt{K_a} = K_a\gamma z - 2c\sqrt{K_a} \tag{2-2}$$

对砂土，由于黏聚力 $c = 0$，只有土的自重应力时，$p_a = K_a\gamma z$。作用于高度为 H 的挡土结构物上的单宽总压力 E_a（kN/m）为：

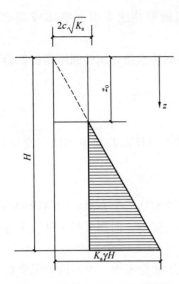

图 2-1 黏性土主动土压力分布

$$E_a = \frac{1}{2} K_a \gamma H^2 \qquad (2\text{-}3)$$

对于黏性土，当 $c > 0$ 时，从式（2-3）可见，主动土压力由两部分组成，如图 2-1 所示。

从图 2-1 可以看出，按照式（2-2），当主动土压力 p_a 为 0 时，$z = z_0$，可以得出：

$$z_0 = \frac{2c}{\gamma} \frac{1}{\sqrt{K_a}} \qquad (2\text{-}4)$$

当 $z < z_0$ 时，由于墙背面与土体间不能传递拉应力，所以可认为 $z < z_0$ 部分发生了拉裂缝，主动土压力 $p_a = 0$，这时的总单宽主动土压力为：

$$E_a = \frac{1}{2} K_a \gamma (H - z_0)^2 \qquad (2\text{-}5)$$

当墙后地面存在大面积均布荷载 q 时，式（2-3）中的大应力 σ_1 除了有效自重应力外，还包括地面超载 q，这样式（2-2）与式（2-4）可分别写为：

$$p_a = K_a(\gamma z + q) - 2c\sqrt{K_a} \qquad (2\text{-}6)$$

$$z_0 = \frac{1}{\gamma}\left(\frac{2c}{\sqrt{K_a}} - q\right) \qquad (2\text{-}7)$$

当 $qK_a \geqslant 2c\sqrt{K_a}$ 时，则无负应力区及拉裂缝，总主动压力 E_a 为：

$$E_a = \frac{1}{2} K_a \gamma H^2 + H(qK_a - 2c\sqrt{K_a}) \qquad (2\text{-}8)$$

当 $qK_a < 2c\sqrt{K_a}$，$z_0 > 0$ 时，仍可按式（2-8）和式（2-5）计算总单宽主动土压力 E_a。

如果计算点以上有多层土，则其有效竖向自重应力为：

$$\sigma_v = \sigma_1 = \sum_{i=1}^{n} \gamma_i h_i \qquad (2\text{-}9)$$

式中　γ_i——第 i 层土的重度；

　　　h_i——第 i 层土的厚度；

　　　n——计算点以上的土层数。

在地下水以下时，有效竖向自重应力为：

$$\sigma'_v = \sigma'_1 = \sigma_1 - u \qquad (2\text{-}10)$$

式中　σ_1——竖向总自重应力（kPa）；

　　　u——计算点处的孔水压力（kPa）。

对于地下水位以下的土层，也可直接用其浮重度计算有效竖向自重应力。

2. 库仑土压力理论

当墙后土体表面倾斜，或墙背倾斜，或考虑墙背与土之间的摩擦时，计算土在极限平衡状态下的土压力，可用库仑土压力理论。该理论假定土体内的滑动面是平面，考虑该平面与墙背平面之间所夹的刚性楔形土体的静力平衡，搜索对应于极值土压力的滑裂面，就可以计算出墙上的主动或被动土压力。砂的库仑主动土压力系数 K_a 为：

$$K_a = \cfrac{\sin^2(\alpha+\varphi)}{\sin^2\alpha\sin(\alpha-\delta)\left[1+\sqrt{\cfrac{\sin(\varphi-\beta)\sin(\varphi+\delta)}{\sin(\alpha+\beta)\sin(\alpha-\delta)}}\right]} \tag{2-11}$$

式中　α——墙背与水平面之间的夹角（°）；

$\qquad\beta$——墙后土表面与水平面的夹角（°）；

$\qquad\varphi$——土的内摩擦角（°）；

$\qquad\delta$——墙背与土间的摩擦角（°）。

上述各角度如图 2-2 所示。

$$E_a = \frac{1}{2}\gamma H^2 K_a \tag{2-12}$$

E_a 与墙背的外法线呈 δ 角，在无地面超载的情况下，砂土的主动土压力呈三角形分布，合力作用点在距墙底 $H/3$ 高度处。

对于黏性土（$c>0$）及墙后有大面积地面荷载时，一般采用图解法求解。也有相应的主动土压力计算公式，这时的库仑主动土压力系数可表示为式（2-13）：

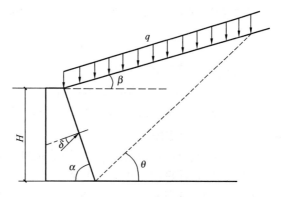

图 2-2　库仑土压力计算示意图

$$K_a = \frac{\sin(\alpha+\beta)}{\sin^2\alpha\sin(\alpha+\beta-\varphi-\delta)}\{K_q[\sin(\alpha+\beta)\sin(\alpha-\delta)+$$
$$\sin(\varphi+\delta)\sin(\varphi-\beta)]\}+2\eta\sin\alpha\cos\varphi\cos(\alpha+\beta-\varphi-\delta)-$$
$$2\sqrt{K_q\sin(\alpha+\beta)\sin(\alpha-\delta)+\eta\sin\alpha\cos\varphi}\times$$
$$\sqrt{K_q\sin(\alpha-\delta)\sin(\varphi+\delta)+\eta\sin\alpha\cos\varphi} \tag{2-13}$$

式中

$$K_q = 1+\frac{2q\sin\alpha\cos\beta}{\gamma H\sin(\alpha+\beta)} \tag{2-14}$$

$$\eta = \frac{2c}{\gamma H} \tag{2-15}$$

式中各符号如图 2-2 所示。

式（2-14）是一般条件下的库仑土压力系数公式。用式（2-12）计算总主动力，适用于墙高较大时。它没有考虑黏性土主动土压力分布中上部可能的拉力区和拉裂缝的影响，实际上计入了墙土间的拉力。

3. 墙后地面上有超载的情况

基坑支挡结构后的地面上常常有各种形式的地面超载，其中包括既有建筑物、施工临时堆土和建材堆放、运土车辆、施工机械等。这些荷载常常呈十分复杂的情况，例如相邻建筑物可能是已建成几十年的，也可能是新建的。施工荷载及新建楼房产生的荷载施加的时间不长，在饱和黏性土中产生的超静孔压不会完全消散，土也不会完全固结，如果与正常固结地基土的自重应力一样，采用固结不排水或固结快剪强度指标计算土压力和进行稳定分析，是不合适的。

（1）墙后的大面积均布超载。对于符合朗肯土压力理论的情况，可用式（2-8）、式（2-6）或式（2-9），其他情况可用库伦土压力理论的式（2-13）和式（2-14）计算主动土压力系数以后，通过式（2-12）计算主动土压力。

（2）局部荷载情况。对于与坑边平行的条形荷载，按照弹性理论，地面局部荷载在土体内将发生扩散，在墙上会产生水平附加应力，其分布曲线范围很广，有一个相对集中区。在这种情况下，严格地讲，墙后的大小主应力不再是竖直和水平方向。朗肯的主动应力状态就不存在，但人们还是常用朗肯土压力理论近似计算。

图 2-3 表示的是上海规范在弹性理论基础上提出的土压力计算的近似方法示意图。

根据弹性理论，可以得到作用于支挡结构物上 z 深度处的附加水平土压力为：

$$\Delta p_{\mathrm{H}} = \frac{2q}{\pi}(\beta - \sin\beta\cos2\alpha) \qquad (2\text{-}16)$$

式中　Δp_{H} ——附加侧力（kPa）；

　　　　q ——地表局部均布荷载（kPa）；

　　　　α、β ——如图 2-3 所示的角度（°），可以根据计算点深度 z 与荷载边缘距基坑边缘的距离 a 计算；

　　　　a ——局部荷载内侧距墙边的距离（m）。

式（2-16）计算的土压力并不是主动压力，而是弹性状态下的压力，适于应用在变形计算中。当墙后土体处于极限平衡状态时，局部荷载产生的土压力有几种近似计算方法，一种是荷载沿着墙后土体滑动面的 θ 方向传递，在朗肯理论情况下设 $\theta = 45° - \varphi/2$，如图 2-4 所示，可见它产生的附加主动土压力均匀地作用于一段墙面上，$\Delta p_{\mathrm{a}} = K_{\mathrm{a}}q$。

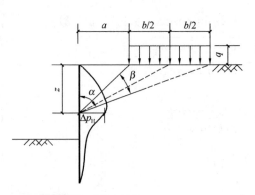
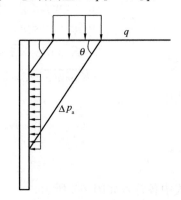

图 2-3　地表局部均布荷载引起的附加水平土压力　　　图 2-4　土压力按方向 θ 传递
计算示意图

另一种做法是将这个局部荷载先沿着竖向均匀扩散，随着深度的增加，竖向应力 $\Delta\sigma_z$ 减少，产生的主动土压力也减小，如图 2-5 所示，其土压力的传递深度是无穷的。

当 $z < b_1/\tan\alpha$，$\Delta p_{\mathrm{a}} = 0$；当 $z \geqslant b_1/\tan\alpha$ 时，$\Delta p_{\mathrm{a}} = K_{\mathrm{a}}q_z$，假设 $\alpha = 30°$，则有：

$$q_z = \frac{qb}{b + b_1 + z\tan\alpha} \qquad (2\text{-}17)$$

也有的将上述二者结合起来，即先按一定的角度竖向扩散到深度 $b_1/\tan\alpha$ 处，可设 $\alpha = 45°$。然后将扩散后的均布荷载传递到墙背，形成均布土压力，图 2-6 与图 2-4 比较，作用于墙上的主动压力范围更大些，但土压力强度减小了。

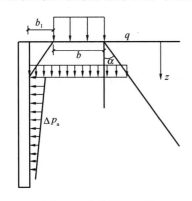
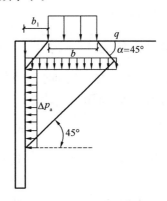

图 2-5 荷载按 α 扩散   图 2-6 荷载先扩散成均布荷载

按照朗肯或者库仑土压力理论，如果 qb 荷载沿滑裂面倾角全部作用在墙背，则图 2-4 的方法较为合理。其他两种方法计算的主动土压力可能偏小。

在基坑工程中，坑边的地面超载与作用是影响基坑安全性十分重要的因素。在一般情况下假设地面超载为 $q=20\sim30$ kPa 是够的。但是施工中大面积违章堆放建筑材料，且需设置钻孔灌注桩的泥浆池、降排水的沟渠、坑侧的施工人员宿舍及生活设施，需进行专门的论证和验算，这些情况引发的事故并不少见。尤其是这些设施可能会改变基坑侧壁的含水量，或者产生动荷载及反复荷载时，更应严格验证，因其影响并不单纯是引起主动土压力。

4. 墙后土体滑动面受限的情况

基坑附近有相邻建筑物的地下室或其他地下工程、原有或在建的其他建筑物的基坑支挡结构物等，会使在墙后土体中不能产生完整的朗肯或库仑的主动滑动面，这时会比不受限情况的土压力小一些。可根据库伦理论的图解法计算主动土压力，也可按式（2-18）计算主动土压力系数：

$$K_a = \frac{\sin(\alpha+\beta)}{\sin(\alpha-\delta+\theta-\varphi)\sin(\theta-\beta)} \times \left[\frac{\sin(\alpha+\theta)\sin(\theta-\varphi)}{\sin^2\alpha} - \eta\frac{\cos\varphi}{\sin\alpha} \right] \quad (2\text{-}18)$$

式中 θ ——最大可能的滑动面与水平面夹角（°）；

η ——见式（2-15）；

其他符号如图 2-7 所示。

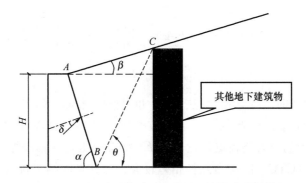

图 2-7 墙后土体受限情况下的主动压力计算示意图

这种情况采用滑动土体 ABC（图 2-7）的静力平衡，通过库仑土压力理论的图解法也很容易求得其主动土压力。

2.2.2　被动土压力

和主动土压力一样，被动土压力的计算方法也主要有朗肯理论和库仑理论两种。朗肯被动土压力系数 K_p 可用下式计算：

$$K_p = \tan^2\left(45° + \frac{\varphi}{2}\right) \tag{2-19}$$

被动土压力强度为水平方向，其值为：

$$p_p = \gamma z K_p + 2c\sqrt{K_p} \tag{2-20}$$

被动土压力按照直线分布，总被动土压力为：

$$E_p = \frac{1}{2}\gamma H^2 K_p + 2cH\sqrt{K_p} \tag{2-21}$$

对于砂土，$c = 0$，总被动土压力为：

$$E_p = \frac{1}{2}\gamma H^2 K_p \tag{2-22}$$

基坑支挡构件上的被动土压力一般都是按照朗肯土压力理论计算的，这是由于坑底一般都是水平的，朗肯理论计算的被动土压力由于忽略了墙土间的摩擦力，计算值偏小，也偏于安全。库仑土压力理论有时会给出偏大的被动土压力。

被动土压力用库仑理论进行计算，计算的示意图如图 2-8 所示。

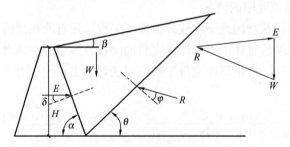

图 2-8　库仑被动土压力

当墙后土为砂土时，可以推导出被动土压力系数的表达式为：

$$K_p = \frac{\sin^2(\alpha - \varphi)}{\sin^2\alpha \sin(\alpha + \delta)\left[1 - \sqrt{\dfrac{\sin(\varphi + \beta)\sin(\varphi + \delta)}{\sin(\alpha + \beta)\sin(\alpha + \delta)}}\right]^2} \tag{2-23}$$

$$E_p = \frac{1}{2}\gamma H^2 K_p \tag{2-24}$$

当墙后土为黏性土时，可采用图解法计算。也可推导出与式（2-13）类似的被动土压力系数公式，但是公式形式十分复杂。此外，相应被动土压力的滑裂面以对数螺旋线更为合理。

基坑中主动区土的应力路径更接近于从 K_0 状态减压的三轴压缩试验（RTC），这与常规三轴压缩试验（CTC）的应力路径相差较大，尤其是固结不排水试验。RTC 试验可能产生负的超静孔压，使固结不排水的强度指标有较大的提高。

2.2.3 其他条件下的土压力

1. 静止土压力

水平方向的静止土压力与竖向有效自重应力之比称为静止土压力系数，用 K_0 来表示。静止土压力系数主要与土的强度、应力历史等因素有关，同时也与土的类别、相对密实度含水量等因素有关。按照弹性理论的虎克定律，当两个水平方向的位移与应变都为 0 时，相应的静止土压力系数为：

$$K_0 = \frac{\sigma_h}{\sigma_v} = \frac{\nu}{1-\nu} \tag{2-25}$$

式中　ν——泊松比。当 $\nu = 0.25 \sim 0.5$ 时，$K_0 = 0.33 \sim 1.0$。

土在卸载时的泊松比小于加载时的泊松比，因而超固结情况下 K_0 增大，甚至可以大于 1.0，实际上土也不是弹性材料，在卸载时存在不可恢复的变形及残余应力。在土力学的历史上，人们提出不少静止土压力系数的经验公式与数值。但与主动和被动土压力可在土的极限平衡理论基础上确定不同，静止土压力系数无法从土力学的经典理论推导，它多是在模型试验与实测的基础上归纳出来的。但在试验中，当位移极小时，其土压力的变化增幅较大，尤其是密度较大的土，所以准确地测定静止土压力系数的难度较大。

在水平地面情况下，计算砂土和正常固结黏性土的静止土压力系数的经验公式如下：

$$K_0 = 1 - \sin\varphi' \tag{2-26}$$

$$p_0 = K_0 \gamma z \tag{2-27}$$

式中　p_0——静止土压力强度（kPa）；

　　　φ'——有效应力内摩擦角（°）；

　　　γ——土的重度，地下水以下按重度计算（kN/m³）。

超固结土的静止土压力系数大于正常固结土，数值与超固结比 OCR 有关，在水平地面情况下：

$$K_{0,oc} = (1 - \sin\varphi')OCR^m \tag{2-28}$$

式中　m——经验系数，$m = 0.4 \sim 0.5$，对于塑性指数 I_p 较小的土，m 取大值。

对不同类型和状态的土，不少学者在模型试验或原型实测的基础上，给出了不尽相同的静止土压力系数的经验值，顾慰慈总结了国内外很多试验的结果，给出了如表 2-1 的建议值，可结合地区经验参考。

静止土压力系数经验值　　　　　　　　　　　　　　　表 2-1

土类及物性		K_0	土类及物性		K_0
砾石土		0.17	黏土	硬黏土	0.11~0.25
砂土	$e=0.5$	0.23		紧密黏土	0.33~0.45
	$e=0.6$	0.34		塑性黏土	0.61~0.82
	$e=0.7$	0.52	泥炭土	有机质含量高	0.24~0.37
	$e=0.8$	0.60		有机质含量低	0.40~0.65
粉土与粉质黏土	$w=15\%\sim20\%$	0.43~0.54	砂质粉土（砂壤土）		0.33
	$w=25\%\sim30\%$	0.60~0.75			

2. 支挡结构上的土压力分布

朗肯和库仑土压力理论都规定或假设在土体自重下的主动和被动土压力是直线分布的，对于无黏性土是三角形分布的。理论分析、数值计算、模型试验和现场测试都表明，墙后土压力的分布与刚性挡土墙的运动形式、柔性挡墙的自身变形等因素也有关(图2-9)。

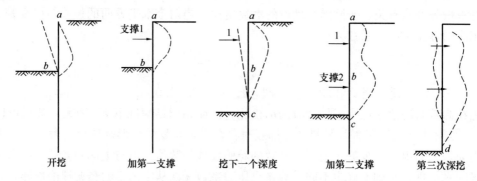

图2-9　基坑开挖与支撑各阶段的墙后土压力分布示意图

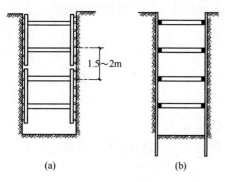

图2-10　管沟的开挖支撑
（a）分层支护；（b）板桩支护

早期的管沟明挖工程中，一般是先开挖一定深度，随即用梁柱和挡板支挡，然后用水平横梁支撑；这样逐层开挖，逐层支护，其挡板支柱等插入坑底的深度较小，对于砂土只有1m左右。对于黏土最后的 $H_c/2$ 可不支挡，H_c 为横撑的竖向间距，如图2-10（a）所示。即使用板桩支护，其插入深度也较小，如图2-10（b）所示。

另外一种支护结构如图2-11所示，即首先将H型钢沿着坑边打入地下，到预计坑底以下2～3m，然后边开挖边在型钢的翼板之间插入挡板挡土，开挖过程中再逐层用水平梁或锚杆来支撑。

在这种情况下，当开挖第一层并设置Ⅰ排横撑时，土体无明显的变形与位移，也没达

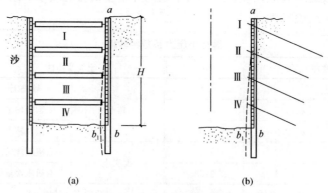

图2-11　明挖基坑的支撑土压力与变形示意图
（a）横向支撑；（b）锚杆加固

到极限平衡状态，土的初始应力无明显的变化；在后开挖到Ⅱ、Ⅲ排支撑时，由于第Ⅰ排
支撑的限制，在Ⅱ排支撑设置之前，H 型钢已发生绕坑顶的转动，当开挖到坑底设计深
度时，侧壁由 ab 变形到 ab_1，锚杆的情况与此相似。如果 bb_1 达到一定数值时，土体会达
到极限平衡状态，形成如图 2-11 （b）所示的绕墙顶的运动形式和土压力分布。可见它不
同于朗肯和库仑土压力分布，是非线性的。

对于这种支护方式，太沙基对一些实际基坑各层横向内支撑的支撑轴力进行实测，将
实测的轴力除以它所承担的挡土面积，得到该层的表观平均土压力，绘出了各层表观平均
土压力的分布图，建议设计横向支撑力时参考，如图 2-12 所示。

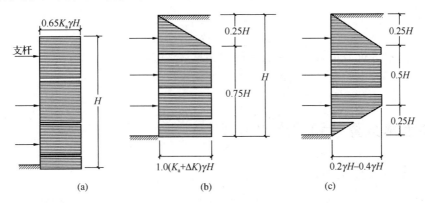

图 2-12 太沙基建议的基坑中用于横向支力设计时表观压力分布图
(a) 砂土基坑中；(b) 饱和的中软—软黏土基坑中；(c) 硬的裂隙黏土基坑中

太沙基总结了不同地区、不同土质中的基坑工程的表观土压力分布，由于同一层中不
同位置的支撑实测的轴力也不相等；不同工程即使是同样的土质，实测的结果相差也很
大，为设计的安全，其结果如图 2-12 所示。在图 2-12 （a）中，砂土的总主动土压力
$E_a = 0.65 K_a H^2$，明显大于通常计算的 $E_a = 0.5 K_a H^2$。图 2-12 （b）及（c）给出的土压力
及其分布也是明显偏大和偏保守的，究其原因是在横向支撑设计计算挡土板桩的弯矩时，
采用的土压力应当比它小。对太沙基建议方法的讨论可详见文献。

3. 非极限应力状态下的土压力

一般来讲，在基坑的稳定分析中，采用承载能力极限状态设计理论，支护结构上的土
压力采用主动土压力或者被动土压力，并满足一定的安全系数要求。在满足变形要求的情
况下，则应正常使用极限状态设计理论，土压力的计算则应进行调整。这时与支护结构相
邻的土体尚未达到极限应力状态，应以满足变形要求为准，可采用弹性地基梁法或有限元
法计算支护结构变形所对应的实际土压力。在初步设计时，有的规范建议对主动被动土压
力系数进行一定的调整。例如《建筑基坑工程技术规范》YB 9258—1997 建议，主动侧土
压力系数调整为：

$$K_{ma} = \frac{1}{2}(K_0 + K_a) \tag{2-29}$$

被动侧土压力系数调整为：

$$K_{mp} = (0.5 \sim 0.7)K_p \tag{2-30}$$

也有的规范规定，当需要严格限制支护结构的水平位移时，宜将朗肯理论计算的主动

土压力根据地区经验适当放大。

严格地讲，土并不是弹性体。但在小变形的条件下，可以假设土是弹性的。这样支挡结构物上的土压力就与结构在水平方向的位移成比例，可表示为：

$$p_x = k_h x \tag{2-31}$$

式中　p_x——支挡结构物上的水平压力（kPa）；

　　　k_h——土的水平抗力系数（或称基床系数）（kN/m³）；

　　　x——支挡结构物上的水平位移（m）。

由于土的变形模量与其所受的围压有关，则水平抗力系数 k_h 应当与地基的深度有关，一般可表示为：

$$k_h = mz^n \tag{2-32}$$

式中　m——水平抗力系数与深度关系的比例系数（kN/m）；

　　　n——反映土的水平抗力系数随深度变化规律的指数。

2.3 "土水分算"和"土水合算"

2.3.1 "土水分算"方法

图 2-13 为 Terzaghi-Peck-Merrsi 对墙后存在地下水位和静水压力情况下计算朗肯主动土压力的简图。其中，q 为地面均布垂直荷载。γ' 和 γ 分别为土的浮重度和饱和重度，γ_w 为水的重度。K_a 为使用式（2-1）计算的主动土压力系数。计算时应使用相应的不排水强度指标 φ'。图中，三角形 edf 所代表的面积即为"分算"的静水压力。

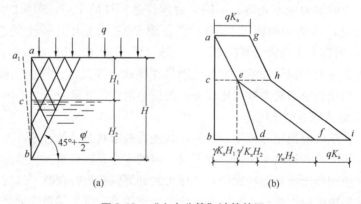

图 2-13 "土水分算"计算简图

当顶层土具有黏性力 c' 时，还应按图 2-1 的模式扣除一个数值与 c' 相应的均布荷载。

2.3.2 "土水合算"方法

国外的一些文献中提出了对于饱和黏性采用总强度指标 S_u 的"土水合算"方法。此时，其不排水强度指标 $\varphi_u = 0°$，只有黏聚力 $c_u = S_u$。根据朗肯土压力理论，由于 $\varphi_u = 0°$，各种土压力系数与水压力系数相等，即 $K_a = K_p = K_w = 1.0$。式（2-2）变为：

$$p_a = \gamma_{sat} z - 2c_u \tag{2-33}$$

鉴于

$$p_w = \gamma_w z \tag{2-34}$$

可以把式（2-33）写为

$$p_a = p_w + p'_a \tag{2-35}$$

其中

$$p'_a = \gamma' z - 2c_u \tag{2-36}$$

在上述计算中，事实已分离出了一个作用于墙上的静水压力。因此水土合算方法与2.3.1节介绍的分算方法有一定的相关性。但土压力区 z_0 是不等的，分算时，$z'_0 = 2c_u/\gamma'$，合算时，$z_0 = 2c_u/\gamma_{sat}$，且分算时，z_0 区是有水压力的，合算时则水土压力均为0。美国的"基础工程手册"用不排水强度指标计算土压力时，注意到了零压力区的问题，规定在合算时墙上部的水土压力不应小于 $\gamma_{sat}z/3$。

对于这种情况，太沙基在库仑土压力理论的基础上，提出了一种楔体平衡的计算方法：

$$E_a = \frac{1}{2}\gamma H^2 - 2c_u H \tag{2-37}$$

如果将主动土压力按照三角形分布，则主动土压力 E_a 和主动土压力系数 K_a 按下列公式计算：

$$E_a = \frac{1}{2}\gamma H^2 K_a \tag{2-38}$$

$$K_a = 1 - \frac{4c_u}{\gamma H} \tag{2-39}$$

其使用条件是 $H > 4c_u/\gamma$。用式（2-37）和式（2-38）计算的总土压力数值是相同的，但土压力的分布不同。其合力的作用点是假设的。

2.4　渗透稳定性分析

2.4.1　基坑内排水对挡土结构物上的水土压力的影响

当地下水位高于设计坑底时，需要进行地下水的控制。其主要的措施是排水、抽水和截水，有时还可能使用回灌和引渗等措施。在一般情况下常常是如以上所述的一维渗流，但在深厚的土层中也会产生二维的渗流，这时就需要绘制流网或进行渗流数值分析。在不同的地下水控制情况下，常常会发生很复杂的水土压力分布，会减少抗力和增加荷载，是应当引起重视的。

采用人工墙外抽降水时，由于水是向外向下渗流的，当为分层土层时，这时砂土采用水土分算、黏性土采用水土合算计算主动与被动土压力较为合理。当降水时间较长时，上层土基本成为非饱和土，应不计水压力。有时在基坑内集水井集中排水，由于坑内地下水是向上渗流的，向上的渗透力抵消了部分有效自重应力，这对于被动土压力是不利的。

考虑渗流对水土压力的影响是很必要的，在有地下水控制的工程中，应当了解不同措施对于水土压力的影响，简单的水土分算与合算有时是不合理与不安全的。

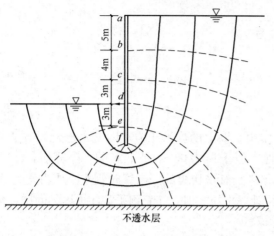

图 2-14　坑内排水情况下的流网

图 2-14 表示的是在均匀土层中基坑内排水时处于稳定渗流情况的流网，这时由于土中各点主应力方向与大小都不等，不宜用朗肯土压力理论计算。可根据流网和库仑土压力理论，搜索主动与被动侧的滑动面，变化墙后滑动面与水平面夹角，对应最大水土压力，即为主动土压力；变化墙前滑动面与水平面夹角，对应最小水土压力，即为被动土压力。

如果采用固结不排水强度指标进行水土合算，由于被动侧的向上渗流，用饱和重度计算被动土压力偏大；而由于主动侧向下渗流，主动土压力的计算值误差偏小。

也可用一个近似的平均水力梯度计算渗透力，与有效自重应力叠加后用朗肯理论计算主动与被动土压力。在这种工况下，在基坑施工期的水压力分布有各种计算方法，如图 2-15所示。归纳起来有以下几种：

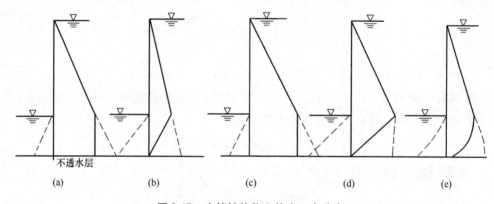

图 2-15　支挡结构物上的水压力分布

（1）如果墙底进入低透水性土层，两侧的水不相通，两侧都是静水压力，分别为 $\gamma_w z$ 和 $\gamma_w z'$，水压力叠加后的净水压力如图 2-15（a）所示，当在低渗透性土层中插入足够深度时，这是合理的；

（2）如果在深厚的均匀土层中，已经形成了稳定渗流，各点水压力按沿墙壁渗流的平均水力梯度 $i = h/(h + 2t)$ 近似计算，两侧水压力分布可近似表示为图 2-15（b）；

（3）如果在深厚的均匀土层中，开挖很快，未能形成稳定渗流，有的文献仍然表示两侧静水压力之差为图 2-15（c），与图 2-15（a）相同。但是，在墙底处两侧水头差突变，水力梯度＝∞，显然不合理；

（4）《基坑工程技术规程》DB42/T 159—2012 规定，对于在深厚的均匀土层中，施工期的两侧水压力分布给出了图 2-2（d）的模式。在坑底以上部分为静水压力；坑底以下各点水压力可按等水力梯度的直线比例法计算，这也一定程度上考虑了非稳定渗流的影响。

（5）按图 2-14 所示的流网绘制的支挡结构上的水压力分布图，如图 2-15（e）所示。它与图 2-15（b）的分布接近，都是按稳定渗流情况下计算的。

上述都是针对深厚均匀土层的情况，对于分层土层及分层的地下水，还是应按实际情况进行渗流分析确定土、水压力。其实无论何种情况，都可以进行渗流分析来确定支挡结构物上的水压力。在二维的情况下可以通过绘制流网进行近似的分析。香港的《挡土墙设计导则》对于不同的土质和水力边界条件的挡土墙水压力，通过流网进行分析是很有效的。

2.4.2 地下水渗流对水土压力的影响

分层地下水的情况：近年来城市大量抽取地下水，使一些城市的地下水赋存形式复杂化，滞水、潜水、层间潜水以及承压水分层分布，而实际天然土层很难说是完全不透水的，越层的渗流不可避免。此外，在基坑和地下工程施工中，采用抽、灌、渗、排、截等地下水控制的综合措施，会使土中水的问题进一步复杂化。除了上述的越层渗流以外，还涉及与时间有关的不稳定渗流问题。

竖向越层的稳定渗流，需要按照渗流理论来确定每一深度土中的孔隙水压力及竖向的渗透力，这一渗透力改变了土的竖向有效自重应力，在主动和被动土压力计算中需要考虑渗透力的影响。

当地基土互层，相邻土层的渗透系数相差很大时，例如渗透系数之比值相差 100 倍，则渗透系数大的土层中的水力损失和水力梯度都小到可以忽略，可认为其中孔压按照静水压力分布。

如在图 2-16（a）中，砂 I 层中的竖向渗透损失可以忽略，所以其中的孔隙水压力可按静水压计算。在图 2-16（b）中，有两层地下水，上部层为黏性土，下部为砂土；上层水位与地面齐平，砂土中含有层间潜水。这时由于黏性土层的上下两端点的水压力都是零，所以黏性土层中水沿竖直向下渗流，土层中各点的孔隙水压力则都是零。水力梯度 i = 1.0，向下的渗透力 $j = \gamma_w$，这样在地面以下 z 处，其竖向有效应力为：

$$\sigma'_z = \gamma' z + j z = (\gamma' + \gamma_w) z = \gamma_{sat} z \tag{2-40}$$

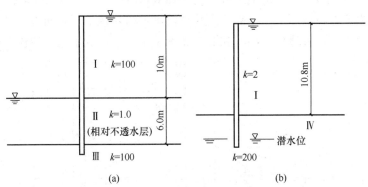

图 2-16 地下水渗流示意图

（a）上层土渗透系数大的情况；（b）上层土渗透系数小的情况

这时作用于墙上的主动土压力为：

$$p_a = \sigma'_z K_a = \gamma_{sat} z K_a \tag{2-41}$$

由于这部分墙上的水压力为零，土压力用饱和重度计算，所以这是完全符合有效应力原理的水土合算。在上层滞水及下部砂土层中抽取地下水时，这一公式都是适用的。

2.4.3　基坑的渗透稳定性

对于基坑的渗透稳定性问题，针对不同的土层，主要发生的渗透破坏为流土、管涌和突涌。

1. 土的渗透变形

渗透变形也叫渗透破坏，实际上它只有两种基本形式，即流土和管涌。土的渗透变形的本质是水在土的孔隙中渗流对土的骨架作用有渗透力，这种渗透力大到一定程度，会带动土粒运动及使土骨架变形。

对于流土，应当明确的是：

（1）流土时渗流的方向是向上的；

（2）流土一般发生在地表；

（3）不管黏性土还是粗粒土都可能发生流土。砂土中的流土也叫"砂沸"。

管涌特点是：

（1）它是沿着渗流方向发生的；

（2）是粗细颗粒间的相对运动，在粗细两层土间的渗流，也可将细粒土从粗粒土层的孔隙中带走，可称为接触管涌；

（3）黏性土不会发生管涌现象；

（4）级配均匀的砂土不会发生管涌；级配不均，但级配连续的砂土一般也不易发生管涌；

（5）管涌发生后有两种后果：一种是继细粒土被带走后，粗粒土也被渗流带走，最后导致土的渐进破坏，所以也叫潜蚀；另一种是细粒土被带走，粗粒土形成的骨架尚能支持，渗漏量加大但不一定随即发生破坏。

在基坑工程中，另一种与地下水有关的失稳被称为"突涌"，如图2-17所示。在黏性土相对隔水层之下存在承压水，当隔水层的自重不足以对抗承压水向上的扬压力时，就会发生坑底的失稳现象，被称作突涌。如果在黏性土中已经形成了稳定渗流，则其突涌与流

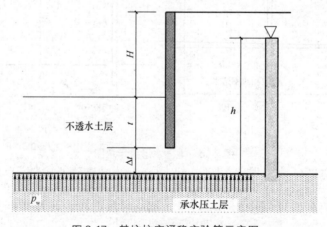

图 2-17　基坑抗突涌稳定验算示意图

土本质上是一致的。如果在黏性土中未形成稳定渗流，甚至黏性土没有达到完全饱和，那就是简单的竖向静力平衡问题。这时的突涌并不属于土的渗透变形问题。

2. 渗透稳定条件

(1) 管涌。在基坑工程中，管涌发生并不普遍。其对象是级配不均匀、不连续的无黏性土。在城市地基中，基坑工程中的土层一般较均匀，级配也多是连续的，一般不会发生管涌。但在临河临水的基坑情况下，如果土层中的砂砾石土级配不连续，也可能发生管涌。关于管涌的判断与验算，水利水电部门的规范规定得更准确和详细。

可以通过以下条件判断是否为管涌型土：

① 不均匀系数 $C_u > 5.0$ 的无黏性土；

② 土的细颗粒含量 $P_c < 25\%$，关于"细颗粒"的定义：对连续级配的土，粗、细颗粒的界限是 $d_t = \sqrt{d_{70}d_{10}}$；其中，$d_{70}$ 和 d_{10} 分别为小于该粒径的土粒质量占土粒总质量的 70% 和 10%，以 mm 计。

管涌型土发生管涌的临界水力梯度为：

$$i_{cr} = 2.2(d_s - 1)(1 - n)^2 \frac{d_5}{d_{20}} \tag{2-42}$$

或者：

$$i_{cr} = \frac{42d_3}{\sqrt{k/n^3}} \tag{2-43}$$

式中　　　d_s——土颗粒的相对密度；

　　　　　n——土的孔隙率（以小数计）；

　　　　　k——土的渗透系数（cm/s）；

d_3、d_5、d_{20}——小于该粒径的土粒质量占土粒总质量的 3%、5% 和 20%，以 mm 计。

　　　　　　在水利水电规范中，一般允许水力梯度为临界水力梯度除以 1.5～2.0 的安全系数。

表 2-2 是无黏性土在无试验资料时允许水力梯度的参考数值。

管涌对于水利工程的后果十分严重，会造成堤（坝）溃决，酿成大祸。在基坑工程中，危害相对轻一些。因为它不是突发的，施工和监理人员很容易发现，也可以及时处理。但在勘察阶段，还是应对可能发生管涌的条件加以提示，表 2-2 供设计参考。

无黏性土的允许水力梯度表　　　　　　　　　　　　　表 2-2

允许水力梯度	渗透变形的形式					
	流土型			过渡型	管涌型	
	$C_u \leqslant 3$	$3 < C_u \leqslant 5$	$C_u \geqslant 5$		连续级配	不连续级配
$i_{允许}$	0.25～0.35	0.35～0.50	0.50～0.80	0.25～0.40	0.15～0.25	0.10～0.20

(2) 流土。流土是针对有向上渗流的一种渗透破坏现象。如果试样处于极限平衡状态，竖向静力平衡条件为：$p_w = (h + l)\gamma_w = l\gamma_{sat}$

$$h = \frac{l(\gamma_{sat} - \gamma_w)}{\gamma_w} \tag{2-44}$$

式中　γ_{sat}——土的饱和重度。

由于 $\gamma_{sat} = \gamma' + \gamma_w$，则从式（2-43）可以推导出流土的临界水力梯度：

$$i_{cr} = \frac{\gamma'}{r_w} \tag{2-45}$$

另外一种情况，当在渗透系数较小的土层上有一层砂砾石时，如果土要被"抬起"，则需要两层土一起移动，这时处于极限平衡状态的竖向静力平衡条件是：$[h + (l_1 + l_2)]\gamma_w A = (l_1\gamma_{sat1} + l_2\gamma_{sat2})A$。其中，$\gamma_{sat1}$、$\gamma_{sat2}$ 分别为下部和上部的饱和重度。如果 $\gamma_{sat1} = \gamma_{sat2}$，忽略在 l_2 层中的水头损失，则临界状态在 l_1 层中的临界水力梯度为：

$$i_{cr} = \frac{\gamma'}{r_w} \frac{l_1 + l_2}{l_1} \tag{2-46}$$

这比式（2-45）中的临界水力梯度大，所以在流土层的上部设置渗透系数很大的粗粒土作为压重是有效的。

（3）突涌。通常将在承压水作用下坑底被拱起的现象称为突涌，对于饱和土体中的稳定渗流，突涌的条件与流土是一致的，亦即 $p_w = l\gamma_{sat}$。当土体尚未饱和时，则 $p_w = l\gamma$，其中 γ 为土的天然重度。

3. 基坑中的渗透稳定问题

在基坑工程中，渗透破坏具有很大的威胁，而地下水的赋存形式及运动方式和人们对于地下水的处理方法不同，会使实际情况比较复杂，不能不认真进行渗流分析，一旦失察，就可能铸成大错。但是由于黏性土存在着黏聚力，所以实际上可能承受更大一些的水力坡降，尤其对于土层均匀、尺寸较小的基坑。有人建议，对于黏性土，按双向板的计算确定其可承受的承压水压力及水力梯度。但地基土及基坑开挖不确定性很大，土层的薄厚也不均匀，还是以稍保守为宜。

管涌的判断也是以临界水力梯度为准。无黏性土的抗流土和管涌的安全系数都应满足式（2-47）的要求。

$$\frac{i_{cr}}{i} \geqslant K_p \tag{2-47}$$

式中　K_p——抗渗透破坏的安全系数，可取 1.75。无黏性的流土与管涌的允许水力梯度也可参考表 2-2 取值。

在图 2-17 中，对于坑底为黏性土，不透水层下有承压水时，基坑抗突涌稳定性验算公式为：

$$\frac{\gamma_{sat}(l_1 + l_2)}{p_w} \geqslant K_h \tag{2-48}$$

式中　K_h——黏性土抗突涌安全系数，不小于 1.1。

可见，黏性土比无黏性土的抗渗透变形设计安全系数小得多，这主要是由于黏性土具有黏聚力。

在地下水以下施工封底时，如果是水下浇筑混凝土，需要其凝固到一定强度后再排干基坑。如果是在基坑内通过集水井排水，然后直接封底，在图 2-17 情况下，由于封底以后无法再排水，混凝土底板以下形成承压水。承压水在未凝固的混凝土中向上渗流，会将混凝土中水泥浆及砂骨料中的细粒带出，这也是一种管涌，导致底板混凝土强度降低，止水失效。这是应当注意的。

2.5 基坑稳定分析

2.5.1 坑底隆起的稳定验算

在软土地基基坑中，坑底隆起不但会给基坑内的施工造成影响，而且也会使基坑周边地面和建筑物沉降，引发的事故亦不少见。目前对坑底隆起的验算方法主要有坑底地基承载力方法和整体圆弧滑动法。国内各种规范的计算方法大体一致，但参数的取值、安全度的规定各有不同，加之勘察部门给出的强度指标的差异性与离散性，使设计计算结果有很大不确定性。

1. 坑底承载力验算法

在太沙基的时代，基坑的支挡结构物本身一般不插入坑底，或插入很浅，基坑的宽度和深度也都不大，如图 2-18 所示的宽度为 B'，基坑土可能沿支挡墙外侧下滑使坑底隆起。

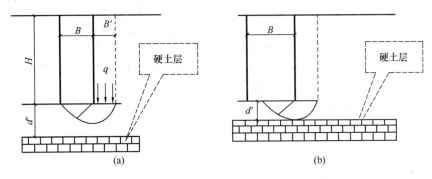

图 2-18 软土地基中坑底隆起验算示意图

(a) $d' > B/\sqrt{2}$；(b) $d' \leqslant B/\sqrt{2}$

在坑壁一侧宽度 B' 的范围中，忽略墙侧壁与土间的摩擦力，对于饱和软黏土的不排水抗剪强度，在坑底高程产生的荷载为：

$$q = (HB'\gamma - c_u H)/B' \tag{2-49}$$

而软土地基坑底的承载力可根据太沙基公式计算为：

$$f = N_c c_u = 5.7 c_u \tag{2-50}$$

根据图 2-18（a），$B' = B/\sqrt{2}$，则安全系数可以计算为：

$$\frac{f}{q} = \frac{1}{H} \frac{5.7 c_u}{\left(\gamma - \dfrac{\sqrt{2} c_u}{B}\right)} \geqslant K_h \tag{2-51}$$

如果硬土层在坑底以下的深度 $d' < B\sqrt{2}$ 时，则 $B' = d'$，式（2-51）变为：

$$\frac{f}{q} = \frac{1}{H} \frac{5.7 c_u}{\left(\gamma - \dfrac{c_u}{d'}\right)} \geqslant K_h \tag{2-52}$$

对于基坑宽度很大，并且软土层深厚时，可以忽略 $c_u H$ 这部分阻力，式（2-52）变成：

$$\frac{5.7c_u}{\gamma H} \geqslant K_h \tag{2-53}$$

与图 2-18 这样早期的基坑支护形式相比，目前我国的基坑支护发生了很大变化。那就是预先浇筑桩、墙，底部埋入深度远超过设计坑底，然后边开挖边支撑。目前，在我国

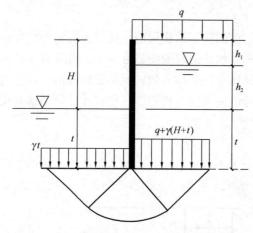

软土地基中连续墙或者咬合桩等挡土结构物的插入比 t/H 很大，基坑的宽度也很大。这时，基坑坑底承载力引起的隆起问题如图 2-19 所示。

对于深大基坑，可忽略 $c_u(H+t)$ 部分的阻力，但在插入比很高的情况下，插入深度 t 产生的承载力增量不能忽视，式（2-53）变成式（2-54）：

$$\frac{5.7c_u + \gamma t}{\gamma(H+t) + q} \geqslant K_h \tag{2-54}$$

式中 γ ——$(H+t)$ 深度内土的平均重度，水下取饱和重度。

图 2-19   高插入比基坑支挡的基坑隆起验算

对于这种情况下的地基承载力，由于不存在刚性基础的基底与地基土间的摩擦而形成的"刚（弹）性核"，所以也有不少人采用普朗特-瑞斯纳（Prandtl-Reissner）的承载力公式：

$$p_u = \gamma t N_q + c N_c \tag{2-55}$$

当 $\varphi_u = 0°$ 时

$$p_u = 5.14c + \gamma t \tag{2-56}$$

则抗隆起公式变为：

$$\frac{5.14c_u + \gamma t}{\gamma(H+t) + q} \geqslant K_h \tag{2-57}$$

可见，这时用普朗特-瑞斯纳公式比太沙基公式计算的承载力低一些。

当采用固结不排水强度指标时，式中的承载力系数 $N_q > 1.0$，这就涉及各部分土体的重度取值问题。对于图 2-19 这种情况，抗隆起的安全系数验算公式为：

$$\frac{cN_c + \gamma' t N_q}{(\gamma h_1 + \gamma_{sat} h_2 + \gamma' t) + q} \geqslant K_h \tag{2-58}$$

式中 h_1 ——墙外地下水以上土层厚度（m）；

       h_2 ——墙内外水位之间的土层厚度（m）；

       t ——墙内地下水与墙底间土层厚度（m）；

       γ ——土的天然重度（kN/m³）；

       γ' ——土的浮重度（kN/m³）；

     γ_{sat} ——土的饱和重度（kN/m³）；

   N_q、N_c ——地基土的承载力系数，按下列公式计算。

$$N_q = \tan^2\left(45° + \frac{\varphi}{2}\right) e^{\pi\tan\varphi} \tag{2-59}$$

$$N_c = (N_q - 1)/\tan\varphi \tag{2-60}$$

K_h——抗隆起设计安全系数，对于一、三级安全等级的支挡结构 K_h 可取 $1.6\pm$
　　　　0.2。式（2-59）和式（2-60）是当前常用的验算基坑隆起的公式。

在软黏土地基中，由于坑底承载力而发生隆起的验算，国内各规范的计算方法、强度参数和安全度数值各有不同，从如下几个方面进行讨论：

（1）由于坑底隆起的情况多发生于饱和软黏土地基，这时采用不排水强度较为合理，其中以十字板测试最合适。但由于不排水强度是随深度增加的，应当取墙底以下一定深度土的不排水强度验算。这时，土的重度可以用饱和重度，也无须考虑渗流。

（2）有的规范规定用固结不排水强度指标，在饱和软黏土情况下，这就涉及土的重度取值：地基土是在原位有效自重压力下固结的，所以计算承载力时，应当用土的浮重度，计算荷载时，坑底水位到坑外水位间的土则应当用饱和重度。或者考虑渗流，流线大体上与土体隆起的运动方向一致，这是不利的，增加了荷载，减少了抗力。在式（2-61）中，假设水力梯度按墙壁渗径平均计算可以表示为：

$$\frac{cN_c + (\gamma' - \gamma_w i)tN_q}{[\gamma h_1 + (\gamma' + \gamma_w i)h_2 + (\gamma' + \gamma_w i)t] + q} \geqslant K_h \tag{2-61}$$

式中　　$i = H/(H + 2t)$。

（3）国内规范中都忽略了墙外土体两侧 $(H+t)$ 部分的摩阻力；忽略了墙内 t 部分土体的阻力，这对基坑深度和插入深度都较大的情况是偏于保守的，对于较窄的基坑，可以考虑用太沙基的公式。

（4）由于基坑的承载力与一般浅基础的承载力不同，采用普朗特-瑞斯纳承载力公式是合适的，但深基坑的实际情况毕竟与浅基础不同。如上所述，普朗特-瑞斯纳承载力公式偏保守。

总结关于坑底隆起的验算，可见它是含有很多有利与不利因素的半经验方法，应充分认识这一点。表 2-3 指出了目前常用计算方法的近似性。

验算坑底隆起的总结表　　　　　　　　　　　　　　　表 2-3

示意图	有利方面	不利方面
$K_h = \dfrac{cN_c + \gamma t N_q}{\gamma(H+t) + q}$	忽略墙外 $(H+t)$ 两侧摩阻力对荷载的减少	采用固结不排水强度指标，未考虑欠固结土情况
	未计基础宽度对承载力的增加	室内试验强度指标的不确定性
	忽略了墙内侧 t 深度土体抗剪强度对承载力的增加	坑内排水时，没有考虑渗透力影响
	没考虑坑内土由于开挖的超固结强度及内外土体的应力路径	用固结不排水强度和饱和重度水土合算计算承载力偏大
	未计坑底加固与降水的作用	超载 q 部分，一般不宜用固结不排水强度指标
	未计坑底以下可能的硬土层影响	
	未计基坑的三维效应	

　　实际上，在目前的基坑工程设计与规范中，大多数属于半经验的方法，有利和不利因素同时存在，共同起作用，结果是根据经验尚可接受。但对于这些因素还是应有所了解，特别是在一种不利因素起主要作用时，应特别警惕。

　　2. 圆弧滑动法验算坑底隆起

　　对于软黏土地基，验算坑底隆起的另一种方法是圆弧滑动法。如果考虑的是整体稳定的滑动面，这时各种支撑、锚固力产生额外的抗滑力矩，采用整体圆弧法（$\varphi_u = 0$）或者圆弧条分法（$\varphi_u = 0$）计算。

　　圆弧滑动可能有各种形式，并且都会有支挡桩墙、支撑力等加入抗滑部分，所以对此有不同的假设，也就对应不同的方法。

　　在图 2-20 中表示了 3 种可能的圆弧滑动形式。在图 2-20（a）中，圆弧中心为坑底面与支挡墙的交点 O，半径等于 t。产生滑动力矩的是 H 段体自重和超载 q，抗滑力矩包括圆弧段的阻力和桩墙自身的抗弯力矩 M_p。抗隆起安全系数 K_h 可通过式（2-62）计算：

$$\frac{M_p + \int_0^\pi \tau_0 t \mathrm{d}\theta}{(q + \gamma H) t^2 / 2} \geqslant K_h \tag{2-62}$$

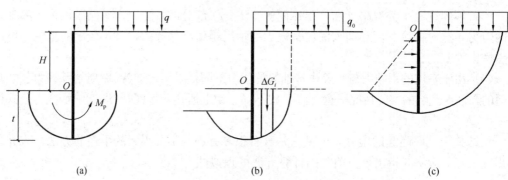

图 2-20　几种圆弧滑动的形式

　　如果 τ_0 是由十字板剪切试验确定的不排水强度，可以用分段叠加代替积分；如果 τ_0 是通过固结不排水强度指标计算，则应使用条分法计算代替积分。图 2-20（b）表示的是以最下面一道支撑与墙的交点为圆心的圆弧滑动，如图 2-21 所示，可用条分法验算。抗隆起安全系数可通过式（2-63）验算：

$$\frac{\sum\{c_i l_i + [(q_i b_i + \Delta G_i)\cos\theta_i - u_i l_i]\tan\varphi_i\}}{[\sum(q_i b_i + \Delta G_i)\sin\theta_i]} \geqslant K_h \tag{2-63}$$

式中　　K_h——抗隆起安全系数，可取 1.3，对 1、3 级安全等级的基坑可分别上下增减 0.1；

　　　　　G_i——第 i 土条的自重，水下用饱和重度计算（kN/m³）；

　　　　　u_i——第 i 土条下的孔隙水压力（kPa）。

　　可见，它计入了部分坑底以上土的抗力，但也忽略了最下一道支撑以上部分土的两侧阻力及桩墙自身的抗弯强度。

　　对于图 2-20（c）的情况，属于整体稳定问题。

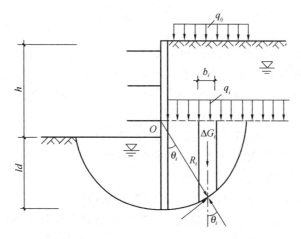

图 2-21　以最下层支点为圆心的圆弧滑动坑底抗隆起验算示意图

2.5.2　支挡结构物的稳定分析

基坑支挡结构物主要有重力式和板式两种。重力式支挡结构包括重力式水泥土墙，也包括与其他支挡结构物结合使用的小型重力式挡土墙；板式支挡结构有地下连续墙、排桩和型钢水泥土墙等。两类支挡结构物都应满足结构自身强度、整体滑动稳定和抗倾覆稳定。重力式支挡结构物尚需满足抗滑移稳定。

1. 重力式挡土墙的抗滑移稳定分析

在基坑工程中，有些挡土结构物属于重力式，例如水泥土墙。这一类挡土墙的稳定包括抗滑移稳定、抗倾覆稳定、整体稳定和地基承载力问题。水泥土墙的厚度一般是由墙的抗倾覆稳定决定的，而其埋置深度则由整体稳定性决定。

重力式挡土结构主要靠自身的重力产生的摩阻力保持其抗滑移稳定，但水泥土墙由于有较大的埋深，其墙前的被动土压力一般不能忽略。几乎所有规范都用朗肯土压力理论计算其主动和被动土压力，因而土压力都被假定为水平方向的，如图 2-22 所示。抗滑移稳定安全系数可通过式（2-64）计算：

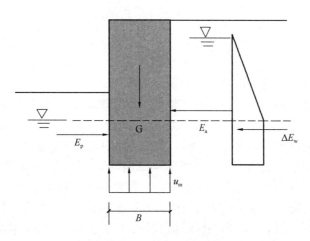

图 2-22　重力式水泥土墙抗滑移稳定验算示意图

$$\frac{E_p + (G - u_m B)\tan\varphi + cB}{E_a + \Delta E_w} \geqslant K_S \tag{2-64}$$

式中　K_S——抗滑移稳定安全系数，可取 1.2；水土合算时，可取 1.40；

　　E_p、E_a——作用于水泥土墙上的主动、被动土压力（kN）；

　　ΔE_w——作用于水泥土墙上的两侧水压力差（kN），水土合算时可不计此项；

　　G——水泥土墙的自重（kN）；

　　u_m——水泥土墙底面的平均孔隙水压力（kPa）；

　　c、φ——水泥土墙底面以下土层的黏聚力（kPa）、内摩擦角（°）；

　　B——水泥土墙底面的宽度（m）。

对此，在目前的有关规范中有如下一些问题值得讨论：

（1）在抗滑移稳定分析中，按承载能力极限状态设计理论和采用安全系数法设计，其作用应采用基本组合，但分项系数为 1.0。在安全系数法公式中，不宜用 y 表示安全系数，也不应出现重要性系数 γ_0，可对不同安全等级的基坑侧壁规定不同的安全系数。

（2）同样大小的安全系数与分项系数所表现的安全度是无法相比的。主要由于二者的作用（荷载）分项系数不同。有的规范用抗力分项系数来代替安全系数，而将荷载（作用）分项系数取为 1.0，这实际上混淆了不同设计理论间的区别，分项系数法是基于可靠度理论的非定值设计方法。其中，将荷载与抗力分别当成两个随机变量，不能将荷载随机变量的不确定因素放在抗力中。

（3）稳定分析中，对于水土分算情况，墙前后的横向水压力如果相等，则在荷载和抗力中都不计此水压力；如果不等，以其差计入荷载（或抗力）中，而不应将主动侧的水压力当成荷载，被动侧的水压力当成抗力。

（4）水土合算时，也不应忽略基底的扬压力。

（5）由于水泥土墙多为搅拌或旋喷施工，与地基土间结合紧密，难以界定接触面，所以用水泥土墙底面以下土层的固结不排水或者固结快剪试验的黏聚力和内摩擦角计算较为合理。

2. 抗倾覆稳定分析

（1）水泥土墙的底宽 B 常常是由其抗倾覆稳定决定的。抗倾覆稳定安全系数可通过式（2-65）计算：

$$\frac{E_p z_p + (G - u_m B)x_G}{E_a z_a + \Delta E_w z_w} \geqslant K_{ov} \tag{2-65}$$

式中　K_{ov}——抗倾覆稳定安全系数，其值可取 1.3；

　　z_a、z_p——主动、被动土压力合力作用点至墙底内端点 O 的水平距离（m）；

　　x_G——墙体自重 G 与墙底孔隙水压力 $u_m B$ 合力作用点至点 O 的水平距离（m）；

　　ΔE_w——墙前后水压力之差（kN），水土合算时，可不计此项；

　　z_w——作用点至墙底内端点 O 的竖向距离（m），如图 2-23 所示。

对于地下水以下的黏性土，当水土合算时，用饱和重度计算土压力时，可不计黏性土中的横向水压力差 ΔE_w，但需计入基底的扬压力 $U = u_m B$。对于水土分算情况，（一般主动侧水压力大于被动侧），荷载部分应计入墙前后水压力差 ΔE_w 对墙底内端点 O 的力矩。

其中 u_m 和 ΔE_w 都可通过渗流分析确定。

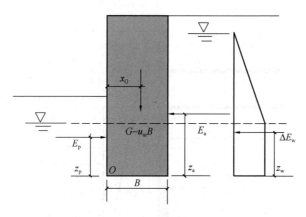

图 2-23 重力式水泥土墙抗倾覆稳定验算示意图

（2）桩、墙式支挡结构物的抗倾覆稳定。这类支挡结构物包括排桩、地下连续墙和型钢水泥土墙。对于地下连续墙和型钢水泥土墙可取单位宽度的荷载与抗力进行抗倾覆稳定分析，而对于排桩的结构内力可取单桩承担的宽度进行计算。一般桩、墙式支挡结构物的嵌固深度是由抗倾覆稳定性决定的，所以也称为锚固稳定性。

1）绕墙底转动的抗倾覆稳定。悬式护坡桩、地下连续墙结构物的抗倾覆稳定分析与重力式结构抗倾覆稳定分析的式（2-65）类似，但由于桩墙的自重及底宽可以忽略，其抗倾覆稳定安全系数可按式（2-66）验算。

$$\frac{E_p z_p}{E_a z_a + \Delta E_w z_w} \geqslant K_{ov} \tag{2-66}$$

式中，各符号如图 2-24 所示。对二级安全等级的基坑，抗倾覆稳定安全系数 K_{ov} 一般可取 1.1。对一级可取 1.2，对于三级可取 1.05。通过式（2-66）确定桩墙的锚固深度。

对于黏性土水土合算时，可不计水压力差 ΔE_w；对于水土分算，水压力差 ΔE_w 可通过渗流分析计算。对于如图 2-24 所示的有支撑或者锚杆的桩墙，其绕墙底转动的稳定安全系数可按式（2-67）验算：

$$\frac{E_p z_p + \sum_{i=1}^{n} (T_i z_{Ti})}{E_a z_a + \Delta E_w z_w} \geqslant K_{ov} \tag{2-67}$$

式中 T_i ——第 i 层支点处水平力的标准值（kN），可用弹性支点法计算；

z_{Ti} ——第 i 层支点至桩墙底面的距离（m）。

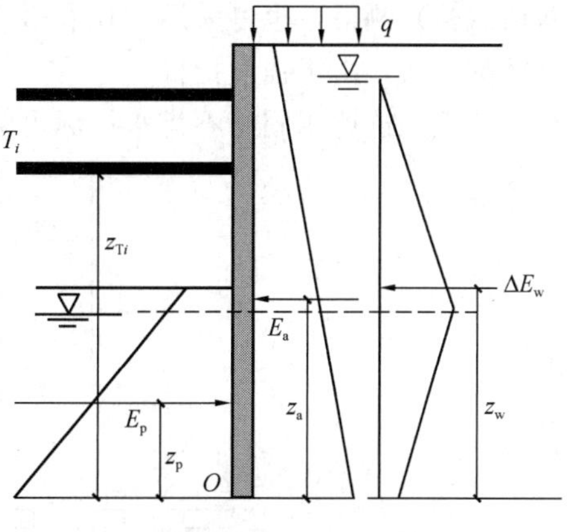

图 2-24 支撑（锚杆）式支挡结构物的抗倾覆稳定验算示意图

2）绕最下一道支撑（或锚杆）转动的抗倾覆稳定。在有支撑或锚杆的桩墙结构中，当锚固深度不足时，也有可能发生绕最下一道支撑（锚杆）的转动而失稳，亦即俗称的"踢脚"，如图 2-25 所示。当发生这种失稳时，最下一道支撑（锚杆）以上的各支撑（锚杆）的位移与设计情况相反，可以认为已经失效；最下一道支撑（锚杆）以上的土压力方向也相反，并且有向被动土压力转化的趋势。但是

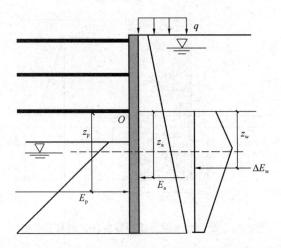

图 2-25   多层锚板式支挡结构物的抗倾覆稳定验算示意图

当发生踢脚时，墙后土体下沉，向坑内挤出，所以从安全角度考虑，不计这部分土的抗力。其抗倾覆稳定安全系数可按式（2-68）验算：

$$\frac{E_p z_p}{E_a z_a + \Delta E_w z_w} \geqslant K_{ov} \tag{2-68}$$

式中，抗倾覆稳定安全系数 K_{ov} 可取 1.2，对 1、3 级支护结构可分别上下调整 0.1。

（3）支挡结构物的整体稳定分析。对于支挡结构物的整体稳定分析包括以下几个部分：

1）水泥土墙的整体稳定。水泥土墙的埋置深度 t 是由其整体稳定性决定的。这种稳定分析通常采用瑞典圆弧法进行分析，如图 2-26 所示。对于饱和软黏土，也可采用不排水强度指标进行分析，通过整体圆弧法计算分析强度指标 c_u。可以通过现场测试（如十字板剪切试验）测得，也可采用"在有效自重压力下预固结的"不排水强度。采用 $\varphi_u = 0$ 的整体圆弧法，由于强度指标 c_u 会随深度增加，在一定程度上可反映开挖（被动）侧土的超固结性。这比用固结不排水指标可能更合理，对于欠固结土也较合理。

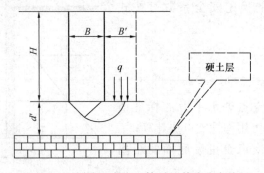

图 2-26   两侧地下水位不等时的整体稳定分析

国内大多数规范规定对于无黏性土采用有效应力强度指标。对于黏性土使用固结不排水或固结快剪强度指标。由于采用固结不排水强度指标，土条的强度对应于有效固结应力，所以计算抗滑力矩应当用浮重度。对于有地下水的情况，可用式（2-69）的替代法近似计算整体稳定安全系数：

$$F_S = \frac{\sum[c_i l_i + (h_{3i}\gamma' + h_{2i}\gamma' + h_{1i}\gamma)b_i \cos\theta_i \tan\varphi_i]}{\sum(h_{3i}\gamma' + h_{2i}\gamma_{sat} + h_{1i}\gamma)b_i \cos\theta_i} \geqslant K_S \qquad (2\text{-}69)$$

式中　K_S ——设计的安全系数，可取 1.2。其中水泥土墙的 h_{2i} 可按两侧水位差计算，也可通过绘制流网来确定。

当已经进行了渗流分析或绘制流网，可准确确定各土条的底部孔隙水压力 u_i 时，可通过式（2-70）计算整体稳定。

$$F_S = \frac{\sum\{c_i l_i + [(q_i b_i + \Delta G_i)\cos\theta_i - u_i l_i]\tan\varphi_i\}}{\sum(q_i b_i + \Delta G_i)\sin\theta_i} \geqslant K_S \qquad (2\text{-}70)$$

式中　q_i ——作用于土条上的地面附加分布荷载标准值（kN/m^3）；

$\quad \Delta G_i$ ——第 i 条的自重，地下水以下按饱和重度计算（kN）；

$\quad b_i$、l_i ——分布为第 i 土条的宽度和底部弧长（m）；

$\quad u_i$ ——第 i 土条底部滑动面处的孔隙水压力，水泥土墙底的扬压力，可取平均孔隙水压力（kPa）；

$\quad c_i$、φ_i ——对于黏性土，用固结不排水或者固结快剪强度指标，粗粒土用有效应力强度指标。

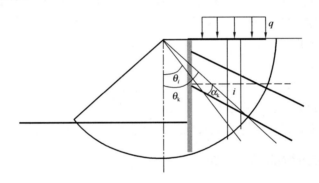

图 2-27　含锚杆板式支挡结构物的整体稳定分析计算示意图

2）排桩、地下连续墙等板式支挡结构物的整体稳定。板式支挡结构物的整体稳定分析与水泥土墙的情况相似，如图 2-27 所示。对于设置了支撑（锚杆）的板式结构，还应在抗滑动力矩中加入支撑（锚杆）部分的抗滑力矩。其整体稳定安全系数可按式（2-71）计算。

$$F_S = \frac{\sum\limits_{i=1}^{n}\{c_i l_i + [(q_i b_i + \Delta G_i)\cos\theta_i - u_i l_i]\tan\varphi_i\}}{\sum(q_i b_i + \Delta G_i)\sin\theta_i} +$$
$$\qquad (2\text{-}71)$$
$$\frac{\sum\limits_{k=1}^{m} R_k[\cos(\theta_k + \alpha_k) + 0.5\sin(\theta_k + \alpha_k)\tan\varphi]S_{xk}}{\sum(q_i b_i + \Delta G_i)\sin\theta_i} \geqslant K_S$$

式中　K_S ——圆弧滑动整体稳定安全系数，一、二、三级安全等级的基坑，可取 1.3 ± 0.5；

R_k——第 k 层锚杆对滑动土体的极限拉力，取锚杆在滑动面以外极限抗拔承载力与杆体受拉承载力中的较小值（kN）；

S_{xk}——第 k 层锚杆的水平间距（m）；

θ_i——第 i 土条中点半径与竖直线夹角（°）；

θ_k——第 k 层锚杆与滑动面交点半径与竖直线夹角（°）；

α_k——第 k 层锚杆与水平线夹角（°）；

n——土条数；

m——锚杆层数。

对于有内支撑的情况，如果滑动面的终点在基坑内，则各支撑产生的力矩为抗滑力矩。对于支挡结构物的整体稳定的分析，可以得出如下结论：

① 这些计算还需要搜索最小安全系数对应的滑动面，在有软弱下卧层时也应考虑复合滑动面的情况。

② 各规范基本上推荐使用瑞典条分法，也有同时建议简化毕肖普法的。应当注意到，瑞典条分法计算的安全系数偏小 $8\%\sim10\%$ 左右。

③ 对于整体稳定分析，还是应采用安全系数，不宜使用抗力分项系数。

④ 由于水泥土墙多用于饱和软黏土地基中，当采用不排水强度 c_u、$\varphi_u=0$ 时，可用整体圆弧法分析。采用不排水强度 c_u、$\varphi_u=0$ 的分析，由于抗滑力矩与土的自重无关，整体圆弧法计算中滑动力矩的自重部分可采用饱和重度，不计水压力，亦即水土合算。

⑤ 当采用黏性固结不排水强度指标时，有渗流情况下最好绘制流网，进行稳定分析近似的计算是采用"替代法"，亦即坑内地下水位与浸润线之间部分土体抗滑力矩采用浮重度计算，滑动力矩采用饱和重度计算。采用水土合算是不安全的。水泥土墙的地基承载力问题，实际上与整体稳定问题和坑底抗隆起问题有关。一般规范没有另作规定。

2.5.3　土钉支护边坡的稳定分析

土钉墙支护稳定性验算由式（2-72）计算。

$$\sum_{i=1}^{n}(q_ib_i+\omega_i)\sin\theta_i\leqslant\frac{1}{K_s}\Big\{\sum_{i=1}^{n}\Big[c_il_i+(q_ib_i+\omega_i)\cos\theta_i\tan\varphi_i+$$
$$\sum_{j=1}^{m}\Big[\cos(\alpha_j+\theta_j)+\frac{1}{2}\sin(\alpha_j+\theta_j)\tan\varphi_j\Big]\frac{T_j}{S_h}\Big\} \tag{2-72}$$

式中　c_i、φ_i——土条 i 沿滑裂面处土体黏聚力（kPa）、内摩擦角（°）；

θ_i——第 i 土条滑裂面切线与水平方向夹角（°）；

ω_i、q_i——土条 i 自重（kN）和该土条处超载；

l_i——土条 i 沿滑裂面长度（m）；

b_i——土条 i 宽度（m）；

n——土条总数；

α_j——第 j 排土钉与水平方向的夹角（°）；

θ_j——第 j 排土钉所在滑弧中点的切线与水平线的夹角（°）；

φ_j——第 j 排土钉穿过滑裂面处的土体内摩擦角（°）；

T_j——第 j 排土钉在滑弧外的极限抗拔力（kN）；

S_h ——土钉水平间距（m）；

K_s ——整体稳定性分项系数，取值与基坑安全等级相关，一般大于 1.2。

该方法是在计算边坡稳定的瑞典圆弧法的基础上发展起来的，计算简图如图 2-28 所示。基本假定：

（1）滑裂面假定为圆弧；

（2）不考虑土条的条间力；

（3）位于圆弧外的土钉提供锚固力。

该方法适用于土质较均匀软土、强度较低黏性土中土钉墙稳定验算。

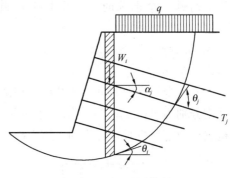

图 2-28 圆弧法计算简图

习题

1. 单项选择题

[1] 有一墙背垂直的重力式挡土墙，墙后填土由上下两层土组成，如图所示，γ、c、φ 分别表示土的重度、黏聚力和内摩擦角，如果 $c_1 \approx 0$，$c_2 > 0$，问只有在下列哪一种情况下，用朗肯土压力理论计算得到的墙后主动土压力分布才有可能从上而下为一条连续的直线？（   ）

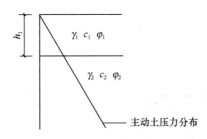

A. $\gamma_1 > \gamma_2$，$\varphi_1 > \varphi_2$　　　　　　B. $\gamma_1 > \gamma_2$，$\varphi_1 < \varphi_2$

C. $\gamma_1 < \gamma_2$，$\varphi_1 > \varphi_2$　　　　　　D. $\gamma_1 < \gamma_2$，$\varphi_1 < \varphi_2$

[2] 基坑剖面如图所示，已知土的重度 $\gamma = 20 kN/m^3$，有效内摩擦角 $\varphi' = 30°$，黏聚力 $c' = 0$。若不要求计算墙两侧的水压力，按朗肯土压力理论分别计算支护结构墙底 E 点内外两侧的被动土压力 e_p 和主动土压力 e_a 最接近下列哪一组数值？（水的重度 $\gamma_w = 10 kN/m^3$）（   ）

A. $e_p = 330 kPa$，$e_a = 73 kPa$　　　　B. $e_p = 191 kPa$，$e_a = 127 kPa$

C. $e_p = 600 kPa$，$e_a = 133 kPa$　　　　D. $e_p = 346 kPa$，$e_a = 231 kPa$

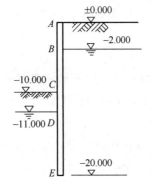

[3] 有一重力式挡土墙墙背垂直光滑，无地下水，打算使用两种墙背填土，一种是黏土，$c=20$kPa，$\varphi=22°$；另一种是砂土，$c=0$，$\varphi=38°$，重度都是 20kN/m³。问墙高 H 等于下列哪一个选项时，采用黏土填料和砂土填料的墙背总主动土压力两者基本相等？（　　）

A. 3.0m

B. 7.8m

C. 10.7m

D. 12.4m

[4] 一个软土中的重力式基坑支护结构，如图所示，基坑底处主动土压力及被动土压力强度分别为 p_{a1}、p_{b1}，支护结构底部主动土压力及被动土压力强度为 p_{a2}、p_{b2}，对此支护结构进行稳定分析时，合理的土压力模式选项是哪个？（　　）

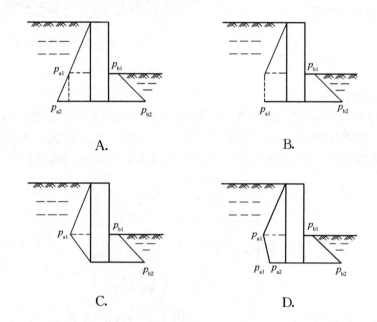

[5] 关于计算挡土墙所受的土压力的论述，下列哪个选项是错误的？（　　）

A. 采用朗肯土压力理论可以计算墙背上各点的土压力强度，但算得的主动土压力偏大

B. 采用库仑土压力理论求得的是墙背上的总土压力，但算得的被动土压力偏小

C. 朗肯土压力理论假设墙背与填土间的摩擦角 δ 应小于填土层的内摩擦角 φ，墙背倾角 ε 不大于 $45°-\varphi/2$

D. 库仑土压力理论假设填土为无黏性土，如果倾斜式挡墙的墙背倾角过大，可能会产生第二滑裂面

2. 多项选择题

[1] 有一墙背光滑、垂直，填土内无地下水，表面水平，无地面荷载的挡土墙，墙后为两层不同的填土，计算得到的主动土压力强度分布为两段平行的直线。如图所示，下列哪些选项的判断是与之相应的？（　　）

A. $c_1=0$，$c_2>0$，$\gamma_1=\gamma_2$，$\varphi_1=\varphi_2$

B. $c_1=0$，$c_2>0$，$\gamma_1<\gamma_2$，$\varphi_1>\varphi_2$

C. $c_1=c_2=0$，$\gamma_1<\gamma_2$，$\varphi_1<\varphi_2$

D. $c_1=c_2=0$，$\gamma_1>\gamma_2$，$\varphi_1<\varphi_2$

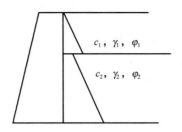

[2] 饱和黏性土的不固结不排水强度 $\varphi_u=0°$，地下水位与地面齐平。用朗肯主动土压力理论进行水土合算及水土分算来计算墙后水土压力，下面哪些选项是错误的?（　　）

A. 两种算法计算的总压力是相等的

B. 两种算法计算的压力分布是相同的

C. 两种算法计算的零压力区高度 z_0 是相等的

D. 两种算法的主动压力系数 K_a 是相等的

[3] 下列关于土压力影响因素的分析意见中，哪些观点中包含有不正确的内容?（　　）

A. 当土与挡土墙墙背间摩擦角增大时，主动土压力减小，被动土压力减小

B. 墙顶填土的重度增大时，主动土压力增大，被动土压力增大

C. 土的内摩擦角增大时，主动土压力增大，被动土压力减小

D. 土的黏聚力增大时，主动土压力减小，被动土压力增大

[4] 对于一墙竖直、填土水平，墙底水平的挡土墙；墙后填土为砂土，墙背与土间的摩擦角 $\delta=\varphi/2$，底宽为墙高的 3/5，如用①假定墙背光滑的朗肯土压力理论计算主动土压力；②考虑墙背摩擦的库仑土压力理论计算主动土压力。用上述两种方法计算的主动土压力相比较，下列选项哪些是正确的?（　　）

A. 朗肯理论计算的抗倾覆稳定安全系数较小

B. 朗肯理论计算的抗滑稳定性安全系数较小

C. 朗肯理论计算的墙底压力分布较均匀

D. 朗肯理论计算的墙底压力平均值更大

[5] 由于朗肯土压力理论和库仑土压力理论分别根据不同的假设条件，以不同的分析方法计算土压力，计算结果会有所差异，以下哪些选项是正确的?（　　）

A. 相同条件下朗肯公式计算的主动土压力大于库仑公式

B. 相同条件下库仑公式计算的被动土压力小于朗肯公式

C. 当挡土墙背直立且填土面与挡墙顶平齐时，库仑公式与朗肯公式计算结果是一致的

D. 不能用库仑理论的原公式直接计算黏性土的土压力，而朗肯公式可以直接计算各种土的土压力

3. 案例分析题

[1] 基坑剖面如图所示，已知砂土的重度 $\gamma=20kN/m^3$，$c=0$，$\varphi=30°$。计算土压力时，如果 C 点主动土压力达到 1/3 被动土压力，计算基坑外侧所受条形附加荷载 q。

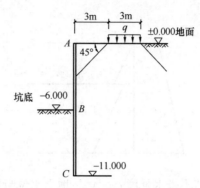

[2] 图示挡土墙，墙高 $H = 6\text{m}$。墙后砂土厚度 $h = 1.6\text{m}$，已知砂土的重度为 17.5kN/m^3，内摩擦角为 $30°$，黏聚力为零。墙后黏性土的重度为 18.5kN/m^3，内摩擦角为 $18°$，黏聚力为 10kPa。按朗肯主动土压力理论，计算作用于每延米墙背的总主动土压力 E_a。

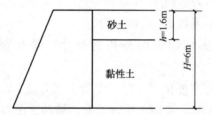

[3] 有一重力式挡土墙，墙背垂直光滑，填土面水平，地表荷载 $q = 49.4\text{kPa}$，无地下水，拟使用两种墙后填土，一种是黏土 $c_1 = 20\text{kPa}$、$\varphi_1 = 12°$、$\gamma_1 = 19\text{kN/m}^3$，另一种是砂土 $c_2 = 0$、$\varphi_2 = 30°$、$\gamma_2 = 21\text{kN/m}^3$。问当采用黏土填料和砂土填料的墙背总主动土压力两者基本相等时，计算墙高 H。

答案详解

1. 单项选择题

【1】A

根据朗肯土压力理论：$\sigma_\text{a} = K_\text{a}\gamma_\text{h} + 2cK_\text{a}$。因为 $c_1 = 0$，$c_2 > 0$，要使得上层分界面处应力相同，则 $K_{\text{a}2} > K_{\text{a}1}$，所以 $\varphi_1 > \varphi_2$；又因为应力分布是一条直线，斜率相等，即 $K_{\text{a}1}\gamma_1 = K_{\text{a}2}\gamma_2$，因为 $K_{\text{a}2} > K_{\text{a}1}$，所以 $\gamma_1 > \gamma_2$。

【2】A

土压力系数：$k_\text{p} = \tan^2(45° + \varphi/2) = 3.00$

$$k_\text{a} = \tan^2(45° - \varphi/2) = 0.333$$

被动土压力：$p_\text{p} = \sum \gamma_i h_i k_\text{p} = (20 \times 1 + 10 \times 9) \times 3.0 = 330\text{kPa}$

主动土压力：$p_\text{a} = \sum \gamma_i h_i k_\text{a} = (20 \times 2 + 10 \times 8) \times 0.333 = 40\text{kPa}$

【3】C

黏土：

$$K_\text{a} = \tan^2\left(45° - \frac{22°}{2}\right) = 0.455$$

$$\gamma z_0 K_a - 2c \cdot \sqrt{K_a} = 0$$

$$Z_0 = \frac{2c}{\gamma \sqrt{K_a}} = \frac{2 \times 20}{20 \times \sqrt{0.455}} = 2.96$$

$$e_H = \gamma H K_a - 2c \sqrt{K_a} = 20 \times H \times 0.455 - 2 \times 20 \times \sqrt{0.455} = 9.1H - 27$$

$$E_a = \frac{1}{2} \times (9.1H - 27) \times (H - 2.96) = 4.55H^2 - 27H + 40$$

砂土：

$$K_a = \tan^2\left(45° - \frac{38°}{2}\right) = 0.238$$

$$E_a = \frac{1}{2} \gamma H^2 K_a = \frac{1}{2} \times 20 \times H^2 \times 0.238 = 2.38H^2$$

$$2.38H^2 = 4.55H^2 - 27H + 40$$

$$2.17H^2 - 27H + 40 = 0$$

$$H = 10.72m$$

【4】A

《建筑基坑支护技术规程》JGJ 120—2012 修改了基坑支护结构的土压力分布，更符合土力学原理。

【5】C

朗肯理论的基本假设是墙背竖直光滑，墙后土体水平，计算结果主动土压力偏大，被动土压力偏小，库仑理论的基本假设是假定滑动面为平面，滑动楔体为刚性体，计算结果主动土压力比较接近实际，而被动土压力误差较大。当墙背与竖直面的夹角大于 $45° - \varphi / 2$ 时，滑动块体不是沿着墙背面滑动，而是在填土中产生第二滑裂面。

2. 多项选择题

【1】A、C

一层土压力分布过墙顶，无黏聚力，$c_1 = 0$，当 $c_2 = 0$ 时，界面处土压力强度 $e_{a\pm} > e_{a\mp}$，则 $K_{a1} > K_{a2}$，$\varphi_1 < \varphi_2$，一层土的斜率等于二层土的斜率，$K_{a1} \gamma_1 = K_{a2} \gamma_2$，则 $\gamma_1 < \gamma_2$；当 $c_2 > 0$ 时，e_a 上 $= \gamma_1 h_1 K_{a1} > e_{a\mp} = \gamma_1 h_1 K_{a2} - 2c_2 K_{a2}$，则当 $K_{a1} = K_{a2}$，$\varphi_1 = \varphi_2$；二者的斜率相同，$K_{a1} \gamma_1 = K_{a2} \gamma_2$，$\gamma_1 = \gamma_2$。

【2】A、B、C

［依据］依据朗肯土压力理论，水土合算：$E_1 = 2\gamma_{sat}(H - z_{01})K_a / 2$，$z_{01} = 2c/(\gamma_{sat} K_a)$。水土分算：$E_2 = 2\gamma'(H - z_{02})K_a / 2 + \gamma_w H_2 / 2$，$z_{02} = 2c/(\gamma' K_a)$。由 $\varphi = 0, c \neq 0$，得 $K_a = 1$，则 $z_{01} \neq z_{02}$，水土分算的土压力 $E_2 = [2\gamma'(H - z_0) + \gamma_w H_2]/2$，由公式可知，其总压力不相等，压力分布不同，零压力区不等。

【3】A、C

当土与挡土墙墙背间摩擦角增大时，主动土压力减小，被动土压力增大，A 选项错误。土的内摩擦角增大时，主动土压力减小，被动土压力增大，C 选项错误。

【4】A、B

朗肯是库仑的特殊情况，其主动土压力计算结果误差较大，被动土压力计算误差较小，而库仑主动土压力更接近实际。即，在其他条件相同的情况下，墙背与土体的摩擦角越大，主动土压力就越小；反之，主动土压力就越大。朗肯在倾覆和抗滑时计算的安全系数要小，库仑计算的安全系数要大；库仑理论计算的偏心更小，基底平均压力更大，更均匀。

【5】A、D

朗肯理论和库仑理论的区别，见下表。

同样条件下，库仑被动土压力大于朗肯被动土压力，当挡墙墙背不光滑时，无法用朗肯公式计算。

朗肯理论和库仑理论的比较　　　　　　　　　　　题 5 解表

理论	基本假设	应用范围	计算误差
朗肯理论	墙背竖直光滑，墙后土体是具有水平面的半无限体，研究单元体的极限平衡应力状态，属于极限应力法	墙背竖直、光滑，墙后填土水平，无黏性土，黏性土	墙面不是光滑的，理论计算偏于保守，即主动土压力偏大，被动土压力偏小
库仑理论	假定滑动面为平面，滑动楔体为刚性体，根据楔体的极限平衡条件，用静力平衡方法求解，比较适用于刚性挡土墙	包括朗肯条件在内的倾斜墙背、填土面不限，应用广泛，图解法应用于无黏性土和黏性土，数解法应用于无黏性土	主动土压力比较接近实际，被动土压力误差较大

3. 案例分析题

【1】$K_a = \dfrac{1}{3}$；$K_p = 3.0$

被动土压力强度标准值：

$$e_p = \gamma h_2 K_p = 20 \times 5 \times 3 = 300\text{kPa}$$

主动土压力强度标准值：

$$e_a = \frac{e_p}{3} = 100\text{kPa}$$

q 按 45° 扩散，则 C 点在扩散范围之内。

$$\sigma = q\frac{b_0}{b_0 + 2b_1} = \frac{q}{3}$$

$$e_a = (\gamma h_1 + \sigma)K_a = 100\text{kPa}；\quad \frac{20 \times 11}{3} + \frac{\sigma}{3} = 100\text{kPa}$$

$$\sigma = 80\text{kPa}, \quad q = 240\text{kPa}$$

【2】土压力系数：

$$K_{a砂} = \tan^2\left(45° - \frac{\varphi_{砂}}{2}\right) = \tan^2\left(45° - \frac{30°}{2}\right) = \frac{1}{3}$$

$$K_{a黏} = \tan^2\left(45° - \frac{\varphi_{黏}}{2}\right) = \tan^2\left(45° - \frac{18°}{2}\right) = 0.528$$

$$z_0 = \frac{2c_{黏}}{\gamma_{砂}\sqrt{K_{a黏}}} = \frac{2 \times 10}{17.5 \times \sqrt{0.528}} = 1.573\text{m} \approx 1.6\text{m}$$

取近似解：

$$E_{a\text{砂}} = \frac{1}{2}\gamma_{\text{砂}} K_{a\text{砂}} h^2 = \frac{1}{2} \times 17.5 \times \frac{1}{3} \times 1.6^2 = 7.5\text{kN}$$

$$E_{a\text{黏}} = \frac{1}{2}\gamma_{\text{黏}} K_{a\text{黏}} (H - z_0)^2 = \frac{1}{2} \times 18.5 \times 0.528 \times (6 - 1.6)^2 = 94.6\text{kN}$$

$$E_a = E_{a\text{砂}} + E_{a\text{黏}} = 7.5 + 94.6 = 102\text{kN}$$

【3】采用黏土时，$k_{a1} = \tan^2\left(45° - \dfrac{12°}{2}\right) = 0.656$

$$z_0 = \frac{2c_1}{\gamma_1 \sqrt{k_{a1}}} - \frac{q}{\gamma_1} = \frac{2 \times 20}{19 \times \sqrt{0.656}} - \frac{49.4}{19} = 0\text{m}$$

土压力沿墙高三角形分布，因此

$$E_{a1} = \frac{1}{2}\gamma_1 H^2 k_{a1} = 0.5 \times 19 \times H^2 \times 0.656 = 6.232H^2$$

采用砂土时，$k_{a2} = \tan^2\left(45° - \dfrac{30°}{2}\right) = \dfrac{1}{3}$

$$E_{a2} = \frac{1}{2}\gamma_2 H^2 k_{a2} + qHk_{a2} = 0.5 \times 21 \times H^2 \times \frac{1}{3} + 49.4 \times H \times \frac{1}{3} = 3.5H^2 + 16.47H$$

$E_{a1} = E_{a2}$，$3.5H^2 + 16.47H = 6.232H^2$，解得 $H = 6.03\text{m}$

第 3 章　支护结构内力与基坑变形

3.1　概述

挡土结构内力分析是基坑工程设计中的重要内容。随着基坑工程的发展和计算技术的进步，挡土结构的内力分析方法也经历了不同的发展阶段，从早期的古典分析法到解析方法再到复杂的数值分析方法。

挡土结构内力分析的古典方法主要包括平衡法、等值梁法、塑性铰法等。平衡法，又称自由端法，适用于底端自由支撑的悬臂式挡土结构和单锚式挡土结构。当挡土结构的入土深度不太深时，结构底端可视为非嵌固，即底端自由支承。图 3-1 为单锚挡土结构在砂性土中的平衡法的计算简图。为使挡土结构在非嵌固条件下达到极限平衡状态，作用在挡土结构上的锚系力 R_a、主动土压力 E_a 及被动土压力 E_p 必须平衡。具体计算方法是：利用水平方向合力等于零以及水平力对锚系点的弯矩和等于零，求得挡土结构的入土深度。代入水平力平衡方程即求得锚系点的锚系拉力 R_a，进而可求解挡土结构的内力。

等值梁法，又称假想铰法，可以求解多支撑（锚杆）的挡土结构内力。首先假定挡土结构弹性曲线反弯点即假想铰的位置。假想铰的弯矩为零，于是可把挡土结构划分为上下两段，上部为简支梁，下部为一次超静定结构（图 3-2），这样即可按照弹性结构的连续梁求解挡土结构的弯矩、剪力和支撑轴力。等值梁法的关键问题是确定假想铰 Q 点的位置。通常可假设为土压力为零的那一点或挡土结构入土面的那点，也可假定 Q 点距离入土面深度为 y，y 值可根据地质条件和结构特性确定，一般为 $0.1 \sim 0.2$ 倍开挖深度。

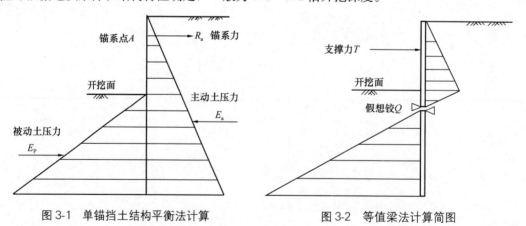

图 3-1　单锚挡土结构平衡法计算　　　　图 3-2　等值梁法计算简图

塑性铰法，又称 Terzaghi 法，该方法假定挡土结构在横撑（除第一道撑）支点和开挖面处形成塑性铰，从而解得挡土结构内力。

挡土结构内力分析的解析方法是通过将挡土结构分成有限个区间，建立弹性微分方程，再根据边界条件和连续条件，求解挡土结构内力和支撑轴力。常见的解析方法主要有山肩邦男法、弹性法和弹塑性法。

山肩邦男法的精确解有如下基本假定：

(1) 黏土地层中挡土结构为无限长弹性体；

(2) 开挖面主动侧土压力在开挖面以上为三角形，开挖面以下抵消被动侧的静止土压力后取为矩形；

(3) 被动侧土的横向反力分为塑性区和弹性区；

(4) 横撑设置后作为不动支点；

(5) 下道支撑设置后，上道支撑轴力保持不变，且下道支撑点以上挡土结构位置不变。山肩邦男法将结构分成三个区间，即第 k 道横撑到开挖面区间，开挖面以下塑性区及弹性区（图 3-3）。基本求解过程是首先建立弹性微分方程，再根据边界条件和连续条件导出第 k 道横撑轴力的计算公式及变位和内力公式。由于山肩邦男法的精确解计算方程中有未知数的五次函数，计算较为繁复。山肩邦男法的近似解法对上述基本假定作了修改，只需应用两个平衡方程就可依次求得各道横撑内力。弹性法与山肩邦男法在基本假定上大体相同，只有在对土压力的假定有差别。弹性法中假设主动侧土压力已知，但开挖面以下只有被动侧的土抗力，被动侧的土抗力数值与墙体变位成正比（图 3-4）。

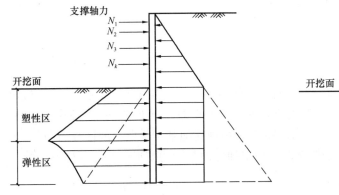

图 3-3 山肩邦男法精确解计算简图

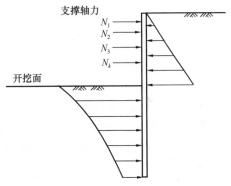

图 3-4 弹性法计算简图

弹塑性法与上述两种方法的主要差别在于，山肩邦男法和弹性法都假定土压力已知且挡土结构弯矩及支撑轴力在下道支撑设置后不变化，而弹塑性法假定土压力已知但挡土结构弯矩及支撑轴力随开挖过程变化。弹塑性法的基本假定如下：

(1) 支撑以弹簧表示，即考虑其弹性变位；

(2) 主动侧土压力假设为竖向坐标的二次函数并采用实测资料；

(3) 挡土结构入土部分分为达到朗肯被动土压力的塑性区和土抗力与挡土结构变位成正比的弹性区；

(4) 挡土结构有限长，端部支承可为自由、铰接或固定。

早期的古典分析方法和解析方法由于在理论上存在各自的局限性而难以满足复杂基坑工程的设计要求，因而现在已应用得很少。目前常用的分析方法主要有平面弹性地基梁法和平面连续介质有限元方法。平面弹性地基梁法将单位宽度的挡土墙作为竖向放置的弹性地基梁，支撑和锚杆简化为弹簧支座，基坑内开挖面以下土体采用弹簧模拟，挡土结构外侧作用已知的水压力和土压力。平面弹性地基梁法一般可采用杆系有限元方法求解,考虑土体的分层及支撑的实际情况,沿着竖向将弹性地基梁划分成若干单元,列出每个单元的上述微分方程,进而解得单元的位移和内力。平面连续介质有限元方法一般是在整个基坑中寻找具有平面应变特征的断面进行分析。土体采用平面应变单元来模拟。挡土结构如地下连续墙等板式结构需要承受弯矩,可用梁单元来模拟。支撑、锚杆等只能承受轴向力的构件采用杆件单元模拟。考虑连续墙与土体的界面接触,可利用接触面单元来处理。连续介质有限元方法考虑了土和结构的相互作用,可同时得到整个施工过程挡土结构的位移和内力以及对应的地表沉降和坑底回弹等。

平面弹性地基梁法和平面连续介质有限元方法适合于分析诸如地铁车站等狭长形基坑。对于有明显空间效应的基坑,采用平面分析方法不能反映基坑的三维变形规律,可能会得到保守的结果。当基坑形状不规则时,采用平面分析方法则无法反映所有的支撑结构的受力和变形状况。因而,对有明显空间效应的基坑和不规则形状的基坑有必要利用三维分析方法进行分析。目前,空间弹性地基板法和三维连续介质有限元方法在一些基坑工程中也得到了实际运用,并成功地指导了基坑工程的设计。

3.2　支护结构荷载结构分析方法

3.2.1　平面弹性地基梁法

1. 计算原理

平面弹性地基梁法假定挡土结构为平面应变问题,取单位宽度的挡土墙作为竖向放置的弹性地基梁,支撑和锚杆简化为弹簧支座,基坑内开挖面以下土体采用弹簧模拟,挡土结构外侧作用已知的水压力和土压力。图 3-5 为平面弹性地基梁法典型的计算简图。

取长度为 b_0 的围护结构作为分析对象,列出弹性地基梁的变形微分方程如下:

$$EI \frac{\mathrm{d}^4 y}{\mathrm{d}z^4} - e_a(z) = 0 \qquad\qquad (0 \leqslant z \leqslant h_n) \qquad (3\text{-}1)$$

$$EI \frac{\mathrm{d}^4 y}{\mathrm{d}z^4} + mb_0(z - h_n)y - e_a(z) = 0 \qquad (z \geqslant h_n) \qquad (3\text{-}2)$$

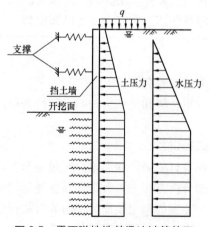

式中　EI ——围护结构的抗弯刚度;

　　　　y ——围护结构的侧向位移;

　　　　z ——深度;

　　$e_a(z)$ —— z 深度处的主动土压力;

　　　　m ——地基土水平抗力比例系数;

　　　　h_n ——第 n 步的开挖深度。

考虑土体的分层(m 值不同)及水平支撑的存在等实际情况,需沿着竖向将弹性地基梁划分成若干单元,列出每个单元的上述微分方程,一般可采用杆系有限元方法求解划分单元,尽可能考虑土层

图 3-5　平面弹性地基梁法计算简图　　　的分布、地下水位、支撑的位置、基坑的开挖深度

等因素分析多道支撑分层开挖，根据基坑开挖、支撑情况划分施工工况，按照工况的顺序进行支护结构的变形和内力计算，计算中需考虑各工况下边界条件、荷载形式等的变化，并取上一工况计算的围护结构位移作为下一工况的初始值。

弹性支座的反力可由式（3-3）计算：

$$T_i = K_{\mathrm{B}i}(y_i - y_{0i}) \tag{3-3}$$

式中 T_i——第 i 道支撑的弹性支座反力；

        $K_{\mathrm{B}i}$——第 i 道支撑弹簧刚度；

        y_i——由前面方法计算得到的第 i 道支撑处的侧向位移；

        y_{0i}——由前面方法计算得到的第 i 道支撑设置之前该处的侧向位移。

2. 支撑刚度计算

对于采用十字交叉对撑钢筋混凝土支撑或钢支撑（图 3-6），内支撑刚度的取值如式（3-4）所示：

$$K_{\mathrm{B}i} = \frac{EA}{SL} \tag{3-4}$$

式中 A——支撑杆件的横截面积；

        E——支撑杆件材料的弹性模量；

        L——水平支撑杆件的计算长度；

        S——水平支撑杆件的间距。

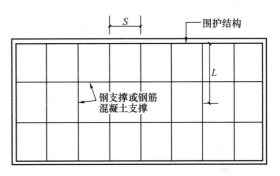

对于复杂杆系结构的水平支撑系统，不能简单地采用式（3-4）来确定支撑的刚度，但较合理地确定其支撑刚度也很困难。《建筑基坑工程技术规范》YB 9258—1997 建议采用考虑围护结构、水平支撑体空间作用的协同分析方法确定。

图 3-6 十字交叉内支撑刚度计算示意图

当采用主体结构的梁板作为水平支撑时，水平支撑的刚度可采用式（3-5）确定：

$$K_{\mathrm{B}i} = \frac{EA}{L} \tag{3-5}$$

式中 A——计算宽度内支撑楼板的横截面积；

        E——支撑楼板的弹性模量；

        L——支撑楼板的计算长度，一般可取开挖宽度的一半。

3. 水平弹簧支座刚度计算

基坑开挖面或地面以下，水平弹簧支座的压缩弹簧刚度 K_{H} 可按式（3-6）计算：

$$K_{\mathrm{H}} = k_{\mathrm{H}}bh \tag{3-6}$$

式中 K_{H}——土弹簧压缩刚度（kN/m）；

        k_{H}——地基水平向基床系数（kN/m³）；

        b——弹簧的水平向计算间距（m）；

        h——弹簧的垂直向计算间距（m）。

图 3-7 给出了地基水平向基床系数的五种不同分布形式，地基水平向基床系数采用式（3-7）表示：

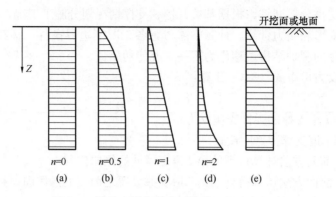

图 3-7　地基水平向基床系数的不同分布形式

$$k_{\mathrm{H}} = A_0 + kz^n \tag{3-7}$$

式中　z ——距离开挖面或地面的深度；

　　　k ——比例系数；

　　　n ——指数，反映地基水平向基床系数随深度的变化情况；

　　　A_0 ——开挖面或地面处的地基水平向基床系数，一般取零。

当有土的标准贯入击数 N 值时可用经验公式求地基水平向基床系数：

$$k_{\mathrm{H}} = 2000N(\mathrm{kN/m^3}) \tag{3-8}$$

式中　N ——标准贯入击数。

若假设地基水平向基床系数沿深度为常数或在一定深度其值达到不变值时，可按表 3-1 中的经验值取值。

地基水平向基床系数 k_{H} 经验值　　　　　　　　　　　　　　　表 3-1

地基类别	黏性土和粉性土				砂性土			
	淤泥质	软	中等	硬	极松	松	中等	密实
k_{H}（$\times 10^4 \mathrm{kN/m^3}$）	0.3～1.5	1.5～3	3～15	15以上	0.3～1.5	1.5～3	3～10	10以上

根据公式（3-7）中指数 n 的取值不同，将采用图 3-7 中（a）、（b）、（d）的地基反力分布形式的计算方法分别称为常数法、C 法和 K 法。图 3-7 中（c）中，取 $n=1$，$A_0 = 0$ 则

$$k_{\mathrm{H}} = kz \tag{3-9}$$

此式表明地基水平向基床系数随深度按线性规律增大，由于我国以往应用这种分布模式时，采用 m 表示比例系数，即 $k_{\mathrm{H}} = m_z$，故通称 m 法。

基坑围护结构的平面竖向弹性地基梁法实质上是从水平向受荷桩的计算方法演变而来的，因此严格地讲地基土水平抗力比例系数 m 的确定应根据单桩的水平荷载实验结果由式（3-10）来确定：

$$m = \frac{\left(\dfrac{H_{\mathrm{cr}} v_{\mathrm{x}}}{x_{\mathrm{cr}}} \right)^{\frac{5}{3}}}{b_0 (EI)^{\frac{2}{3}}} \tag{3-10}$$

式中 H_{cr}——单桩水平临界荷载,按《建筑桩基技术规范》JGJ 94—2008 的附录 E 的方法确定;

        x_{cr}——单桩水平临界荷载所对应的位移;

        v_x——桩顶位移系数,按《建筑桩基技术规范》JGJ 94—2008 方法计算;

        b_0——计算宽度;

        EI——桩身抗弯刚度。

在没有单桩水平荷载实验时,建筑基坑支护技术规程提供了如式(3-11)的经验计算方法:

$$m = \frac{1}{\Delta}(0.2\varphi_k^2 - \varphi_k + c_k) \tag{3-11}$$

式中 φ_k——土的固结不排水快剪内摩擦角标准值;

        c_k——土的固结不排水快剪黏聚力标准值;

        Δ——基坑底面处的位移量,可按地区经验取值;当无经验时,可取 10mm。

公式(3-11)是通过开挖面处桩的水平位移值与土层参数来确定 m 值,公式中的 Δ 取值难以确定,计算得到的 m 值可能与地区的经验取值范围相差较大。而且当 φ_k 较大时,计算出的 m 值偏大,可能导致计算得到的被动侧土压力大于被动土压力。由此可以看出,m 值的确定在很大程度上仍依赖于当地的工程经验。

4. 主动侧土压力的计算

作用在挡土结构上的土压力的计算参见第 2 章有关内容。

5. 求解方法

基于有限元的平面弹性地基梁法的一般分析过程如下:

(1)结构理想化,即把挡土结构的各个组成部分根据其结构受力特点理想化为杆系单元,如两端嵌固的梁单元、弹性地基梁单元、弹性支撑梁单元等。

(2)结构离散化,把挡土结构沿竖向划分为若干个单元,一般每隔 1~2m 划分一个单元。为计算简便,尽可能将节点布置在挡土结构的截面、荷载突变处,弹性地基基床系数变化处及支撑或锚杆的作用点处。

(3)挡土结构的节点应满足变形协调条件,即结构节点的位移和联结在同一节点处的每个单元的位移是互相协调的,并取节点的位移为未知量。

(4)单元所受荷载和单元节点位移之间的关系,以单元的刚度矩阵 $[K]^e$ 来确定,即

$$[F]^e = [K]^e\{\delta\}^e \tag{3-12}$$

式中 $[F]^e$——单元节点力;

        $[K]^e$——单元刚度矩阵;

        $\{\delta\}^e$——单元节点位移。

作用于结构节点上的荷载和结构节点位移之间的关系以及结构的总体刚度矩阵,是由各个单元的刚度矩阵经矩阵变换得到。

(5)根据静力平衡条件,作用在结构节点上的外荷载必须与单元内荷载平衡,单元内荷载是由未知节点位移和单元刚度矩阵求得。外荷载给定,可以求得未知的节点位移,进而求得单元内力。对于弹性地基梁的地基反力,可由结构位移乘以基床系数求得。

3.2.2　空间弹性地基板法

平面弹性地基梁法在应用于有明显空间效应的深基坑工程时，由于模型做了过多的简化而不能反映实际结构的空间变形性状，在设计中就有可能造成资源浪费或安全隐患。因此，对于具有明显空间效应的深基坑工程，其支护结构的计算就有必要作为空间问题来求解。

空间弹性地基板法是在竖向平面弹性地基梁法的基础上发展起来的一种空间分析方法，该方法完全继承了竖向平面弹性地基梁法的计算原理，建立围护结构、水平支撑与竖向支承系统共同作用的三维计算模型并采用有限元方法求解这一问题，其计算原理简单、明确，同时又克服了传统竖向平面弹性地基梁法模型过于简化的缺点。

1. 计算原理

图 3-8 为空间弹性地基板法的基坑支护结构三维分析模型示意图（以矩形基坑为例，取 1/4 模型表示），图中为水平支撑体系采用临时支撑的情况。按实际支护结构的设计方案建立三维有限元模型，模型包括围护结构、水平支撑体系、竖向支承系统和土弹簧单元。对采用连续墙的围护结构可采用三维板单元来模拟；对采用灌注桩的围护结构可采用梁单元来模拟，也可采用板单元来近似模拟。对采用临时水平支撑的情况，水平支撑体系仅包括梁，此时可以采用梁单元来模拟；对水平支撑体系采用主体结构梁板的情况，采用梁单元和板单元来模拟水平支撑构件，同时尚需考虑梁和板的共同作用。竖向支承体系包括立柱和立柱桩，一般也可用梁

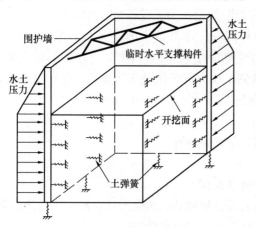

图 3-8　空间弹性地基板法的基坑支护结构
三维分析模型示意图

单元来模拟。根据施工工况和工程地质条件确定坑外土体对围护结构的水土压力荷载，由此分析支护结构的内力与变形。

2. 土弹簧刚度系数的确定

基坑开挖面以下，土弹簧单元的水平向刚度可按式（3-6）计算，其中 b 和 h 分别取为二维模型中与土弹簧相连接的挡土结构单元（板单元）的宽度和高度。

3. 土压力的计算

土压力的计算方法与平面弹性地基梁法相同，只是在平面竖向弹性地基梁法中土压力为作用在挡土结构上的线荷载，而在空间弹性地基板法中土压力则是作用在挡土结构上的面荷载。

3.2.3　土体的本构关系模型

基坑开挖是一个土与结构共同作用的复杂过程。对土介质本构关系的模拟是采用土与结构共同作用方法的关键。基坑现场的土体应采用合适的本构模型进行模拟，并且能根据室内试验和原位测试等手段给出合理的参数。虽然土的本构模型有很多种，但广泛应用于

基坑工程中的仍只有少数几种，如弹性模型、Mohr-Coulomb 模型、修正剑桥模型、Drucker-Prager 模型、Duncan-Chang 模型、Plaxis Hardening Soil 模型等。

    基坑开挖是典型的卸载问题，且开挖会引起应力状态和应力路径的改变，选择的本构模型应能反映开挖过程中土体应力-应变变化的主要特征。弹性模型不能反映土体的塑性性质因而不适合基坑开挖问题的分析。而作为理想弹-塑性模型的 Mohr-Coulomb 模型和 Drucker-Prager 模型，其卸载和加载模量相同，应用于基坑开挖时往往导致不合理的坑底回弹，只能用作基坑的初步分析。

    修正剑桥模型和 Plaxis Hardening Soil 模型由于刚度依赖于应力水平和应力路径，应用于基坑开挖分析时能得到较理想弹-塑性模型更合理的结果。从理论上讲，基坑开挖中土体本构模型最好应能同时反映土体在小应变时的非线性行为和土的塑性性质。反映土体在小应变时的非线性行为的本构模型能给出基坑在开挖过程中更为合理的变形（包括支护结构的变形和土体的变形）；而反映土体塑性性质的本构模型对于正确模拟主动和被动土压力具有重要的意义。

    图 3-9 为一个悬臂开挖的实例，对该开挖进行了 4 种情况的模拟：

（1）土体采用弹性模型（刚度为常数）；

（2）土体采用弹性模型，但刚度随着深度的增加而增大；

（3）采用理想弹-塑性的 Mohr-Coulomb 模型，且刚度为常数；

（4）采用理想弹-塑性的 Mohr-Coulomb 模型，但刚度随着深度的增加而增大。4 种情况的参数以及基坑的有关尺寸、墙体的计算参数等均在图 3-9 中给出。

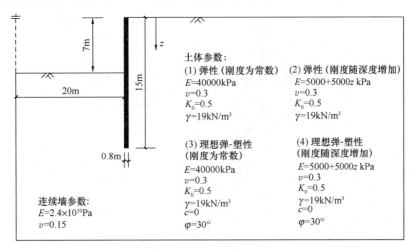

图 3-9 悬臂开挖实例

    图 3-10（a）、（b）分别为这 4 种情况分析得到的墙体侧移和墙后土体沉降情况。从图 3-10 中可以看出，采用刚度为常数的弹性模型得到的墙体侧移为上部小、下部大，而墙后土体则表现为上抬，这完全不符合实际的工程经验。采用刚度随深度增加而增大的弹性模型时，虽然在一定程度上改善了墙体的侧移情况，但墙后土体仍然表现为上抬。当采用理想弹-塑性的 Mohr-Coulomb 模型时，墙体侧移比弹性模型的侧移要大得多，墙体的侧移与悬臂梁的变形相似。采用刚度为常数的理想弹-塑性模型分析得到的墙后地表沉降结果仍然较差，而采用刚度随着开挖深度增加而增大的理想弹-塑性模型则在一定程度上

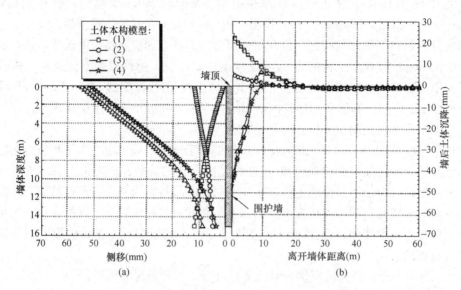

图 3-10　采用弹性和理想弹-塑性模型分析的墙体侧移与墙后土体沉降

（a）墙体侧移；（b）墙后土体沉降

改善了墙后地表沉降的形态。图 3-11 给出了墙体的弯矩分布情况，可以看出刚度为常数的弹性模型和刚度随深度增加而增大的弹性模型都不能较好地反映悬臂开挖围护结构的弯矩分布情况。

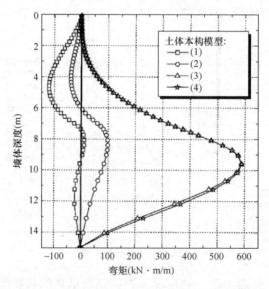

图 3-11　采用弹性和理想弹-塑性模型分析的墙体弯矩

采用应变硬化模型来模拟基坑开挖问题时，能较好地预测基坑变形的情况。修正剑桥模型、Plaxis Hardening Soil（HS）模型均是硬化类型的本构模型，因而其较理想弹-塑性模型更适合于基坑开挖的分析。图 3-12 为 Grande 采用不同模型分析一个开挖宽度为 6m、深度为 6m 的基坑所得到的墙后地表沉降情况。可以看出，HS 模型较 Mohr-Coulomb 模型能更好地预测墙后地表的沉降。

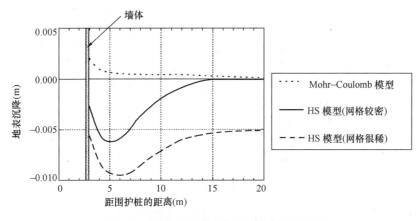

图 3-12   不同模型得到的墙后地表沉降情况

3.2.4   基坑施工过程的模拟

在常规的工程设计计算中，对于假设有 n 道支撑的支护结构，考虑先支撑后开挖的原则，具体分析过程如下：

（1）首先，挖土至第一道支撑底标高，计算简图如图 3-13（a）所示，施加外侧的水土压力，计算此时支护结构的内力及变形；

（2）第一道支撑施工（有预加轴力时应施加轴力），计算简图如图 3-13（b）所示，此时水土压力增量为 0，只需计算在预加轴力作用下支护结构的内力及变形等；

（3）挖土至第二道支撑底标高，计算简图如图 3-13（c）所示，施加水土压力增量，并计算支护结构在新的水土压力作用下的变形及内力等；

（4）依次类推，施加第 n 道支撑及开挖第 n 层土体，直至基坑开挖至基底位置。

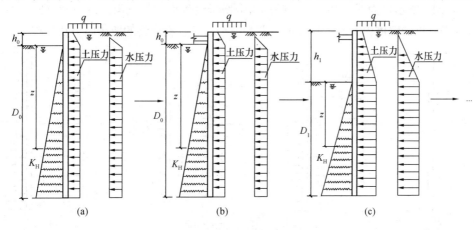

图 3-13   计算流程图
（a）开挖至第一层土；（b）施工第一道支撑；（c）开挖至第二层土

实际上，在采用多道支撑或锚杆的支护结构中，各支撑或锚杆的受力先后是不同的，支撑或锚杆是在基坑开挖到一定深度后，即在墙体产生了一定位移后才加上的（图 3-14）。各支撑或锚杆发挥作用的时刻不同，先加上的支撑或锚杆较早参与了共同作用，后加上的

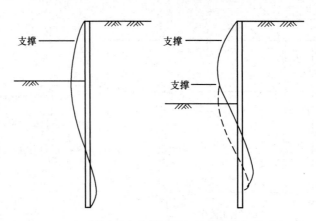

图 3-14　开挖过程中支撑设置与墙体变位间的关系

则较迟产生作用。

为考虑设置支撑和开挖的实际施工过程，提出了一种可以考虑逐步加撑或加锚和逐步开挖的整个施工过程的土、墙、支撑或锚杆共同作用的简单增量计算法，并从理论上对其正确性进行了证明，通过计算实例说明了其合理性，为基坑支护结构提供了一种更为合理的计算方法。

增量法的计算过程如图 3-15 所示。为在开挖面以下 H_1 处加支撑，先开挖到 $H_1 + \Delta H$，此时，相应荷载和计算简图如图 3-15（b）所示，q_1 为土压力，求解可得开挖面以下土弹簧的反力 x_1^0、x_2^0、$\cdots$、x_6^0，相应的墙体内力和位移也可求得。在墙顶下 H_1 处加刚度为 K 的支撑，然后由 $H_1 + \Delta H$ 开挖到 H_2 处，这一过程的计算简图如图 3-15（c）所示。土压力的增量为 $q_2 - q_1$。由于 K_1 和 K_2 两弹簧被挖去，弹簧对墙体作用力 x_1^0、x_2^0 应反向作用在墙体上，求解得此时各弹簧对墙体作用力为 x_1^1、x_2^1、x_3^1、x_4^1、x_5^1、x_6^1。整个开挖加支撑施工过程如图 3-15（d）所示，为图 3-15（b）、（c）两个增量过程叠加的结果。图 3-15（b）、（c）两个增量过程所得的墙体内力和位移叠加，即为整个施工过程最终的墙体内力和位移。

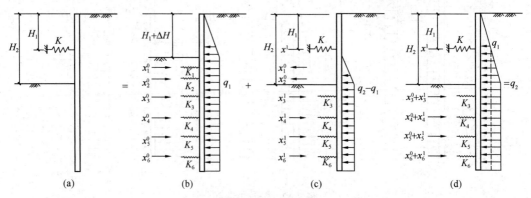

图 3-15　增量法计算简图

增量法考虑了施工过程，符合工程实际，所得的墙体内力和支撑反力比不考虑施工过程的计算方法所得的结果更为合理。图 3-16 为广州珠江过江隧道深基坑开挖工程某槽段的剖面图。该基坑开挖深度 17.8m，基坑的围护结构采用 T 形截面的地下连续墙，在标高 4.5m、

—1.5m、—7.5m处各设一道工字钢支撑。开挖和加撑的顺序为：（1）从▽7.5m开挖到▽3.0m；（2）在▽4.5m处加第一道支撑，由▽3.0m开挖到▽—3.0m；（3）在▽—1.5m加第二道支撑，由▽—3.0m开挖到▽—8.5m；（4）在▽—7.5m加第三道支撑，由▽—8.5m开挖到▽—10.3m。各道支撑刚度及开挖和加撑过程如图3-16所示。

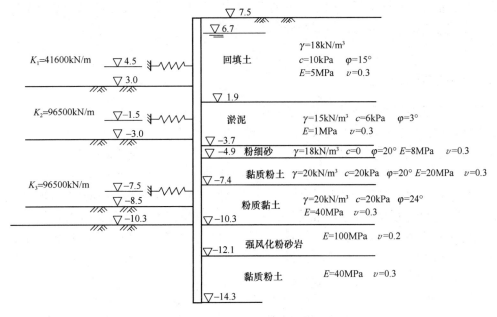

图 3-16 基坑实例计算剖面图

取1m宽墙体计算，墙的抗弯刚度为3.3×10^6kN·m²/m。若不考虑施工过程，相应的墙体弯矩和各道支撑反力如图3-17（a）所示。比较图3-17（a）、（b）可见，增量法考

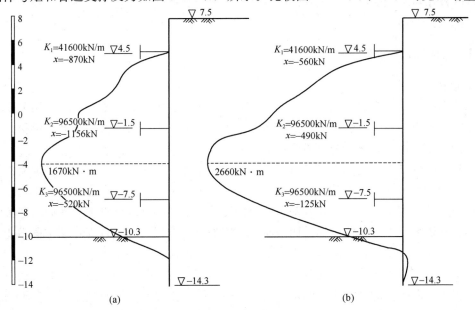

图 3-17 计算弯矩图

（a）不考虑施工过程；（b）考虑施工过程

虑了施工过程，计算所得墙体弯矩远大于不考虑施工过程的常规计算方法计算所得弯矩。

由此可见，采用不考虑施工过程的计算结果进行支护结构设计是偏不安全的。不考虑施工过程所得的支撑轴力计算结果也不合理，偏大。例如，K_3 的轴力是从 $-8.5\mathrm{m}$ 开挖到 $-10.3\mathrm{m}$ 这一增量过程产生的，这一过程产生的增量荷载仅为 $700\mathrm{kN}$，且应由开挖面以下土体和三道支撑共同承担。而不考虑施工过程所得的 K_3 的轴力达到 $520\mathrm{kN}$，结果显然偏大，采用这样的结果设计支撑或锚杆会造成浪费。

3.3　基坑变形规律

深基坑开挖不仅要保证基坑本身的安全与稳定，还要有效控制基坑周围地层移动以保护周围环境。在地层较好的地区（如可塑、硬塑黏土地区，中等密实以上的砂土地区，软岩地区等），基坑开挖所引起的周围地层变形较小，如适当控制则不影响周围的市政环境，但在天津、上海、福州等沿海地区，特别是在软土地区的城市建设中，由于地层的软弱复杂，进行基坑开挖往往会产生较大的变形，严重影响紧靠深基坑周围的建筑物、地下管线、交通干道和其他市政设施，因而是一项很复杂且带风险性的工程。因此，本章重点介绍软土地区的基坑变形计算方法，但其方法也可推广应用于其他地区，根据土层的具体特性作相应的修正。

对于基坑变形的估算方法分为理论、经验算法和数值计算方法。理论、经验算法来自于对基坑变形机理的理论研究和多年来国内外基坑工程实测数据的统计。理论、经验方法适合于对基坑的变形做出快速估计并为基坑设计与施工中的变形控制提供理论和实测依据。

此外，在软土地区，基坑的变形计算还需考虑时空效应的影响。一般认为，在具有流变性的软土中，基坑的变形（墙体、土体的变形）随着时间的增长而增长，分块开挖时留土的空间作用对基坑变形具有很好的控制作用，时间和空间两个因素同时协调控制可有效地减少基坑的变形。

3.3.1　围护墙体变形

1. 墙体水平变形

基坑围护结构的变形形状与围护结构的形式、刚度、施工方法等都有着密切关系。内支撑和锚拉系统的开挖所引致的围护结构变形形式归为三类：第一类为悬臂式位移；第二类为抛物线形位移；第三种为上述两种形态的组合。

当基坑开挖较浅，还未设支撑时，不论对刚性墙体（如水泥土搅拌桩墙、旋喷桩桩墙等）还是柔性墙体（如钢板桩、地下连续墙等），均表现为墙顶位移最大，向基坑方向水平位移，呈悬臂式位移分布，随着基坑开挖深度的增加，刚性墙体继续表现为向基坑内的三角形水平位移或平行刚体位移。而一般柔性墙如果设支撑，则表现为墙顶位移不变或逐渐向基坑外移动，墙体腹部向基坑内突出，即抛物线形位移。

理论上有多道内支撑体系的基坑，其墙体变形都应为第三类组合型位移形式。但是在实际工程中，深基坑的第一道支撑都接近于地表，同时大多数的测斜数据都是在第一道支撑施工完成后才开始测量得到的，因此实测的测斜曲线其悬臂部分的位移较小，都接近于抛物线形位移（图 3-18）。

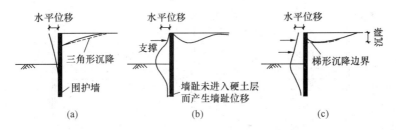

图 3-18 围护结构变形形态

（a）悬臂式位移；（b）抛物线形位移；（c）组合位移

对于墙趾进入硬土或风化岩层的围护结构，围护结构底部基本没有位移，而对于墙趾位于软土中的围护结构，当插入深度较小时，墙趾出现较大变形，呈现出"踢脚"形态。对于多道内支撑的基坑常见的抛物线形位移，其最大变形位置一般都位于开挖面附近（图 3-19）。

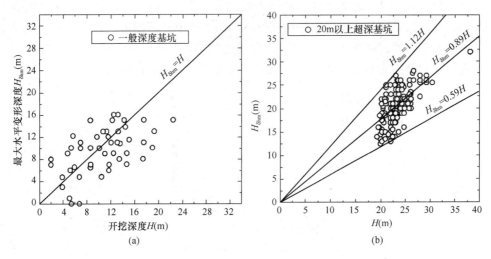

图 3-19 最大变形位置与开挖深度的关系

（a）一般深度基坑；（b）20m 以上超深基坑

2. 墙体竖向变位

实际工程中，墙体竖向变位量测往往被忽视，事实上由于基坑开挖土体自重应力的释放，致使墙体有所上升。但影响墙体竖向变形的影响因素较多，支撑、楼板的质量施加又会使墙体下沉。当围护墙底下因清孔不净有沉渣时，围护墙在开挖中会下沉，地面也下沉。因此在实际工程中出现墙体的隆起和下沉都是有可能的。围护结构的不均匀下沉会产生较大的危害，实际工程中就出现过地下墙不均匀下沉造成冠梁拉裂等情况。而围护结构同立柱的差异沉降又会使内支撑偏心而产生次生应力，尤其是在逆作法施工当中，可能会使楼板和梁系产生裂缝，从而危及结构的安全。因此，应对墙体的竖向变形给予足够的重视。

3.3.2 坑底隆起变形

开挖深度不大时，坑底为弹性隆起，其特征为坑底中部隆起最高（图 3-20a）。当开挖达到一定深度且基坑较宽时，出现塑性隆起，隆起量也逐渐由中部最大转变为两边大、中

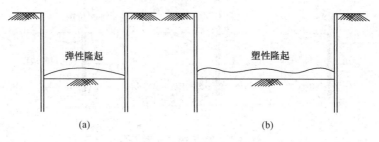

图 3-20　基底的隆起变形

间小的形式（图 3-20b）。但对于较窄的基坑或长条形基坑，仍是中间大、两边小的分布。

3.3.3　地表沉降

1. 地表沉降形态

根据工程实践经验，地表沉降的两种典型的曲线形状如图 3-21 所示。三角形地表沉降情况主要发生在悬臂开挖或围护结构变形较大的情况下。凹槽形地表沉降情况主要发生在有较大的入土深度或墙底入土在刚性较大的地层内，墙体的变位类同于梁的变位。此时，地表沉降的最大值不是在墙旁，而是位于离墙一定距离的位置上。

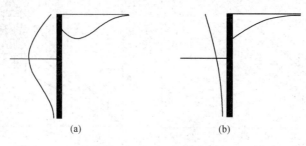

图 3-21　地表沉降基本形态

（a）凹槽形沉降；（b）三角形沉降

对于凹槽形沉降，最大沉降值的发生位置根据统计的情况一般介于 0.4～0.7 之间。根据某一实际工程中基坑 182 个实测断面的统计汇总，得出最大地面沉降值发生位置距离基坑围护的水平值 x_m 与基坑开挖深度 H 之间的关系，如图 3-22（a）所示。从图 3-22（b）可以看出，最大地面沉降值距离基坑的水平值 x_m 与开挖深度 H 比值在 0.5～0.6 之间的占总数的 30%，0.5～0.7 占 41%。根据上述统计资料加上多年来完成实际工程项目

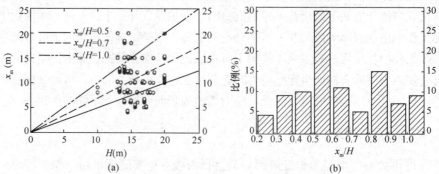

图 3-22　最大地面沉降值距离基坑的水平值 x_m 与开挖深度 H 关系

得出的经验关系，得到式（3-13）：

$$x_m = 0.5H \sim 0.7H \tag{3-13}$$

式中 H——开挖深度，黏粒含量大于 50% 时，x_m 取 0.7，黏粒含量在 20%～30% 时，x_m 取 0.5。

而在对超深基坑的地表沉降最大值位置的统计当中，超深基坑的最大地表沉降点集中分布在 $0.3H \sim 0.55H$ 这一范围之内，但是从绝对量值上来看，超深基坑最大地表沉降点位置与一般深基坑的相仿，都位于墙后的 8～12m 之间。可见基坑开挖深度的加深并没有使墙后最大地表沉降点的位置发生大的改变。

2. 地表沉降影响范围

地表沉降的范围取决于地层的性质、基坑开挖深度 H、墙体入土深度、下卧软弱土层深度、基坑开挖深度以及开挖支撑施工方法等。沉降范围一般为 $(1 \sim 4)H$。日本对于基坑开挖工程，提出如图 3-23 所示的影响范围。

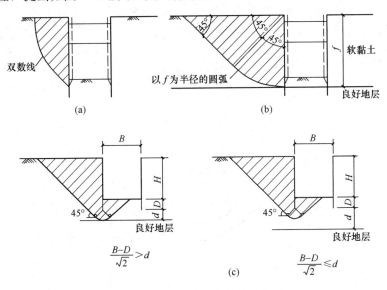

图 3-23 基坑工程开挖的影响范围

（a）砂土及非软黏土的影响范围；（b）软黏土时的影响范围（围护墙在良好地层的情况）；
（c）软黏土时的影响范围（围护墙在软弱地层的情况）

在对以钢板桩为主（图 3-24）的基坑分析后发现，砂土和硬黏土的沉降影响范围一般在 2 倍开挖深度内，而软土中的基坑沉降影响范围则要到达 2.5～4 倍的开挖深度。

3.3.4 基坑的三维空间效应

基坑的变形分析是一个典型的三维问题，特别是在基坑的角部有明显的角部效应。但是在实际分析中通常用二维平面来

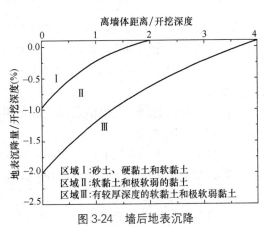

图 3-24 墙后地表沉降

进行简化分析。对于长条形的地铁基坑，采用平面分析较为准确，但是对于一般形状的，角部效应较为明显的基坑，基坑的三维变形效应则是不可忽略的。同时基坑两侧地层纵向不均匀沉降对于平行于基坑侧墙的建筑及地下管道线的安全影响至关重要。

同济大学对长条形基坑外地面的纵向沉降采用三维有限元进行了初步的研究。计算模型如图 3-25 所示，分析发现，基坑长方向两端由于空间作用，对沉降有约束作用，呈现沉降骤减的规律，如图 3-26 所示，离基坑越远，这种约束作用越小。

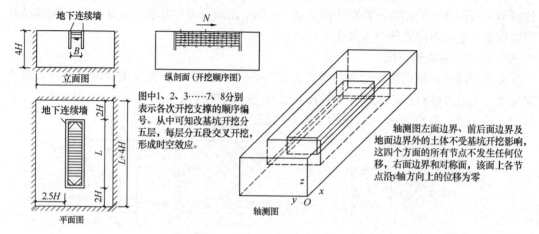

图 3-25   三维有限元的分析计算模型

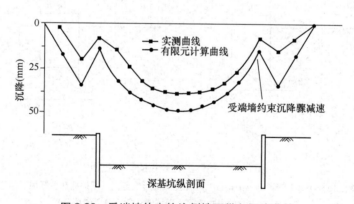

图 3-26   受端墙约束的坑侧地面纵向沉降曲线

基坑的三维空间效应的特点可以归纳如下：

（1）基坑由于角隅效应，靠近基坑角部的变形 $\delta_{\text{Coner}}/\delta_{\text{Center}}$ 始终小于 1.0。

（2）一般情况下，基坑的平面尺寸越小，基坑中部的变形受到角隅效应的影响越明显，变形越小。

（3）开挖深度越深，基坑的角隅效应越明显，也即 $\delta_{\text{Coner}}/\delta_{\text{Center}}$ 会越小，靠近基坑角部时位移衰减的幅度越大。

（4）当下卧硬土层距坑底的距离较大时，2D 计算结果会较 3D 计算结果过高地估计基坑变形。而当硬土层位于或接近于坑底时，2D 和 3D 在基坑长边中部的计算结果会较为接近。

（5）当基坑的边长与开挖深度比（L/H）越小时，对于基坑中部截面的变形 2D 计算的结果较 3D 的计算结果大，而 3D 的计算结果更能真实地反映基坑变形。

3.4 基坑变形计算的理论和经验方法

目前计算基坑支护结构变形的手段一般采用以下两种：经验公式和数值计算。经验公式是在理论假设的基础上，通过对原型观测数据或数值模型计算结果的拟合分析得到半经验性结论，或者由大量原型观测数据提出经验公式。数值方法主要采用杆系有限元法或连续介质有限元法。前者可以较为容易地得到围护结构的位移，后者通过应用不同的本构模型可以比较好地模拟开挖卸载、支撑预应力等实际施工工艺。

3.4.1 围护结构水平位移

1. 根据开挖深度估算

国内外的学者均对不同土层、工法、围护结构等条件下的基坑进行过变形统计，得到了围护结构最大变形与开挖深度的关系。对于围护结构变形的粗略估算，可以通过开挖深度来估算围护结构的变形。

2. 稳定安全系数法

稳定安全系数法是一种基于有限元法和工程经验的简化方法，用于估算围护墙体最大位移和墙后地面的最大沉降值。

工程实践表明，围护墙的最大水平位移与基底的抗隆起安全系数存在一定的关系，如图 3-27 所示，基底的抗隆起安全系数 F_S 根据 Terzaghi 可用下式进行计算：

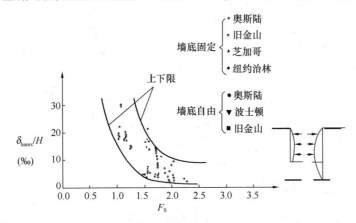

图 3-27 工程实测基底抗隆起安全系数与归一化最大墙体水平位移关系

（1）基坑底以下硬土层埋深 D 较大（$D > 0.7B$，B 为基坑宽度）时（图 3-28a）：

$$F_S = \frac{S_u N_c}{H\left(\gamma - \dfrac{S_u}{0.7B}\right)} \tag{3-14}$$

（2）基坑底以下存在较硬土层时（图 3-28b）：

$$F_S = \frac{S_u N_c}{H\left(\gamma - \dfrac{S_u}{D}\right)} \tag{3-15}$$

式中　S_u——不排水抗剪强度；

　　　H——基坑开挖深度；

　　　N_c——稳定系数；

　　　γ——土的重度。

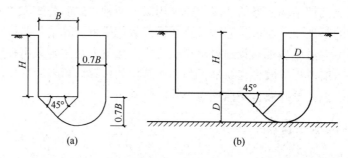

图 3-28　基坑抗隆起稳定安全系数分析方法（Terzaghi 法）

墙后地表最大沉降又与墙体的最大水平位移有一定的关系（图 3-29），故墙后地表最大沉降亦与基底抗隆起安全系数 F_S 存在函数关系，据此，采用有限元分析，在一定的条件下（如假设一定的墙体刚度、支撑刚度、基坑尺寸、土的模量等）也得到墙体位移，墙后地面沉降与 F_S 的函数关系，如图 3-30 所示，这一函数关系与实测结果不同，是唯一的，所以便于实际应用。

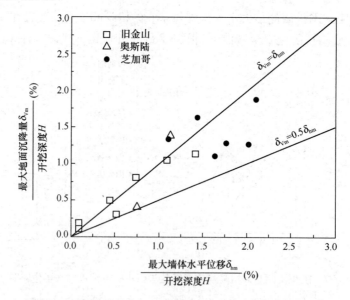

图 3-29　实测最大地面沉降量与最大墙体位移之间的关系

定义 δ_{hm} 为最大墙体水平位移，δ_{Vm} 为最大地面沉降量，只要计算出 F_S，根据图 3-30 可以很容易地获得 δ_{hm} 和 δ_{Vm}。

但这里求得最大墙体位移和最大地面沉降是针对一定的基坑形式和土质情况而言，对于其他类型的基坑和地质条件，显然不适用，故需作修正，修正可从如下几方面进行：

（1）围护墙刚度和支撑间距，定义修正系数为 α_w；

（2）支撑刚度和间距，定义修正系数为 α_s；

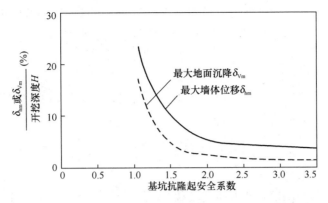

图 3-30 最大地面沉降、最大墙体位移与 F_S 之间的关系

（3）硬层之埋深，定义修正系数为 α_D；

（4）基坑宽度，定义修正系数为 α_B；

（5）支撑预加轴力，定义修正系数为 α_p；

（6）土体模量乘子（即模量与不排水抗剪强度的关系系数），定义修正系数为 α_m；

修正后的墙体最大水平位移：

$$\Delta H_{max} = \delta_{hm}\alpha_w\alpha_s\alpha_D\alpha_B\alpha_p\alpha_m \tag{3-16}$$

修正后的墙体最大水平位移：

$$\Delta V_{max} = \delta_{Vm}\alpha_w\alpha_s\alpha_D\alpha_B\alpha_p\alpha_m \tag{3-17}$$

3.4.2 坑底隆起

基坑工程中，由于土体的挖出与自重应力释放，致使基底向上回弹。另外，也应该看出，基坑开挖后，墙体向基坑内变位，当基底面以下部分的墙体向基坑方向变位时，挤推墙前的土体，造成基底的隆起。

基底隆起量的大小是判断基坑稳定性和将来建筑物沉降的重要因素之一。基底隆起量的大小除和基坑本身特点有关外，还和基坑内是否有桩、基底是否加固、基底土体的残余应力等密切相关。本节将介绍三种计算坑底隆起的方法。其中前两种方法较为简单，适用于快速估算。第三种残余应力方法计算较为复杂，但可以通过试验积累本地相关经验。

1. 日本规范公式

日本"建筑基础构造设计"中关于回弹量的计算公式如下：

$$R = \Sigma\frac{HC_S}{1+e}\lg\left(\frac{P_N+\Delta P}{P_N}\right) \tag{3-18}$$

式中 e ——孔隙比；

     C_S ——膨胀系数（回弹指数）；

     P_N ——原地层有效上覆荷重；

     ΔP ——挖去的荷重；

     H ——厚度。

在应用式（3-18）计算回弹量时，需对每一层土都进行计算，然后进行总计。每一层土的 H、C_s、e 都可能是不同的，ΔP 为所计算层挖去的那部分土重。P_N 也可能是每一层不同。

2. 模拟试验经验公式

同济大学对基底隆起进行了系统的模拟试验研究，提出了如下的经验公式：

基底隆起 δ 的计算公式如下：

$$\delta = -29.17 - 0.167\gamma H' + 12.5\left(\frac{D}{H}\right)^{-0.5} + 5.3\gamma c^{-0.04}(\tan\varphi)^{-0.54} \tag{3-19}$$

式中　δ——基底隆起量（cm）；

H'—— $H + p/\gamma$（m）；p 为地表超载（t/m²）；

H——基坑开挖深度（m）；

c、φ、γ——土的黏聚力（kg/cm²），内摩擦角（°），重度（kN/m³）；

D——墙体入土深度（m）。

式（3-19）由于是经验公式，式中各参数的量纲仍采用旧制。为应用方便起见，特绘制成以下图表（图 3-31），图中取 $p = 2\text{t/m}^2$，$\gamma = 1.8\text{t/m}^3$。共绘了 8 条曲线，开挖深度 $H = 5\text{m}$、10m、15m、20m，$c = 0.07\text{kg/cm}^2$，$\varphi = 10°$、$14°$。通过计算发现，在其他条件相同的情况下，黏聚力每增加 0.03kg/cm^2，δ 就能减少 $0.3 \sim 0.4\text{cm}$，内摩擦角 φ 每增加 $4°$，δ 能减少 $4.5 \sim 4.6\text{cm}$。

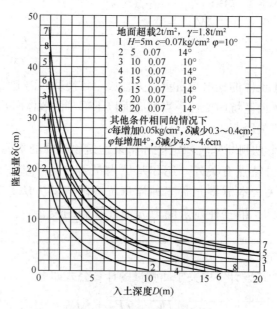

图 3-31　基坑隆起量计算

3. 残余应力的计算方法

（1）残余应力概念

基坑开挖后，在开挖面以下深度范围内仍有残余应力存在，把残余应力存在的深度定义为残余应力影响深度。针对基坑工程中开挖卸荷土压力特点，为了描述基坑开挖卸荷对基坑内土体应力状态的影响，引入残余应力系数的概念。

$$残余应力系数\ \alpha = \frac{残余应力}{卸荷应力} \tag{3-20}$$

从大量实测结果发现，α 值与基坑开挖深度 H、上覆土厚度 h 以及土性有密切的关系。这说明残余应力系数是反映土体的初始应力状态、应力历史、卸荷应力路径、土性等因素的综合性参数。对于某一开挖深度，α 随着上覆土层的厚度 h 的增加逐渐增大，到某一深度以后，其值趋向于极限 1.0，说明这一深度以下土体没有卸荷应力，处于初始应力状态。为了方便，将 $\alpha = 0.95$ 对应的 h 称为残余应力影响深度，用 h_r 表示。

开挖面以下土体的残余应力系数 α 的计算公式如下：

$$\alpha = \begin{cases} \alpha_0 + \dfrac{0.95 - \alpha_0}{h_r^2} h^2 & (0 \leqslant h \leqslant h_r) \\ 1.0 & (h > h_r) \end{cases} \tag{3-21}$$

式中　h ——计算点处上覆土层厚度；

　　　α_0 ——根据相应地区土质确定。

（2）回弹量最终计算公式

开挖回弹量的计算采用分层总和法的原理，并依照开挖面积、卸荷时间、墙体插入深度进行修正，基坑开挖时坑底以下 z 深度处回弹量 δ_z 计算公式为：

$$\delta_z = \eta_a \eta_t \sum_{i=1}^{i} \frac{\sigma_{zi}}{E_{ti}} \cdot h_i + \frac{z}{h_r} \Delta \delta_D \tag{3-22}$$

式中　h_i ——第 i 层土的厚度（m）；

　　　h_r ——残余应力影响深度（m）；

　　　η_a ——开挖面积修正系数，$\eta_a = \omega_0 b/26.88 \leqslant 3$，$\omega_0$ 为布辛奈斯克公式的中心点影响系数；

　　　η_t ——坑底暴露时间修正系数；

　　　σ_{zi} ——第 i 层土的卸荷应力平均值（kPa），$\sigma_{zi} = \sigma_0(1-\alpha_i)$，其中 σ_0 表示总卸荷应力，α_i 为第 i 层土的残余应力系数；

　　　E_{ti} ——第 i 层土的卸荷模量；可由式（3-23）计算确定；

　　　$\Delta\delta_D$ ——考虑插入深度与超载修正系数，可根据表 3-2 确定。

$$E_{ti} = \left[1 + \frac{(\sigma_{vi}-\sigma_{Hi})(1+K_0)(1+\sin\varphi) - 3(1-K_0)(1+\sin\varphi)\sigma_{mi}}{2(c\cos\varphi+\sigma_{Hi}\sin\varphi)(1+K_0)+3(1-K_0)(1+\sin\varphi)\sigma_{mi}} R_f\right]^2 \overline{E}_{ui}\sigma_{mi} \tag{3-23}$$

式中　σ_{vi}、σ_{Hi}、σ_{mi} ——第 i 层土体垂直方向的平均应力、水平方向的应力和平均固结应力；

　　　c、φ ——第 i 层土的黏聚力和内摩擦角；

　　　R_f ——破坏比；

　　　$\overline{E}_{ui}$ ——第 i 层土体初始卸荷模量系数，一般在 80～250 之间，根据应力路径和土的类别取值；

$$\sigma_{vi} = \alpha_i \sigma_0 + \sum_{i=1}^{i} \gamma_i h_i$$

$$\sigma_{Hi} = K_0 \left(\sigma_0 + \sum_{i=1}^{i} \gamma_i h_i \right) - \frac{1}{R} \sigma_0 (1 - \alpha_i) \qquad (3\text{-}24)$$

$$\sigma_{mi} = \frac{1 + 2K_0}{3} \left(\sigma_0 + \sum_{i=1}^{i} \gamma_i h_i \right)$$

式中　R——加卸荷比；

　　γ_i、h_i——第 i 层土体的重度及厚度；

　　K_0——静止土压力系数。

当基坑边有超载 q 存在时，以等代高度 $H'(H' = H + q/r)$ 代替基坑的开挖深度 H，换言之，即以 D/H' 值查表 3-2 进行修正。

不同插入深度下的基坑坑底回弹量的增量（单位：cm）　　　　表 3-2

D/H'	$\geqslant 1.5$	1.4	1.3	1.2	1.1	1.0	0.9	0.8	0.6	0.4	0.2	0.1
$\Delta\delta_D$	0	0.15	0.31	0.5	0.7	0.9	1.2	1.5	2.41	3.9	7.19	11.88

3.4.3　墙后地表沉降

本节将介绍两种地表沉降的计算方法。一为根据开挖深度和地层情况估算墙后最大地表沉降，二为地层损失法计算地表沉降。地层损失法即是根据地下墙变形的包络面积来推算墙后的地表变形。两种方法的基本计算步骤如图 3-32 所示。

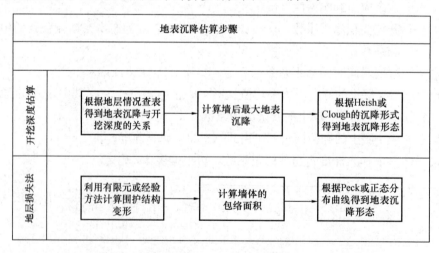

图 3-32　地表沉降估算流程

1. 根据开挖深度估算地表沉降

墙后的地表沉降可以按开挖深度进行估算。通过直接查表得到最大地表沉降与开挖深度的比值。再根据地表沉降分布形态计算出地表沉降剖面。这一计算方法简单易用，可以作为地表沉降的初步估算。但是需要说明的是，实际的地表沉降包含了超载、成槽、降水等多方面因素，如需对地表沉降进行较为精确的计算则需要将这些因素都考虑在内。

2. 地层损失法

（1）概述

由于墙前土体的挖除，破坏了原来的平衡状态，墙体向基坑方向的位移，必然导致墙后土体中应力的释放和取得新的平衡，引起墙后土体的位移。现场量测和有限元分析表明：此种位移可以分解为两个分量即土体向基坑方向的水平位移以及土体竖向位移。土体竖向位移的总和表现为地表沉降。

同济大学侯学渊教授在长期的科研与工程实践中，参考盾构法隧道地面沉降 Peck 和 Schmidt 公式，借鉴了三角形沉降公式的思路提出了基坑地层损失法的概念，地层损失法即利用墙体水平位移和地表沉降相关的原理，采用杆系有限元法或弹性地基梁法，然后依据墙体位移和地面沉降二者的地层移动面积相关的原理，求出地面垂直位移即地面沉降。

（2）实用公式法求地层垂直沉降法

为了掌握墙后土体的变形（沉陷）规律，不少学者先后进行了大量的模拟试验，特别是针对柔性板桩围护墙，在软黏土和松软无黏性土中不排水条件下土体变形情况。

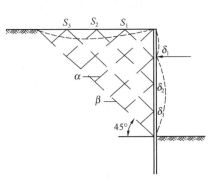

图 3-33 地表沉降估算流程

试验表明（图 3-33）：

1）零拉伸线 α 和 β 与主应变的垂直方向呈 $45°$ 角，它们之间相互垂直；

2）墙后地表任一点的位移与墙体相应点的位移相同，因此地表沉降的纵剖面与墙体挠曲的纵剖面基本相同；

3）软黏土中支撑基坑的地表沉降的纵剖面与墙体的挠曲线的纵剖面基本相同；

4）根据以上 3 条，可以认为：地表最大沉降近似于墙体最大水平位移。

这里有两个前提条件：一个条件是开挖施工过程正常，对周围土体无较大扰动；另一个条件是支撑的安设严格按设计要求进行。但是实际工程是难以完全做到的，所以工程实测得到的地表沉陷曲线往往与墙体变形曲线不相同。将它们进行比较后发现：

1）对于柔性板桩墙，插入深度较浅，插入比 $D/H < 0.5$（D 插入深度，H 开挖深度）最大地表沉降量要比最大墙体位移量大；

2）对于地下连续墙，插入较深的柱列式灌注桩墙（$D/H > 0.5$）等，墙体最大水平位移 δ_{hmax}，约为墙后最大地表沉降 δ_{vmax} 的 1.4 倍，即 $\delta_{hmax} \approx 1.4\delta_{vmax}$；

3）地表沉降影响范围为基坑开挖深度的 1.0～3.0 倍。

可采用以下步骤将墙体变形和墙后土体的沉降联系起来。

1）用杆系有限元计算墙体的变形曲线——挠曲线。

2）计算出挠曲线与初始轴线之间的面积。

$$S_w = \sum_{i=1}^{n} \delta_i \Delta H \qquad (3-25)$$

3）将上述计算面积乘以系数 m，该系数考虑下列诸因素凭经验选取：

① 沟槽较浅（3m 左右）、地质是地表土硬层和粉质黏土，无井点降水，施工条件一般，暴露时间较短（<4 个月），轻型槽钢，（<[22），回填土条件一般。$m = 2.0～2.5$；

② 沟槽较深（5.0m 左右），地质为淤泥质粉质黏土夹砂或粉质砂土，采用井点降水，施工条件较好，暴露时间较短，（<6 个月），重型槽钢（>[22），回填土质量较好。$m=1.5\sim2.0$；

③ 深沟槽（>6.0m），地质为淤泥质粉质黏土夹砂或粉质砂土，采用井点降水，施工条件较好，暴露时间较长（<10 个月），重型槽钢 $m=2.0$；

④ 其他情况同上，钢板桩采用拉森型或包钢产企口钢板桩，$m=1.50$；

⑤ 基坑较深（>10m），地质为淤泥质粉质黏土夹砂或粉质黏土，采用拉森型或包钢生产企口钢板桩，采用井点降水，施工条件较好，支撑及时并施加预应力，$m=1.0\sim1.5$；

⑥ 其他类型的基坑根据实际工程经验选取，如插入较深的地下连续墙，柱列式灌注桩墙，一般 $m=1.0$；

4）选取典型地表沉降曲线，计算地表沉降。

① 三角形沉降曲线

三角形的沉降曲线一般发生在围护墙位移较大的情况，如图 3-34 所示。

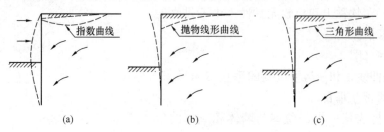

图 3-34   地表沉降曲线类型

(a) 指数；(b) 抛物线；(c) 三角形

地表沉降范围为：

$$x_0 = H_g \tan\left(45° - \frac{\varphi}{2}\right) \tag{3-26}$$

式中 H_g ——围护墙的高度；

φ ——墙体所穿越土层的平均内摩擦角。

沉降面积与墙体的侧移面积相等，可得地表沉降最大值：

$$\delta_{vmax} = \frac{2S_w}{x_0} \tag{3-27}$$

② 指数曲线（图 3-35）

地面沉降槽采用正态分布曲线，指数曲线计算模式如图 3-35 所示。

根据图 3-36 所示，并在此假定的基础上取 $x_0 \approx 4i$。

$$S_{w1} = 2.5\left(\frac{1}{4}x_0\right)\delta_{m1} \tag{3-28}$$

$$\delta_{m1} = \frac{4S_{w1}}{2.5x_0} \tag{3-29}$$

$$x_0 = H_g \tan\left(45° - \frac{\varphi}{2}\right) \tag{3-30}$$

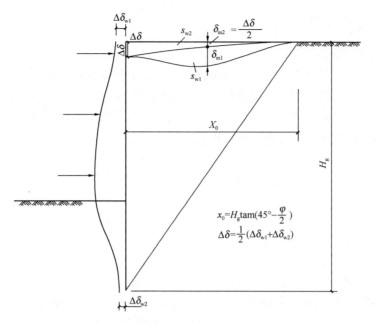

图 3-35　指数曲线计算模式

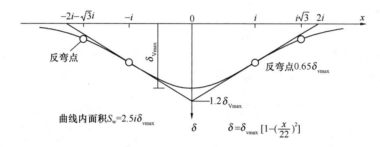

图 3-36　沉降槽曲线

$$\Delta\delta = \frac{1}{2}(\Delta\delta_{w1} + \Delta\delta_{w2}) \tag{3-31}$$

式中　$\Delta\delta_{w1}$——围护墙顶水平位移；

　　　$\Delta\delta_{w2}$——围护墙底水平位移，为了保证基坑稳定，防止出现"踢脚"和上支撑失稳，希望控制在小于 2.0cm。

则可计算出各点沉降：

$$\Delta\delta_i = (\Delta\delta_{1i} + \Delta\delta_{2i})$$

$$= 6.4\frac{[x_i/x_0 - (x_i/x_0)^2]}{x_0}S_w + [1 - 4.2(x_i/x_0) + 3.2(x_i/x_0)^2]\Delta\delta \tag{3-32}$$

最大沉降值（$x_i = 1/2x_0$）

$$\Delta\delta_{max} = \Delta\delta_{m1} + \Delta\delta_{m2}$$

$$= \Delta\delta_{m1} + \frac{\Delta\delta}{2} \tag{3-33}$$

$$= \frac{1.6S_{w1}}{x_0} + \frac{\Delta\delta}{2} = \frac{1.6(S_w - S_{w2})}{x_0} + \frac{\Delta\delta}{2} = \frac{1.6S_w}{x_0} - 0.3\Delta\delta$$

3.4.4　周围地层位移

1. 土体深层沉降的计算

在对地下墙后深层土体沉降变形规律进行实测数据分析及有限元分析后，对墙后深层土体沉降传递规律可以用沉降传递系数 CST 进行描述。CST 等于任一深度处土层的沉降与相应位置处地表沉降的比值。近似分析中可认为它与开挖步骤、点的纵向位置无关，而只与点离开墙体的横向距离有关，并可用式（3-34）计算：

$$CST = \begin{cases} 1 & 0 \leqslant y \leqslant B \\ 1 - 0.03Z & B \leqslant y \leqslant 2B \\ 1 + 0.017Z & 2B \leqslant y \leqslant 3B \\ 1 - 0.009Z & 3B \leqslant y \leqslant 4B \end{cases} \tag{3-34}$$

式中　y——离墙背距离；

　　　B——基坑开挖宽度；

　　　Z——离地表距离，其最大值约在 $6 \sim 7\mathrm{m}$ 之间。

据此，可以根据地面沉降曲线推算深层土层沉降曲线，即开挖面以上至地表范围内土体的沉降值沿深度近似相等，各深度处沉降曲线近似等于地表沉降曲线；开挖面以下至两倍开挖深度处，随深度的增加，土体沉降值逐渐呈线性减小为零。

2. 位移场计算

修正围护墙的变形曲线，确定墙下土体扰动深度，如图 3-37、图 3-38 所示。将三角形 OBB' 部分引起的墙后地层移动用简单位移场来模拟，曲线 OAB 部分引起的墙后地层移动用考虑收缩系数的地层补偿法来模拟，综合以上两部分，得到墙后的地层移动。

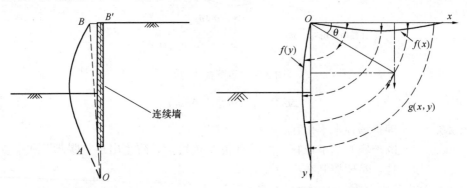

图 3-37　围护墙侧向变形的处理　　　　　图 3-38　地层补偿法计算原理

（1）简单位移场

主动区的简单位移场即上述水平位移中的三角形部分 OBB' 可以看作是刚性墙绕 O 点的刚体转动，可以用简单位移场来描述这一部分侧向变形导致的墙后土体位移场。设围护墙的三角形部分水平位移方程为 $S_1 = f_1(y)$。基坑开挖的总影响深度为 $H_\text{总} = (1 + \eta)H_0$，$H_0$ 为挡墙长度。设墙顶最大侧移为 δ_hc，则墙后土体水平位移 $\delta_\text{h}(x, y)$ 和垂直位移 $\delta_\text{v}(x, y)$ 分别为：

$$\delta_\text{h1}(x, y) = \delta_\text{v1}(x, y) = f_1(x + y) = \delta_\text{hc}\left(1 - \frac{\sqrt{x^2 + y^2}}{H_\text{总}}\right) \tag{3-35}$$

墙后地表沉降为：

$$\delta_{v1} = \delta_{hc}\left(1 - \frac{x}{H_{总}}\right) \tag{3-36}$$

（2）地层补偿法修正

地层补偿法认为：基坑开挖过程中，墙后土体体积保持不变，墙体发生水平位移所引起的土体体积损失等于地表沉降槽的体积。以下分析中用修正后的地层补偿法，给出墙体水平位移中曲线 OAB 部分所引起的墙后土体位移。

与重力式挡土结构相比，有支护的基坑围护结构采用绕围护结构顶端旋转的滑移线模式较为合理。假定墙后土体的滑移线为圆弧线，挡墙水平位移曲线部分 OAB 的方程为：$S_2 = f_2(y)$。则墙后土体中任意点 (x, y) 处的水平位移 $\delta_h(x, y)$ 和垂直位移 $\delta_v(x, y)$ 为：

$$\delta_{h2}(x, y) = f(\sqrt{x^2 + y^2})\frac{y}{\sqrt{x^2 + y^2}} \tag{3-37}$$

$$\delta_{v2}(x, y) = f(\sqrt{x^2 + y^2})\frac{x}{\sqrt{x^2 + y^2}} \tag{3-38}$$

在水平方向引入收缩系数 α，使上述圆弧滑动法变成以 X 轴为短轴的椭圆滑动法。有学者发现实测值与计算值的差异较大，将收缩系数 α 进行线性插值修正，弥补了二者之间的差异。修正后墙后土体中任意点 (x, y) 处的水平位移 $\delta_h(x, y)$ 和垂直位移 $\delta_v(x, y)$ 为：

$$\delta_{h2}(x, y) = f_2\left[\sqrt{(\alpha x)^2 + y^2}\right]\frac{y}{\sqrt{(\alpha x)^2 + y^2}} \tag{3-39}$$

$$\delta_{v2}(x, y) = f_2\left[\sqrt{(\alpha x)^2 + y^2}\right]\frac{x}{\sqrt{(\alpha x)^2 + y^2}} \tag{3-40}$$

$$\alpha = \alpha_{max} - \frac{(\alpha_{max} - \alpha_{min})x}{(1 + \eta)H_0} \tag{3-41}$$

式中　　$\alpha_{max} = 0.032\varphi + 0.41n + 1.3$；$\alpha_{min} = 1.1 \sim 1.2$；

η——开挖时墙趾下部土体影响深度系数；

x——计算点至基坑边的距离；

φ——围护墙后土体内摩擦角；

n——支撑合力深度系数，一般可取 0.7。

（3）天然地面墙后地层位移场

这样，综合上面的简单位移场及修正的地层补偿法，可以得到天然地面墙后地层位移场，墙后任一点的水平位移和竖向位移如下所示：

水平位移：

$$\begin{aligned}\delta_h(x, y) &= \delta_{h1}(x, y) + \delta_{h2}(x, y)\\ &= \delta_{hc}\left(1 - \frac{\sqrt{x^2 + y^2}}{H_{总}}\right) + f_2\sqrt{(ax)^2 + y^2}\frac{y}{\sqrt{(ax)^2 + y^2}}\end{aligned} \tag{3-42}$$

垂直位移：

$$\begin{aligned}\delta_v(x, y) &= \delta_{v1}(x, y) + \delta_{v2}(x, y)\\ &= \delta_{hc}\left(1 - \frac{\sqrt{x^2 + y^2}}{H_{总}}\right) + f_2\sqrt{(ax)^2 + y^2}\frac{x}{\sqrt{(ax)^2 + y^2}}\end{aligned} \tag{3-43}$$

其中，$\alpha = \alpha_{max} - (\alpha_{max} - \alpha_{min})x/(1 + \eta)H_0$；$\alpha_{max} = 0.032\varphi + 0.41n + 1.3$；$\alpha_{min} = 1.1 \sim 1.2$。

习题

1. 单项选择题

[1] 对于单支点的基坑支护结构，在采用等值梁法计算时需要假定等值梁上有一个铰接点，该铰接点一般可近似取在等值梁上的下列哪个位置？（　　）

A. 主动土压力强度等于被动土压力强度的位置

B. 主动土压力合力等于被动土压力合力的位置

C. 等值梁上剪力为 0 的位置

D. 基坑地面下 1/4 嵌入深度处

[2] 一个软土中的重力式基坑支护结构，如图所示，基坑底处主动土压力及被动土压力强度分别为 p_{a1}，p_{b1}；支护结构底部主动土压力及被动土压力强度为 p_{a2}，p_{b2}，对此支护结构进行稳定分析时，合理的土压力模式选项是哪个？（　　）

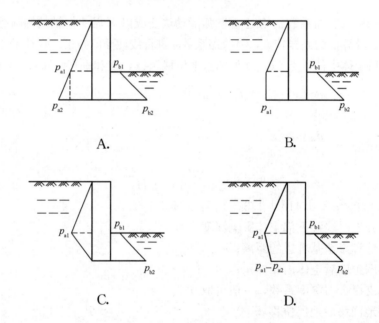

A.   B.

C.   D.

[3] 某基坑桩-混凝土支撑支护结构，支撑的另一侧固定在可以假定为不动的主体结构上，支撑上出现如图所示单侧斜向贯通裂缝，下列原因分析中哪个选项是合理的？（　　）

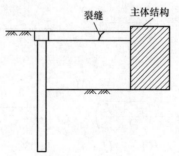

A. 支护结构沉降过大　　　　　　　B. 支撑轴力过大

C. 坑底土体隆起，支护桩上抬过大　D. 支护结构向坑外侧移过大

[4] 某基坑拟采用排桩或地下连续墙悬臂支护结构，地下水位在基坑底以下，支护结构嵌入深度设计最主要由下列哪个选项控制？（　　）

A. 抗倾覆　　　　　　　　　　　　B. 抗水平滑移

C. 抗整体稳定　　　　　　　　　　D. 抗坑底隆起

[5] 在同样的土层、同样的深度情况下，作用在下列哪一种支护结构上的土压力最大？（　　）

A. 土钉墙　　　　　　　　　　　　B. 悬臂式板桩

C. 水泥土墙　　　　　　　　　　　D. 刚性地下室外墙

2. 多项选择题

下列关于双排桩支护结构说法，哪些是正确的？（　　）

A. 桩间土作用在前后排桩上的力相等

B. 前后排桩应按偏压、偏拉构件设计

C. 双排桩刚架梁应按深受弯构件设计

D. 桩顶与刚架梁连接节点应按刚接设计

3. 案例分析题

[1] 某建筑基坑工程位于深厚黏性土层中，土的重度 $19kN/m^3$，$c=25kPa$，$\varphi=15°$，基坑深度 15m，无地下水和地面荷载影响，拟采用桩锚支护，支护桩直径 800mm，支护结构安全等级为一级。现场进行了锚杆基本试验，试验锚杆长度 20m，全长未采取注浆体与周围土体的隔离措施，其极限抗拔承载力为 600kN，假定锚杆注浆体与土的侧摩阻力沿杆长均匀分布，若在地面下 5m 处设置一道倾角为 15° 的锚杆，锚杆轴向拉力标准值为 250kN，则该道锚杆的最小设计长度为何值？（基坑内外土压力等值点深度位于基底下 3.06m）

[2] 基坑剖面如图所示，已知土的重度 $\gamma=20kN/m^3$，有效内摩擦角 $\varphi'=30°$，黏聚力 $c'=0$。若不要求计算墙两侧的水压力，按朗肯土压力理论分别计算支护结构墙底 E 点内外两侧的被动土压力 e_p 和主动土压力 e_a 最接近下列哪一组数值？（水的重度 $\gamma_w=10kN/m^3$）

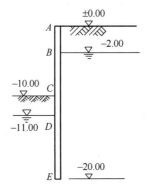

答案详解

1. 单项选择题

【1】A

弹性等值梁的零点（铰接点）取的是主被动土压力强度相等的位置。

【2】A

《建筑基坑支护技术规程》JGJ 120—2012 修改了基坑支护结构的土压力分布，更符合土力学原理。

【3】C

一端沉降大，一端沉降小引起斜裂缝，裂缝位置高的一端沉降大。坑底土体隆起，支护桩上抬，靠近支护桩一侧沉降大。

【4】A

【5】D

支护结构上为主动土压力，支护结构的位移越大，其土压力越小越接近主动土压力，位移越小越接近静止土压力。刚性地下室外墙，位移最小。

2. 多项选择题

【1】A、B、D

前、后排桩间土对桩侧的压力，可按作用在前、后排桩上的压力相等考虑，这种考虑是基于桩间土的密实状态没有发生改变的假设，即孔隙比 e 不变，选项 A 正确；选项 B 正确；刚架梁应根据跨高比按普通受弯构件或深受弯构件进行截面承载力计算，选项 C 错误；选项 D 正确。

3. 案例分析题

【1】（1）锚固段长度

$$R_k = \pi d \sum q_{sk i} l_i$$

试验时未采取注浆体与周围土体隔离措施，可认为 20m 长试验锚杆侧阻力完全发挥，即 $l_i = 20m$，$600 = 20\pi d q_{sk}$，$\pi d q_{sk} = 600/20 = 30$；

安全等级一级，$K_t \geqslant 1.8$，$R_k \geqslant N_k K_t = 250 \times 1.8 = 450kN$，有 $\pi d q_{sk} l_i \geqslant 450kN$，故锚固段长度 $l_i \geqslant 15m$。

（2）自由段长度

$$l_f \geqslant \frac{(a_1 + a_2 - d\tan\alpha)\sin\left(45° - \frac{\varphi_m}{2}\right)}{\sin\left(45° + \frac{\varphi_m}{2} + \alpha\right)} + \frac{d}{\cos\alpha} + 1.5$$

$$= \frac{(15 - 5 + 3.06 - 0.8 \times \tan15°) \times \sin\left(45° - \frac{15°}{2}\right)}{\sin\left(45° + \frac{15°}{2} + 15°\right)} + \frac{0.8}{\cos15°} + 1.5$$

$$= 10.8m > 5m$$

最小设计长度：$l = 15 + 10.8 = 25.8m$

【2】土压力系数：$k_p = \tan^2\left(45° + \dfrac{\varphi}{2}\right) = 3.00$

$$k_a = \tan^2\left(45° - \dfrac{\varphi}{2}\right) = 0.333$$

被动土压力：$e_p = \sum \gamma_i h_i k_p = (20 \times 1 + 10 \times 9) \times 3.0 = 330\text{kPa}$

主动土压力：$e_a = \sum \gamma_i h_i k_a = (20 \times 2 + 10 \times 8) \times 0.333 = 39.96\text{kPa}$

第4章 土钉支护技术

4.1 概述

当放坡不能满足坡体的稳定时,可向坡体内打入土钉,以提高坡体的稳定性。土钉墙支护施工是利用土体一定程度的自稳能力进行分级开挖,并随开挖分步向坑壁土体植入土钉,然后在开挖面挂钢筋网、喷射混凝土形成护面,其施工过程如图4-1所示。

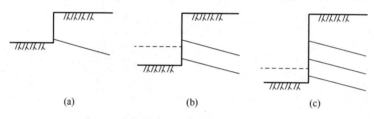

(a)   (b)   (c)

图4-1 土钉施工过程

(a) 开挖阶段一;(b) 开挖阶段二;(c) 开挖阶段三

对于有自稳能力的土层,首先进行垂直或按一定的坡角开挖到拟设的第一排土钉稍下的深度,如图4-1 (a) 所示,然后打设第一排土钉并注浆,施工护面,待土钉浆体有一定强度后,进行第二级开挖并进行第二排土钉及相应护面的施工,如图4-1 (b) 所示。依次向下进行施工,形成土钉墙支护。

土钉墙有如下主要特点:

(1) 土钉墙充分利用了土体自身的强度及自稳能力,形成主动的制约体系。

(2) 土钉与护面是在开挖土坡以后施工的,土的侧壁须在竖直或者接近于竖直无支挡条件下,自稳一定时间而不倒塌。因而对基坑的土质及地下水条件有较高的要求。

(3) 土钉墙可在无构件打入坑底的情况下直接开挖到坑底,施工工作面开阔。

(4) 其施工进度快,所需的材料较省,机械设备较少,造价低廉。

(5) 支护结构轻,柔性大,适应性、抗震性好。

(6) 由于土钉的数目多,一旦遇到孤石、基桩、地下结构物及其他障碍物,可以通过局部变化土钉的位置、角度和长度而避开。

(7) 在基坑工程中,土钉墙已经广泛应用多年,积累了较丰富的工程经验,成为相当成熟的工法。

(8) 土钉墙需要在土体发生一定量的变形后,才能充分发挥其抗力,因而产生的位移和周围地面的沉降偏大,不适于对变形要求严格的场地条件。

土钉墙的适用条件:

如上所述,土钉墙适用于土质较好、场地开阔、周边对变形要求不严格的条件。在坑底位于地下水以下时，需要人工降地下水。当墙外有地下结构、密布的基桩、密集的地下管线等场地的情况会限制其使用；同时它也受建筑红线的限制。土钉墙适用的土层条件见表 4-1。

土钉墙适用的土层条件   表 4-1

适用情况	土层	说明
适用	可塑、硬塑或坚硬的黏性土；有足够黏聚力的粉土	可通过标准贯入试验、静力触探和轻型动力触探确定土的状态
	密实～很密的粗粒土，包括砂土、砾石土，级配良好，含有一定的细粒土及合适的天然含水量，黏聚力 $c \geqslant 5kPa$	注意保持一定的天然含水量，以保持其毛细力（吸力）
	无明显软弱面的风化岩	岩石中须解决成孔技术
	密实的素填土	有时可预先加密
不适用	完全干燥，无胶结和黏聚力的粗粒土，如砂和砾	施工时难以保持自稳
	含大量卵石、漂石的地层	钻孔困难，延误工期，提高造价
	软弱～很软的细粒土，如淤泥和淤泥质土等	难以自稳，成孔困难及对土钉难以提供足够的锚固力
	有机土（有机黏土、粉土和泥炭土）	对土钉的锚固力低，有很强的各向异性
	有不利软弱结构面的风化岩、喀斯特地层	钻孔不易稳定，注浆损失
需试验确定	含承压水的砂土层	必要时可采用钢管压浆土钉
	残积土	应注意排水
	湿陷性黄土	防水
	很松的砂土（$N<4$）	可加密处理

当坑底位于地下水位以下或者土层不能达到开挖要求的自稳能力时，以及场地地质条件复杂，或周边环境对基坑变形控制较为严格时，土钉墙支护往往不适用和不能满足要求。为此工程界发展了将土钉与其他支护手段相结合的支护形式，称为复合土钉支护。一般常见的有土钉与超前支护微型桩、水泥土搅拌桩（墙）、预应力锚杆等联合使用的多种复合土钉墙。

4.2 分类和选型

4.2.1 土钉类型

土钉是横向植入原位土体中的细长杆件，是土钉墙支护结构中的主要受力构件。土钉的形式有多种，其选择涉及场地条件、地面和地下水情况及工程造价等多种因素。常用的土钉有以下几种类型：

（1）钻孔注浆：先用钻机等机械设备在土体中钻孔，成孔后置入杆体（一般采用 HRB335 热轧带肋钢筋制作），然后沿土钉全长注水泥浆。钻孔注浆土钉适用土层较广，抗拔力高，质量较可靠，造价较低，是最常用的土钉类型。

（2）直接打入型：在土体中直接打入钢管、型钢、钢筋、毛竹、原木等，不再注浆。由于打入式土钉直径小，与土体间的黏结摩阻强度低，承载力低，钉长又受限制，所以布置较密，可用人力或振动冲击钻、液压锤等机具打入。直接打入土钉的优点是不需要预先钻孔，对原位土的扰动相对较小，施工速度快，但在坚硬黏性土中很难打入，而且易腐蚀，不适用于服务年限大于2年的永久支护工程，杆体采用金属材料时造价稍高，国内应用较少。

（3）打入注浆型：在钢管中部及尾部设置注浆孔形成钢花管，直接打入土中后压灌水泥浆形成土钉。钢花管注浆土钉具有直接打入土钉的优点且抗拔力较高，特别适用于成孔困难的淤泥、淤泥质土等软弱土层，及各种填土与砂土，应用较为广泛，缺点是造价比钻孔注浆土钉略高，抗腐蚀性较差，不适用于永久性工程。

4.2.2　土钉墙的坡度

由于城市地价昂贵，在建筑基坑中，为充分利用土地，常要求土钉墙支护的护壁采用直立方式。

直立式土钉墙可节省空间，一般适用于土质条件较好、周边无重要建筑物、对支护变形要求不很严格的情况。对于硬塑的黏性土基坑，直立土钉墙支护开挖深度宜在10m范围内。

当周边场地有空地、允许墙面有一定坡度时可采用斜坡式土钉墙，其稳定性、安全性及施工方便性较好，此时基坑开挖深度可适当放宽，当深度大于12m时可考虑分级斜坡墙面。

4.2.3　土钉墙支护方案的选型

广东省标准《土钉支护技术规程》DBJ/T 15—70—2021的初稿中曾对土钉墙支护方案的选型提出过如表4-2所示的建议，可供参考。

土钉墙支护方案选型表　　　　　　　　　　　　　表4-2

地质条件	开挖深度（m）	周边环境	方案选型
在支护深度范围内无淤泥、流砂层，填土层厚度小于2m，土层主要由硬塑黏土或硬塑残积土、全风化岩、强风化岩或中微风化岩组成	<9	周边环境空旷，支护深度3倍范围内无道路、天然地基建筑物、地下管线等	普通型
同上	<9	支护深度1倍范围内有道路，或天然地基建筑物，或地下管线	复合型
同上	<9	支护深度3倍范围内有道路，或天然地基建筑物，或地下管线	复合型
在支护深度范围内存在淤泥层或流砂；填土层厚度大于2m	<9	不管周边环境如何	复合型

当土层中的垂直土钉墙支护大于10m时，可考虑采取具有一定坡度的墙面或复合土钉墙的支护方式。

4.2.4 复合土钉墙支护

表 4-1 表明土钉墙的应用土层有很大的局限性，为拓宽土钉墙的使用范围，在工程实践中，人们将其与其他支护形式相结合，以满足不同的地质条件和工程要求，这就形成了复合土钉墙。对于基坑较深；地质条件自稳能力差，如有软土、砂土层等；变形控制要求较高，如周边有交通道路、管线和其他建筑物等；采用普通土钉墙支护在稳定和变形控制方面都难以满足，则可采用复合土钉墙支护。

在土方开挖前，于基坑周边处预先设置垂直支护结构，称其为超前支护，适用于自稳能力较差的软弱土层。超前支护有搅拌桩、微型钢管桩等，如图 4-2 (a)、(b)、(d)、(e)、(f) 所示。当土质较软时，超前支护对于减少边坡变形、保证开挖和设置土钉时的稳定性都有很大的作用。

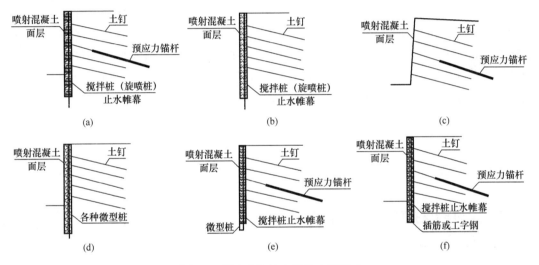

图 4-2　复合土钉墙支护的主要形式

为使土钉墙用于地下水位以下，可采用止水帷幕。搅拌桩和旋喷桩既可作超前支护，也可形成隔水帷幕，如图 4-2 (a)、(b)、(e)、(f) 所示。作为隔水帷幕时，采用两排桩较可靠。搅拌桩间要求搭接一定尺寸。若开挖深度内有淤泥层，为提高搅拌桩的弯剪强度，可在水泥土内加设型钢桩或钢管桩，如图 4-2 (f) 所示。

水平加强措施主要是采用预应力锚杆（索），如图 4-2 (a)、(c)、(e)、(f) 所示。通过预应力锚杆的预加应力来控制支护的水平位移和减少周围地面及建筑物的变形与位移，可使土钉墙用于对变形有较高要求的场地。一般采用预应力锚杆时，同时宜有垂直超前支护，这样预应力锚杆的锚头可作用于刚度较好的垂直超前支护结构上。

除了如图 4-2 所示的各种复合土钉墙以外，多年的工程实践也因地制宜地创造出了很多土钉墙与其他支护结构联合应用的经验。在图 4-3 (a) 中，对土质较好的场地，在疏排桩间用土钉墙加固，可减少排桩用量，节省造价。图 4-3 (b) 中的杆加排桩和地下连续墙以上部分用土钉墙支护，以减少桩长，节省造价。

在复合土钉墙的抗滑阻力中，土体的抗剪强度发挥的作用最大，土钉的锚固力次之；预应力锚杆的作用再次；而微型桩与水泥土桩所起的抗滑作用很小。土钉墙是一种柔性的

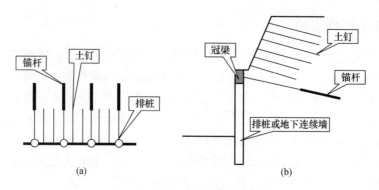

图 4-3　土钉与排桩结合的支护

（a）排桩间土钉；（b）锚杆排桩或地下连续墙上部土钉

主动支护结构，土体产生一定的变形，才能发挥土钉的抗滑力，而预应力锚杆发挥作用所需的位移要小。在复合土钉墙支护基坑侧壁的稳定分析中将各种结构物的抗滑力（矩）简单地叠加，不能反映它们的真实共同工作情况。试验观测表明，在预应力锚杆张拉时，附近的土体反向移动，土钉上的拉力减少，甚至出现压力和负的摩阻力。所以说，土钉墙的工程实践走在了设计理论的前面，复合土钉墙的设计理论尚有待于在大量的工程实践经验的基础上进一步提高和发展。

4.3　设计要点

4.3.1　土钉墙支护的受力机理和破坏类型

1. 土钉墙支护的受力机理

土钉是全长注浆构件，上端与喷浆面内的网筋连接，一般土钉受力情况如图 4-4 所示。假设 AB 为可能滑动面，则在滑动面至坑内侧的滑动体内，土体向基坑内移动，对土钉产生向基坑内的拉力，而滑动面外侧土体则对土钉产生向外的拉力，以平衡滑动体的拉

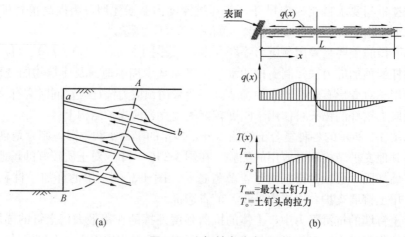

T_{max}=最大土钉力
T_o=土钉头的拉力

图 4-4　土钉轴力分布

力。土体对土钉产生的摩擦力 q 以滑动面为分界取相反的方向。土钉的轴向拉力 T 在滑动面处形成峰值，如图4-4（b）所示。

最大土钉力沿基坑深度的分布通常为如图4-5所示，这与经典压力理论的三角形分布是不同的。一般上部土钉力大于其承担面积上的经典土压力值，下部土钉力小于其承担面积上的经典土压力值，这主要是由于施工过程的影响。杨光华对挡土桩的土压力及土钉支护的土钉力用增量法进行过研究，目前也已基本形成共识：先设置的土钉相应会承担较多的荷载，而后设置的土钉会承担较小的荷载。如图4-5所示的土钉拉力分布并不是开挖到坑底状态时的情况，而是在施工开挖过程中的各土钉最大拉力包络线。

土钉墙支护开挖后会产生水平位移和沉降，其形状大体如图4-6所示，通常上部水平位移较大，但当上部土钉较强时，最大水平位移发生部位也可能会下移。地面沉降一般靠近基坑边较大。通常是开挖后土体产生侧移才会产生土钉拉力。

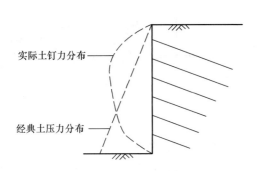 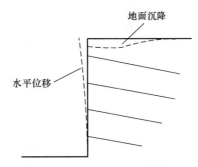

图4-5　最大土钉力沿基坑深度分布示意图　　　图4-6　土钉墙支护的位移

对于土钉护面的受力国内外都做过一些实测，但系统性的研究不多。国外做过一些钉头荷载与土钉最大轴力的测试，认为钉头荷载通常为土钉最大轴力的30%~70%。在土体自重荷载下，其相应的等效面层压力为库仑土压力的50%~70%，形状接近于均匀分布而非三角形分布。因此，一般面层土压力按总土压力的70%计算是安全可行的。

2. 土钉墙的破坏类型

在土钉墙设计中，设计人员需在具体的地层、地下水条件下判断土钉墙所有可能的破坏模式。土钉墙的破坏模式大致可以分为外部破坏模式和内部破坏模式。

外部破坏模式指潜在破坏面的发展基本上在土钉墙的外部，这种破坏可能是滑移破坏整体滑动与承载力破坏，或者其他形式的导致整体破坏的模式。

内部破坏模式指破坏发生在土钉墙内部，内部破坏模式可能发生在土钉墙的主动区、被动区或者两个区域同时发生。

土钉墙的外部或者整体稳定破坏如图4-7所示。以往人们认为被土钉加固部分的土体会像重力式挡土墙一样发生倾覆与滑移失稳。实际上由于墙趾处地基土不够坚硬，与圬工重力式挡墙不同，所以很少发生这两种破坏。只有当坑底（岩）土层很坚硬时，才可能发生沿坑底平面的滑移，如图4-7（c）所示。整体稳定破坏主要是发生整体圆弧滑动失稳或者坑底承载力破坏（坑底隆起），如图4-7（a）、（b）所示。值得注意的是，类似的失稳也可能发生在土钉墙的开挖过程之中，如图4-7（d）所示。

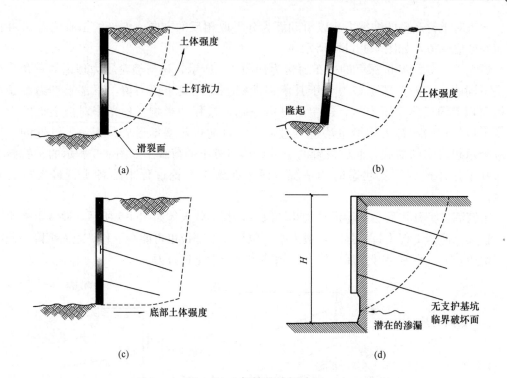

图 4-7 土钉墙的外部破坏

（a）整体圆弧滑动失稳；（b）坑底承载力破坏（坑底隆起）；
（c）沿坑底平面的滑移失稳；（d）施工开挖过程中的圆弧滑动失稳

土钉墙的内部破坏形式主要有如图 4-8 所示的几种类型。施工经验表明，严格按照有

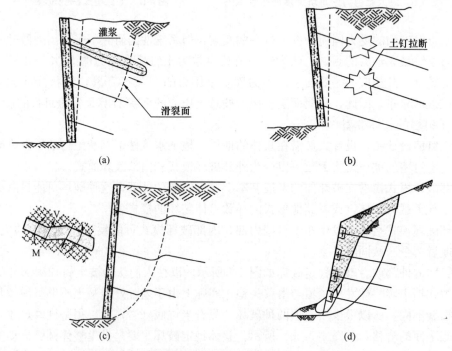

图 4-8 土钉墙的内部破坏（一）

（a）土钉被拔出破坏；（b）土钉拉断破坏；（c）土钉的弯剪破坏；（d）墙后土钉间的土流动破坏

(e)

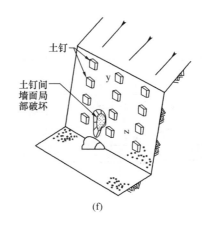

(f)

图 4-8 土钉墙的内部破坏（二）

（e）墙面后土体流动的例子；（f）土钉间的墙面局部破坏

关规范施工，墙面和土钉头部的破坏很少发生。土钉墙的内部破坏也常常在施工期发生，有时墙后土体受到严重扰动、浸水、超挖，使这部分土体无法自稳而流动，最后可能引起整体失稳，如图 4-8（d）、（e）所示。

　　复合土钉墙的破坏形式就更加复杂。在水泥土墙与土钉结合的情况下，如果假设滑动面是一单独的圆弧滑动面，它常常会延长到坑内很远，如图 4-10 中的滑动面 A；而考虑墙后被动区的滑动，则实际可能的滑动面为 B。对于这种情况，尹骥和李象范提出了一种双圆弧滑动面，这时，坑底部分是一个半径较小的圆弧，它与墙后的大半径圆弧光滑相切，如图 4-9 所示。

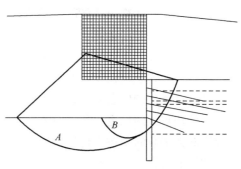

图 4-9 复合土钉墙可能的滑动面

　　图 4-10 是在墙高为 5.5m、土的强度指标不同的情况下，计算的在不同半径比情况下的安全系数。可见它与半径比有密切关系。

　　3. 土钉墙支护对环境的影响

　　土钉墙支护对环境的影响可表现在以下两个方面。

　　（1）变形的影响。相对于排桩和地下连续墙结构支护，土钉墙支护的变形明显偏大，这是由于土钉墙支护通常是边开挖边支护，支护的受力构件土钉是先开挖后设置的，必须待土坡出现侧向位移后土钉才会产生拉力。对于一般的土钉墙支护，基坑边的水平位移会达到 30～80mm。若周边环境对位移限制严格时，须采取复合土钉墙支护的形式，如增加垂直超前支护或增加预应力锚索等；或改用刚性支护结构，以减少变形量。目前土钉墙支护的位移计算尚不成熟。

　　（2）土钉对地下空间的污染问题。土钉对周边环境的影响是对周边地下空间的污染，因为土钉一般要打入红线以外的场地而且永久留在地下。而土钉分布一般较密，土钉永久存在于地下时，对周边后期地下工程的施工将会造成不利影响，如后期在土钉范围内开挖与打桩时会遇到土钉的阻碍。若基坑外临近有已建好的地下室或有较密集的工程桩，而土

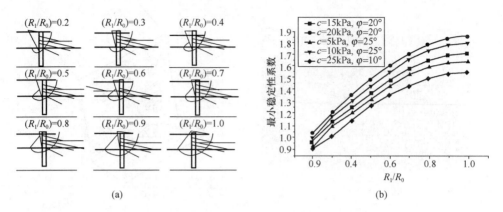

图 4-10　具有不同半径比的滑动面及其安全系数

钉需要伸入其下面，土钉施工困难，可能不宜采用土钉墙支护的方式。

4.3.2　土钉墙支护的分析计算

1. 稳定计算

土钉墙支护的计算包括外部稳定验算和内部稳定验算，对于有软弱土层情况，则应进行地基承载力的抗隆起验算。

国内采用最多的土钉墙稳定分析方法是土坡的圆弧滑裂面稳定计算方法。该方法适用于土质较均匀的软土或强度较低黏性土中土钉墙的稳定验算。

复合土钉墙支护中会有土钉、水泥土墙、微型桩与锚杆（索）多种构件，作为一个整体一起来维持基坑的稳定。目前对复合土钉支护的稳定分析还没有形成工程界较公认的方法，应用的方法有的是在上述土钉支护稳定计算方法中，分别加上水泥土墙、锚杆（索）、微型桩对抗滑的贡献。

2. 土钉的锚固力

在轴向拉力作用下，土钉可能有 3 种破坏方式：沿锚固体与土体的界面被拔出（对于打入式土钉，也可沿土钉与土体间界面拔出），亦即达到其极限锚固力；拉力达到了土钉的抗拉强度而被拉断；土钉被从灌浆体中拔出，亦即拉力达到其极限黏结力。土钉最后发生哪一种破坏是由最小的抗力决定的，实际上拉拔力通常由锚固力控制。

第 j 排中的某一个土钉所提供的锚固力标准值 $T_{k,j}$：

$$T_{k,j}\pi d_j \sum_{i=1}^{n} q_{sik} l_{ji} \tag{4-1}$$

式中　i——第 j 排中该土钉穿过的第 i 个土层；

　　　n——第 j 排中该土钉穿过的土钉总数；

　　　d_j——第 j 排中该土钉或注浆体直径（m）；

　　　q_{sik}——该土钉与 i 土层之间极限侧阻力标准值（kPa）；

　　　l_{ji}——位于滑裂面以外的第 j 排中该土钉在第 i 个土层中的长度（m）。

土体与土钉锚固体之间极限侧阻力经验值可参考表 4-3。

土体与土钉锚固体之间极限侧阻力标准值 q_{sik} 的经验值 表 4-3

土的名称	土的状态	q_{sik} （kPa）	
		成孔注浆土钉	打入钢管注浆土钉
杂填土		15～30	20～35
淤泥质土		10～20	15～25
黏性土	$0.75<l_L\leqslant1.0$	20～30	20～40
	$0.25<l_L\leqslant0.75$	30～45	40～55
	$0<l_L\leqslant0.25$	45～60	55～70
	$l_L\leqslant0$	60～70	70～80
粉土		40～80	50～90
砂土	松散	35～50	50～65
	稍密	50～65	65～80
	中密	65～80	80～100
	密实	80～100	100～120

3. 土钉力的计算

验算土钉墙的内部稳定中的土钉拉拔稳定，首先要计算作用于土钉上的拉力，亦即土钉可能受到的荷载或土钉的设计内力，然后根据其所受的荷载大小确定土钉钢筋直径和锚固长度等。

土钉拉力是与土钉设置的过程有关的，杨光华较早采用增量法的思想模拟施工过程来计算土钉的受力，结果与工程实测较一致。

对土钉拉力的计算一是应与实测规律一致，二是要有一定的理论基础，三是要简单方便，便于工程应用。目前应用于工程实践中的土钉的实用计算方法主要是采用土压力法，国内代表的方法分别是：《建筑基坑支护技术规程》JGJ 120—2012 方法、《基坑土钉支护技术规程》CECS 96：97 和《土钉支护技术规范》GJB 5055—2006 方法和广东省标准《土钉支护技术规程》DBJ/T 15—70—2021 的方法。土压力法主要是通过假设基坑开挖后土坡作用于土钉的土压力分布，第 j 层上的某一土钉的拉力可根据土钉负担的土压力面积乘以土钉所在位置的平均土压力强度而得到，即：

$$N_{k,j} = \frac{1}{\cos\theta_j}\zeta P_{k,j}S_{vj}S_{hj} \tag{4-2}$$

$$N_j = \frac{1}{\cos\theta_j}\gamma_s\gamma_0\zeta P_{k,j}S_{vj}S_{hj} \tag{4-3}$$

式中　$N_{k,j}$——第 j 层中该土钉轴向拉力标准值（kN）；

　　　N_j——第 j 层中该土钉轴向拉力设计值（kN）；

　　　θ_j——第 j 层中该土钉与水平方向的倾角（°）；

　　　γ_s——基本组合作用分项系数，$\gamma_s=1.25$；

　　　γ_0——基坑支护的重要性系数，一级为 1.1，二级为 1.0，三级为 0.9；

　　　ζ——墙面倾斜主动土压力折减系数，可按式（4-4）计算；

　S_{vj}、S_{hj}——第 j 层土钉竖向和水平间距（m）；

$P_{k,j}$——第 j 层土钉所在位置水平土压力标准值（kPa），不同规范的差异主要是采用的土压力分布模式不同。

$$\zeta = \tan\frac{\beta-\varphi_k}{2}\left[\frac{1}{\tan\dfrac{\beta+\varphi_k}{2}} - \frac{1}{\tan\beta}\right]/\tan\left(45° - \frac{\varphi_k}{2}\right) \qquad (4\text{-}4)$$

式中 β——土钉墙面与水平方向夹角（°）；

　　　φ_k——坑底以上各层土加权平均的内摩擦角（°）。

直线滑动面与水平面夹角为 $(\beta+\varphi_k)/2$，如图 4-11 所示。

（1）《建筑基坑支护技术规程》JGJ 120—2012 对式（4-2）与式（4-3）中的土压力标准值的规定。

$P_{k,j}$ 采用的是朗肯主动土压力值：

$$P_{k,j} = \sigma_{k,j}K_{a,j} - 2c_j\sqrt{K_{a,j}} \qquad (4\text{-}5)$$

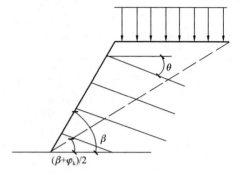

图 4-11　土钉墙破裂角

式中 $\sigma_{k,j}$——该处的竖向应力，若地面作用有无限均匀分布荷载 q_0，则 $\sigma_{k,j} = \gamma h_j + q_0$，$h_j$ 为离基坑顶部地面的深度；

　　　$K_{a,j}$——该处的主动土压力系数，$K_{a,j} = \tan^2\left(45° - \dfrac{\varphi_j}{2}\right)$，其分布形式为三角形分布。

这种方法计算所得的土钉力是越靠近基坑底部，土钉力越大，其与如图 4-12 所示的通常实测的土钉力分布是不一致的，主要原因是其未考虑土钉设置过程对土钉力的影响。采用经典主动土压力的分布模式计算的土钉力会使上部土钉受力不安全，下部土钉浪费，是不太合理的，因此，新的《建筑基坑支护技术规程》JGJ 120—2012 对此进行了修正。

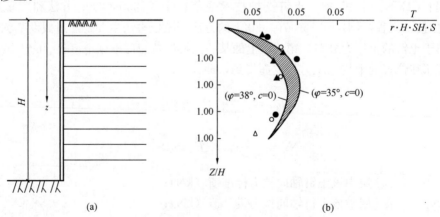

图 4-12　土钉内力分布实测图

（a）土钉墙示意图；（b）实测土钉内力分布

（2）修订以后的《建筑基坑支护技术规程》JGJ 120—2012 对此进行了修订。在式（4-2）与式（4-3）中，加入了第 j 层土钉的轴向拉力调整系数 η_j。

其中土钉墙中第 j 层土钉的轴向拉力调整系数 η_j 可按式（4-6）与式（4-7）计算：

$$\eta_j = \eta_a - (\eta_a - \eta_b)\frac{z_j}{h} \tag{4-6}$$

$$\eta_a = \frac{\sum_{i=1}^{n}(h - \eta_b z_i)\Delta E_{ai}}{\sum_{i=1}^{n}(h - z_i)\Delta E_{ai}} \tag{4-7}$$

式中 z_i，z_j——第 i 层和第 j 层中的土钉距基坑顶面的距离（m）；

$\quad\quad h$——基坑的深度（m）；

$\quad\quad \Delta E_{ai}$——作用在以竖向间距 s_{vi} 与水平间距 s_{hi} 为边长的矩形面积上的主动土压力（kN）；

$\quad\quad \eta_b$——墙底面处的主动土压力分布调整系数；

$\quad\quad \eta_a$——墙顶面处的主动土压力分布调整系数，η_b 与 η_a 如图 4-13 所示，它们与基坑开挖的暴露时间和超前支护的刚度有关；

$\quad\quad n$——土钉的层数。

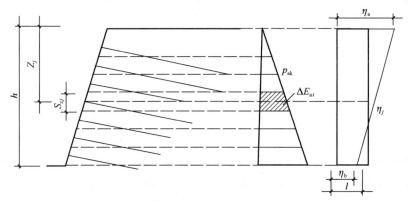

图 4-13　土钉拉力分布调整系数

（3）《基坑土钉支护技术规程》CECS 96：97 和《土钉支护技术规范》GJB 5055—2006 的方法。

该规范采用的土压力分布形式为类似于 Terzaghi-Peck 的经验土压力，如图 4-14 所示，$p_{k,j}$ 分成两块，一是土体自重的土压力分布，如图 4-14（b）所示，二是地表均布荷载 q 引起的侧压力分布，如图 4-14（c）所示。

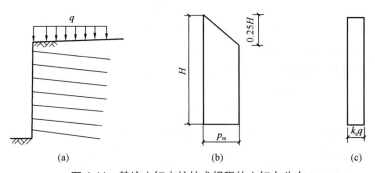

图 4-14　基坑土钉支护技术规程的土钉力分布

土压力 P_m 的计算公式为：

对于 $\dfrac{c}{\gamma H} \leqslant 0.05$ 的砂土和粉土：

$$P_m = 0.55K_a\gamma H \tag{4-8}$$

对于 $\dfrac{c}{\gamma H} > 0.05$ 的一般黏性土：

$$P_m = K_a\Big(1 - \frac{2c}{\gamma H} \times \frac{1}{\sqrt{K_a}}\Big)\gamma H \leqslant 0.55K_a\gamma H \tag{4-9}$$

黏性土 P_m 取值应不小于 $0.2\gamma H$。

地表均布荷载引起的土压力为：

$$p_q = K_a q \tag{4-10}$$

（4）广东省标准《土钉支护技术规程》DBJ/T 15—70—2021 方法。

其土钉力分布模式与图 4-14 一样，$p_{b,j}$ 由两部分组成，其中 p_q 由式（4-10）计算。该方法在数值上则更注重理论依据，其主要观点是认为土钉总力与主动土压力相同。取比较安全的包络模式，为偏安全，最后对图 4-14（b）的土压力峰值取用的公式为：

$$p_m = \frac{2}{3}p_{a,k} \tag{4-11}$$

$$p_{a,k} = \gamma H K_a - 2c\sqrt{K_a} \tag{4-12}$$

式中　$p_{a,k}$——主动土压力（kPa）；

　　　K_a——主动土压力系数。

从而使计算更有理论依据，工程上偏安全，实用上计算简便。这样土钉的设计与抗拔稳定验算的步骤如下：

1）确定土钉墙支护的平面和剖面尺寸。根据地下结构设计图纸确定基坑的范围和开挖深度，根据基坑周边的土质和建构筑物情况确定剖面。

2）土钉的布置设计。土钉的水平和垂直间距宜为 1～2m，土质好的地方选用大的间距；土质差时可采用钢花管。土钉的长度要求其抗拔力满足大于土钉拉力并使边坡稳定性满足要求。

3）土钉受力验算。土钉拉力设计值 N 必须同时满足下列要求：

$$N_j \leqslant f_y A_s \tag{4-13}$$

$$N_{k,j} \leqslant \pi D \sum q_{sk,i} l_i / K_t \tag{4-14}$$

式中　K_t——土钉抗拔安全系数，对于二、三级安全等级的基坑支护分别为 1.6 和 1.4；

　　　N_j——土钉拉力设计值，按式（4-3）计算确定；

　　　$N_{k,j}$——土钉拉力标准值，按式（4-2）计算确定；

　　　f_y——杆体的抗拉强度设计值（kPa）；

　　　A_s——土钉杆体截面积（m²）；

　　　D——土钉锚固体直径（m）；

　　　$q_{sk,i}$——第 i 层土体的摩阻力标准值（kPa）；

　　　l_i——滑裂面以外土钉在第 i 层土体中的长度（m）。

4. 土钉墙变形计算

土钉支护由于开挖使其产生侧向位移和地面沉降，相应的计算方法尚不够成熟。可采用有限元等数值方法进行模拟计算，也可以参考广东省标准《土钉支护技术规程》DBJ/T 15—70—2021 中提供的估算方法。

4.3.3 土钉墙设计参数选用及构造设计

1. 土钉墙支护的几何形状和尺寸

初步设计时，先根据基坑周边条件、工程地质资料及使用要求等，确定土钉墙支护的适用性；然后再确定土钉墙支护的结构尺寸。对于基础较大、较密及坑底土层为淤泥等软弱土层的情况，开挖深度应计算到基础底面（含垫层），必要时还要考虑可能的超挖。条件许可时，墙面尽可能采用较缓的坡率以提高安全性及节约工程造价。基坑较深、允许有较大的放坡空间时，还可以考虑分级斜坡墙面。在平面布置上，应尽量避免阳角及减少拐点，转角过多会造成土方开挖困难，很难形成设计形状，且受力状态复杂。

2. 土钉的几何参数

（1）土钉孔径越大越有利于提高土钉的抗拔力，在成本增加不多的情况下孔径应尽量大。

（2）土钉设置的倾角一般为 5°～20°。在 15° 左右靠浆液自重可以自上而下流动，达到较高密实度。

（3）土钉越长，抗拔力越高，基坑位移越小，稳定性越好。但在同类土质条件下，当土钉达到临界长度 l_{cr}（一般为 1.0～1.2 倍的基坑开挖深度）后，再加长土钉对承载力的提高并不明显。但是，很短的注浆土钉也不便施工，注浆时浆液难以控制容易造成浪费，故不宜短于 3m。国内目前工程实践中土钉的长度一般为 3～12m，软弱土层中可适当加长。当土钉墙坡面倾斜时，侧向土压力降低，也可缩短土钉的长度。

（4）土钉密度越大基坑稳定性越好，但土钉间距过小可能会因群钉效应降低单根土钉的功效，故纵横间距要适合，一般取 1.0～2.0m。在土钉密度不变时，排距加大、水平间距减少便于施工，可加快施工进度。但排距因受到开挖面临界自稳高度的限制不能过大，同时，横向间距变小排距加大，边坡的安全性会略有降低。

（5）土钉空间布置要注意：

1）为防止压力过大导致支护顶部破坏，第一排土钉距地表要近一些，但太近时注浆易造成浆液从地表冒出。一般第一排土钉距地表的垂直距离为 0.5～2m。

2）最下一排土钉实际受力较小，长度可短一些。但坑底沿坡脚局部超挖，大面积的浅量超挖，坡脚被水浸泡，土体蠕变，地面大量超载，雨水作用等，可能会导致下部土钉，尤其是最下一排土钉内力加大，故也不宜过短。

3）同一排土钉一般在同一标高上布置。上下排土钉在立面上可错开布置，俗称梅花状布置，也可上下对齐行列式布置。没有资料表明哪种布置方式更有利于边坡稳定。

4）沿深度方向上，钉的布置形式大体有 5 种：①上短下长。这种形式在土钉墙支护技术使用早期较为常见，目前基本上已被实践否定。②上下等长。因为性价比不高，一般只在开挖较浅、坡角较缓、土钉较短、土质较为均匀时的基坑中有时采用。③上长下短。往往因受到周边环境等条件限制而应用困难。④中部长上下短。实际工程中，靠近地表的土钉，尤其是第一、二排土钉，往往因受到基坑外建筑物基础及地下管线、窨井、涵洞、沟渠等市政设施的限制长度较短，另外通过增加上部土钉的长度以增加稳定性在经济上往往不如将中部土钉加长合算，所以就形成了这种形式。这种形式目前工程应用最多。⑤长短相间。布置方式不合理，目前已很少应用。

5）特殊情况下土钉的布置可以变通。土钉的倾角以15°最为理想，但如果坚硬土层位于下部，也可将上部土钉倾角加陡插入硬土层，以增加锚固力；为了避开市政地下管线或其他地下构筑物，也常需变化倾角，这种情况常常发生在位于上排的土钉，如图4-15（a）的情况。为了避开井、桩和其他竖向地下构筑物，有时不得不改变土钉在水平面上的角度，而不与墙面垂直。在基坑的阳角处，为了避免土钉的交叉，也呈八字形布置土钉，如图4-15（b）所示，这样土钉轴向也与该处的墙面位移方向接近，有利于减少变形。

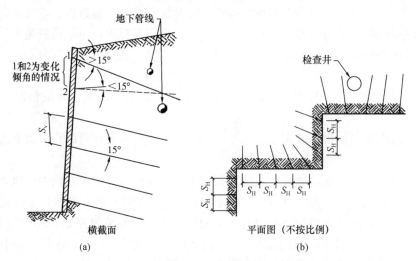

图4-15   特殊情况下土钉布置的变化

（a）改变地下管线附近土钉倾角；（b）改变基坑转角处土钉布置

3. 杆体

钻孔注浆土钉一般采用HRB400和HRB335热轧带肋钢筋。直径为16～32mm，成孔直径为70～120mm。打入式钢管土钉筋体一般采用公称外径不宜小于48mm、壁厚不宜小于3mm的热轧或热处理焊接钢管。土越硬钢管壁应越厚直径应越大，以防击入过程中发生屈服、弯曲、劈裂、折断等破坏。

钢筋与注浆体的黏结强度要远高于注浆体与土层的摩擦强度，只要保证钢筋置于水泥浆体中间，钢筋就不会从注浆体中被拔出破坏，为此需沿全长每隔1.5～2m设置对中定位支架。钢花管距孔口2～3m范围内可不设注浆孔，注浆孔设在里端的1/3～2/3范围内，以防因外覆土层过薄浆液从孔口周边蹿浆导致灌浆失败。其余段每隔0.2～0.8m设置一组。出浆孔直径一般5～8mm。出浆孔外要设置倒刺。除了保护出浆口在土钉打入过程中免遭堵塞外，还可增加土钉的抗拔力。钢管土钉尾端头宜制成锥形以利于击入土中。

4. 注浆

土钉的设计抗拔力不高，对水泥结石强度要求也不高，一般按构造要求，强度达到20MPa左右即可。水泥结石与土钉筋体的握裹力远大于孔壁对注浆体的摩擦力，土钉通常只会发生注浆体接触面外围的土体剪切破坏，不可能发生水泥结石被剪切破坏，一般也不会在与面层接触面上发生破坏。

土钉注浆必须饱满。钢管土钉注浆不足会造成抗拔力的明显降低，且降低了对土体的改良作用，造成支护结构的稳定性下降。土钉工程中通常采用水泥净浆，水灰比对水泥浆体的质量影响很大，最适宜的水灰比为 0.4～0.45。采用这种水灰比的灰浆具有泵送所要求的流动度，易于渗透，硬化后具有足够的强度和防水性，收缩也小。土钉一般采用一次注浆。

5. 面层

面层所受的荷载并不大，目前国内外很少发生面层破坏的工程事故，在欧美国家所做的有限数量的大型足尺试验中，也仅发现在故意不做钢筋网片搭接的喷射混凝土面层才出现了问题。面层通常按构造设计：面层厚度应能覆盖住钢筋网片及连接件，厚度一般为80～100mm；混凝土的强度等级不宜低于C20；钢筋网片一般采用一层钢筋网，钢筋通常为 HRB235（光圆钢筋），$\phi6～\phi10$；网格为正方形，间距为 150～250mm；要求不高时可采用不细于 12 号的粗目铁丝网（或称铅丝网、钢丝网等）替代钢筋网。面层柔度较大，很少会产生温度裂缝，故临时性工程中一般无须设置伸缩缝。

6. 连接件

因一般土钉端头所受力不大，很少发生因压力过大造成钉头破坏，钉头连接件按构造设置就能够满足工程需要，可省去复杂但效用不大的计算分析。土钉靠群体作用，构造中通常在土钉之间设置连接筋，通常称加强筋。加强筋一般采用 $\phi14～\phi20$ 的螺纹钢筋，通常设置 2 根，重要部位设置 4 根，与钉头焊接。

7. 防排水系统

土钉墙支护宜在排除地下水的条件下进行施工和工作，以免影响开挖面稳定及导致喷射混凝土面层与土体黏结不牢甚至脱落。坑壁处外渗的地下水可能是土层滞水，地下管线的局部漏水，降水后饱和度很高的土中水，降雨等产生的地面水下渗等。排水措施包括土体内设置降水井降水、土钉墙支护内部设置泄水孔排水、地表及时硬化和防渗防止地表水向下渗透、坡顶修建排水沟截水及排水、坡脚设置排水沟及时排水防止浸泡等。泄水管一般采用 PVC 管，直径不小于 40mm，长度 400～600mm，埋置在土中的部分钻有透水孔，透水孔直径 10～15mm，开孔率 5%～20%，尾端略向上倾斜 5°～10°，外包土工布，管尾端封堵防止水土从管内直接流失。纵横间距 1.5～2m，砂层等水量较大的区域局部加密。喷射混凝土时应将泄水管孔口临时封堵，防止喷射混凝土进入管内，如图 4-16 所示。

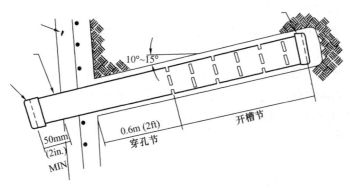

图 4-16 坑壁泄水管的布置

8. 止水帷幕

在复合土钉墙中，当穿越强透水层时应采用落底止水帷幕，插入不透水层不宜小于1.5m，并满足式（4-15）要求：

$$l \geqslant 0.2\Delta h - 0.5b \tag{4-15}$$

式中　l——插入帷幕的深度（m）；

　　　Δh——坑内外水头差（m）；

　　　b——帷幕宽度（m）。

帷幕桩应相互搭接，搭接宽度不小于200mm；桩位允许偏差为40mm；垂直度允许偏差为1/100。在弱透水层中，一般帷幕的桩端宜插入坑底2~3m。选择止水帷幕形式时要注意对不同地质条件的适应性。深层搅拌法质量可靠，造价低，施工速度快，可适用于大多数地质条件，软土中尤为适合，缺点是穿透能力较弱。在较厚的砂层、填土中夹石、土层中有硬夹层等情况下成桩困难。高压喷射法能够克服搅拌桩在上述地层中成桩困难的缺点，但是在有大量填石情况下施工也很困难，成桩且止水帷幕质量难以保证；在大量填石地层中可尝试冲孔咬合水泥土桩施工工艺。

9. 锚杆

土钉的极限承载力一般为100~200kN，锚杆的承载力较土钉大。锚杆通过承压板（梁）坐落在土基上，预应力如果过大，承压板（梁）下土体会产生较大的塑性变形，其变形较为滞后，导致锁定的预应力值降低很快，并不能维持在较高的水平上。锚杆设计承载力不宜超过2~3倍土钉极限承载力，不宜小于300kN。锁定预应力一般为设计值的40%~100%，并且不小于100kN。锚杆的承压腰梁可以按以锚杆为支点，作用均布荷载的连续梁计算；也可按受锚杆设计拉力的弹性地基梁计算。

10. 微型桩

微型桩可以是钢管桩（$\phi 48~\phi 250$）、型钢桩（I10~I22）和灌注桩（成孔直径为200~300mm）。为了使微型桩能够发挥整体作用，通常在顶设置冠梁。微型桩插入坑底大于等于2m，并大于5倍桩径。一般来说，桩的刚度越大，与土钉墙支护的共同作用效果越差。微型桩与土钉墙支护共同作用时，通常情况下都不是被剪切破坏的，而是被冲弯或者土体从桩之间滑出。微型桩的形式与做法很多，刚度相差悬殊，对土钉墙支护的影响尚需更多的研究。

11. 土方开挖

基坑土方可分为中央的自由开挖区及四周的分层开挖区。周边土方因配合土钉墙支护作业，须分层分段开挖，宽度一般距坑边6~10m，以作为土钉墙支护施工工作面及临时支挡。土方每层开挖的最大高度取决于该层土体的自稳能力，主要由土体特性决定，同时与地下水、地面附加荷载、已施工土钉等因素相关。不同土层的最大开挖高度以地区的经验数据为主，目前尚没有可靠的经验公式进行估算。

施工时应该开挖一层土方，施工一层土钉支护，综合考虑安全性及施工作业面。通常要求每层的开挖面标高位于该层土钉下面0.3~0.5m。沿坑边走向的分段长度一般10~20m。设置较小的分段长度，一是可形成较小的工作面，使土钉支护作业尽快完成，二是可充分利用土体的空间效应，利用未开挖土体及已施工土钉支护的支挡作用减少基坑变形。开挖后应尽量缩短土坡的裸露时间，尽快封闭及进行土钉支护，这对于施工阶段的土坡稳定及控制变形是非常重要的，对于自稳能力差的土体尤其如此。土坡的允许裸露时间一般为24h，对于淤泥质土为12h；土钉注浆后48h允许开挖下层土体，严禁超挖。

通常沿基坑侧壁走向中段的变形较大，两端的变形较小，故基坑开挖周边土方时，一般应沿端角向中间开挖，尽量减少中段的暴露时间以减少中段的变形。也可采用跳仓开挖，即间隔开挖的顺序。基坑中央的自由开挖区基本上不受限制，但是要保证周边分层开挖区土体的整体稳定。

4.4　施工要点

土方开挖应满足以下施工要求：

（1）施工前应核验基坑位置及开挖尺寸线，施工过程中应经常检查平面位置、坑底标高、坑壁坡度、排水及降水系统，并应随时观测周围的环境变化。

（2）土方开挖必须遵循自上而下的开挖顺序，分层、分段按设计要求进行，严禁超挖。

（3）机械开挖时，对坡体土层应预留10～20cm，由人工予以清除，修坡与检查工作应随时跟进，确保坑壁无超挖，坡面无虚土，坑壁坡度及坡面平整度满足设计要求。

（4）在距离坑顶边线2.0m范围内及坡面上，严禁堆放弃土及建筑材料等；在2.0m以外堆土时，堆置高度不应大于1.5m；重型机械在坑边作业宜设置专门平台或深基础；土方运输车辆应在设计安全防护距离范围外行驶。

配合机械作业的清底、平整、修坡等人员，应在机械回转半径以外工作；当需在回转半径以内工作时，应停止机械回转并制动后，方可作业。

1. 土钉墙支护施工流程

土钉墙支护的施工流程一般为：开挖工作面→修整坡面→喷射第一层混凝土→土钉定位→钻孔→清孔→制作、安装土钉→浆液制备、注浆→加工钢筋、绑扎钢筋网→安装泄水管→喷射第二层混凝土→养护→开挖下一层工作面，重复以上工作直到完成。

打入式钢管注浆型土钉无需钻孔清孔过程，直接用机械或人工打入。

复合土钉墙支护的施工流程一般为：止水帷幕或微型桩施工→开挖工作面→土钉及锚杆施工→安装钢筋网及绑扎腰梁钢筋笼→喷射面层及腰梁→面层及腰梁养护→锚杆张拉→开挖下一层工作面，重复以上工作直到完成。

2. 土钉成孔

钻孔注浆土钉成孔方式可分为人工洛阳铲掏孔及机械成孔，人工成孔长度一般不大于6m。机械成孔有回转钻进、螺旋钻进、冲击钻进等方式，打入式土钉可分为人工打入及机械打入。洛阳铲及滑锤为土钉施工专用工具，锚杆钻机及潜孔锤等多用于锚杆成孔，地质钻机及多功能钻探机等除用于锚杆成孔外，更多用于地质勘察。

成孔方式分干法及湿法两类，需靠水力成孔或泥浆护壁的成孔方式为湿法，不需要时则为干法。孔壁"抹光"会降低浆土的黏结作用，经验表明，泥浆护壁土钉达到一定长度后，在各种土层中能提供的抗拔承载力最大约200kN。故湿法成孔或地下水丰富时采用回转或冲击回转方式成孔，不宜采用膨润土或其他悬浮泥浆做钻进护壁，宜采用套管跟进方式成孔。湿法成孔或干法在水下成孔后孔壁上会附有泥浆、泥渣等，干法成孔后孔内会残留碎屑、土渣等，这些残留物会降低土钉的抗拔力，需分别采用水洗及气洗方式清除。水洗时仍需使用原成孔机械进行清水洗孔，但清水洗孔不能将孔壁泥皮洗净，如果洗孔时间长容易塌孔，且水洗会降低土层的力学性能及与土钉的黏结强度，应尽量少用；气洗孔也称扫孔，使用压缩空气，压力一般为0.2～0.6MPa，压力不宜太大以防塌孔。水洗及气洗时需将水管或风管置至孔底后开始清孔，边清边拔管。

3. 浆液制备及注浆

应避免人工拌浆，机械搅拌浆液时间一般不应小于2min，要拌合均匀。水泥浆应随用随拌，一次拌合好的浆液应在初凝前用完，一般不超过2h，在使用前应不断缓慢拌动。要防止石块、杂物混入浆中。

钻孔注浆土钉通常采用简便的重力式注浆。将金属管或PVC管注浆管插入孔内，管口离孔底200～500mm距离，启动注浆泵开始送浆，因孔洞倾斜，浆液靠重力即可填满全孔，孔口快溢浆时拔管，边拔边送浆。水泥浆凝结硬化后常会产生干缩，在孔口要二次高压注浆甚至多次补浆。重力式注浆不可太快，防止喷浆及孔内残留气孔。钢管注浆土钉注浆压力不宜小于0.6MPa，且应增加稳压时间。若久注不满，在排除水泥浆渗入地下管道或冒出地表等情况后，可采用间歇注浆法，即暂停一段时间，待已注入浆液初凝后再次注浆。

4. 面层施工顺序

一般要求喷射混凝土分两次完成，先喷射底层混凝土，再施打土钉，之后安装钢筋网最后喷射表层混凝土。土质较好或喷射厚度较薄时，也可先铺设钢筋网，之后一次喷射而成。

5. 安装钢筋网

钢筋网一般现场绑扎接长，应搭接一定长度，通常为150～300mm。也可焊接，搭接长度应不小于10倍钢筋直径。钢筋网在坡顶向外延伸一段距离，用通长钢筋压顶固定，喷射混凝土后形成护顶。钢筋网与受喷面的距离不应小于两倍最大骨料粒径，一般为20～40mm。通常用插入受喷面土体中的短钢筋固定钢筋网，如果采用一次喷射法，应该在钢筋网与受喷之间设置垫块以形成保护层，短钢筋或限位垫块间距一般为0.5～2.0m。钢筋网片应与土钉、加强筋、固定短钢筋及限位垫块连接牢固，喷射混凝土时钢筋网在拌合料冲击下不应有较大晃动。

6. 安装连接件

连接件施工顺序一般为：土钉置放、注浆→敷设钢筋网片→安装加强钢筋→安装钉头筋→喷射混凝土。加强钢筋应压紧钢筋网片后与钉头焊接，钉头筋应压紧加强筋后与钉头焊接。

7. 喷射混凝土工艺类别

喷射混凝土按施工工艺分为干喷、湿喷及半湿法3种形式：

（1）干喷法将水泥、砂、石在干燥状态下拌合均匀，然后装入喷射机，用压缩空气使干集料在软管内呈悬浮状态压送到喷嘴，并与压力水混合后进行喷射。

（2）湿喷法将骨料、水泥和水按设计比例拌合均匀，用湿式喷射机压送到喷头处，再在喷头上添加速凝剂后喷出。

（3）工程中还有半湿式喷射及潮式喷射等形式，其本质上仍为干式喷射。为了将湿法喷射的优点引入干喷法中，有时采用在喷嘴前几米的管路处预先加水的喷射方法，此为半湿式喷射法。潮喷则是将骨料预加少量水，使之呈潮湿状，再加水泥拌合，从而降低上料、拌合喷射时的粉尘，但大量的水仍是在喷头处加入和喷出的，其喷射工艺流程和使用机械与干喷法相同。

8. 喷射混凝土材料要求

（1）水泥。喷射混凝土应优先选用早强型硅酸盐及普通硅酸盐，因为这两种水泥的 C3S 和 C3A 含量较高，早期强度及后期强度均较高，且与速凝剂相容性好，利于速凝。

（2）砂。喷射混凝土宜选用中粗砂，细度模数大于 2.5。砂子过细，会使干缩增大；砂子过粗，则会增加回弹，水泥用量增大。

（3）粗骨料。圆砾或角砾，卵石或碎石均可。骨料的表面越粗糙，界面黏结强度越高，因此用碎石比用卵石好。但卵石对设备及管路的磨蚀小，也不像碎石那样因针片状含量多而易引起管路堵塞。石子的最大粒径不应大于 20mm，工程中常常要求不大于 15mm，粒径小也可减少回弹量。

（4）外加剂。可用于喷射混凝土的外加剂有速凝剂、早强剂、引气剂、减水剂、增黏剂、防水剂等，国内基坑土钉墙支护工程中常加入速凝剂或早强剂。

（5）骨料含水量及含泥量。砂石骨料含水量过大易引起水泥预水化，含水量过小则颗粒表面可能没有足够的水泥黏附，也没有足够的时间使水与干拌合料在喷嘴处拌合，这两种情况都会造成喷射混凝土早期强度和最终强度的降低。干法喷射时骨料含水量一般控制在 5%～7%，低于 3% 时应在拌合前加水，高于 7% 时应晾晒使之干燥或向其中掺入干料，不应通过增加水泥用量来降低拌合料的含水量。骨料中含泥量偏多会带来降低混凝土强度、加大混凝土的收缩变形等一系列问题，含泥量过多时须冲洗干净后使用。

9. 拌合料制备

（1）胶骨比。喷射混凝土的胶骨比即水泥与骨料之比，常为 1:4.5～1:4。水泥过少回弹量大，初期强度增长慢；水泥过多，产生粉尘量增多，恶化施工条件，硬化后的混凝土收缩也增大，经济性也不好。

（2）砂率。拌合料中的砂率小，则水泥用量少，混凝土强度高，收缩小，但回弹损失大，管路易堵塞，湿喷时的可泵性不好，综合权衡利弊，砂率以 45%～55% 为宜。

（3）水灰比。干喷法施工时，预先不能准确地给定拌合料中的水灰比，水量全靠喷射手在喷嘴处调节，一般来说喷射混凝土表面出现流淌、滑移及拉裂时，表明水灰比过大；若表面出现干斑，作业中粉尘大、回弹多，则表明水灰比过小。水灰比适宜时，混凝土表面平整，呈水亮光泽，粉尘和回弹均较少。实践证明，适宜的水灰比为 0.4～0.45，过大或过小不仅降低混凝土强度，也增加了回弹损失。

（4）配合比。工程中常用的经验配合比（重量比）有 3 种，即水泥：砂：石=1:2:2.5，水泥：砂：石=1:2:2，水泥：砂：石=1:2.5:2，根据材料的具体情况选用。

（5）制备作业。干拌法基本上均采用现场搅拌方式。拌合料应搅拌均匀，搅拌机搅拌时间通常不少于 2min，有外加剂时搅拌时间要适当延长。

10. 喷射作业及养护

喷射前，应将坡面上残留的土块、岩屑等松散物质清扫干净。喷射机的工作风压要适中，过高则喷射速度快、动能大、回弹多，过低则喷射速度慢、压实力小、混凝土强度低。喷射时喷嘴应尽量与受喷面垂直，喷嘴与受喷面在常规风压下最佳距离为 0.8～

1.2m，以使回弹最小及密实度最大。一次喷射厚度要适中，喷射厚度为 30～80mm，太厚会降低混凝土密实度、易流淌，太薄则易回弹，以混凝土不滑移、不坠落为标准，一般以 50～80mm 为宜，加速凝剂后可适当提高，厚度较大时应分层，在上一层初凝后即喷下一层，一般间隔 2～4h。分层施作一般不会影响混凝土强度。喷嘴不能在一个点上停留过久，应有节奏地、系统地移动或转动，使混凝土厚度均匀。一般应采用从下到上的喷射次序，自上而下的次序易因回弹物在坡脚堆积而影响喷射质量。喷射 2～4h 后应洒水养护，一般养护 3～7d。

4.5　检测与监测

4.5.1　土钉抗拔试验

土钉抗拔试验的主要目的是检验土钉的实际抗拉力是否达到设计要求。该试验也可以提供关于施工工艺、在特殊地表及地下水条件下施工方法的适用性、施工潜在困难等信息。抗拔试验应尽可能选择在土钉抗拔强度低或者土钉施工情况最不确定的地方，或者在材料强度相对较低、地下水位较高的地方等。土钉抗拔试验应尽量在土钉施工前进行，以便根据试验资料，对设计进行相应的变更。

除了土钉底部灌浆外，试验用土钉和正常工作土钉需使用相同的施工程序。试验用土钉需要在钻孔内部分灌浆，以形成试验需要的特定黏结长度。因此灌浆过程应缓慢而小心，以防止过度灌浆。封隔器通常用来封锁灌浆部分，选择时应选用能有效封锁灌浆部分的封隔器。封隔器应尽可能对黏结强度没有影响，否则应考虑其对黏结强度的影响，并估计影响值。除了封隔器，时域反射技术在合理的精度下，可以用来确定灌浆过程中灌浆段的长度。

安装抗拔试验设备时，钢支撑平台不能施加于钢筋上，因为这样会使钢筋偏斜，从而得到不正确的读数。土钉抗拔试验仪器和安装如图 4-17 所示。

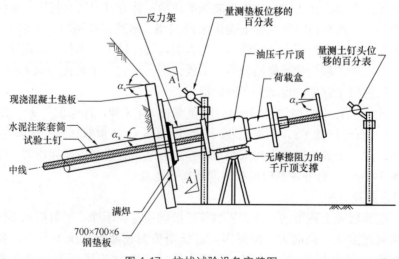

图 4-17　抗拔试验设备安装图

　　需说明的是，抗拔试验中土钉受力与实际工程中土钉受力不同，要合理应用试验结果。在抗拔试验过程中，由于拉力施加于土钉头，土钉中产生的拉应力在土钉头端部最大，往内则逐渐减小，而土钉墙中土钉实际受力状况是，土钉中部附近区域拉应力最大，两端端部则较小，两者存在差别，但这并不影响土钉抗拔试验的必要性。

4.5.2 支护变形的监测及预警

1. 土钉墙支护变形监测

　　土钉墙支护的变形监测的项目与基坑等级相关，内容有：坡顶水平位移和沉降；主动区土体内侧向变形；基坑相邻重要建筑物和管线等的水平位移和沉降；基坑相邻地表、建筑物等的裂缝出现的位置和宽度变化4个方面的内容。可采用精密经纬仪、水准仪、测斜仪、全站仪等仪器监测和技术人员沿基坑巡视目测相结合的方法。

　　测点布置与基坑安全等级相关，沿基坑四周以10～30m间距布点。测点宜布置在潜在变形最大，或局部地质条件不利地段，或基坑附近有重要建筑物或地下管网等位置。相邻重要建筑物，宜在房屋转角处、中间部位布点。沿管线长度每10m布置监测点。在基坑工程开挖影响范围之外，布置至少2个基准点。除地面和重要设施变形监测外，基坑安全关键部位须用测斜仪监测土体内沿开挖深度方向的侧向变形。

　　监测频率与基坑安全等级相关。一般在土方开挖阶段，在变形正常情况下，每天监测至少一次，异常情况根据具体情况增加监测次数。工程竣工后变形趋于稳定的情况下，可减少监测次数，可每周监测一次，直至土钉墙支护退出工作为止。加强雨天和雨后的监测，须特别注意观察危及支护稳定的相邻管道漏水等。

　　若发现变形过大或相邻管道漏水等异常现象，立即报警。

　　及时整理变形监测数据，掌握基坑和周边环境在开挖阶段和竣工后的安全状况，或调整施工进度，或修改设计方案，使基坑工程顺利进行。

2. 建议的预警值

　　单从土钉墙支护工程安全性角度出发，考虑场地存在的主要土层和开挖深度两个因素，将基坑土体变形累积值或连续3d变形速率作为预警指标，确定预警值。一般情况下，预警值可由技术人员根据当地的工程经验确定。无经验时，可按表4-4提供的建议值确定（h为基坑开挖深度）。

建议的预警值 表 4-4

主要土层	累积值（mm）				连续三天变形速率（mm/d）	
	最大水平位移 δ_{Hmax}		沉降 δ_V		最大水平位移	沉降
	$h \leqslant 6.0m$	$h > 6.0m$	$h \leqslant 6.0m$	$h > 6.0m$		
软土	$1.5\%h$	90	$1\%h$	60	5	3
黏土	$1\%h$	60	$7‰h$	40	3	2
砂性土	$7‰h$	40	$5‰h$	30	2	1

习题

1. 单项选择题

[1] 根据《铁路路基支挡结构设计规范》TB 10025—2019，下列哪个选项中的地段最适合采用土钉墙？（　　）

A. 中等腐蚀性土层地段　　　　　B. 硬塑状残积黏性土地段

C. 膨胀土地段　　　　　　　　　D. 松散的砂土地段

[2] 基坑支护施工中，关于土钉墙的施工工序，正确的顺序是下列哪个选项？（　　）

①喷射第一层混凝土面层；②开挖工作面；③土钉施工；④喷射第二层混凝土面层；⑤捆扎钢筋网。

A. ②③①④⑤　　　　　　　　　B. ②①③④⑤

C. ③②⑤①④　　　　　　　　　D. ②①③⑤④

2. 多项选择题

[1] 根据《建筑基坑支护技术规程》JGJ 120—2012，土钉墙设计应验算下列哪些内容？（　　）

A. 整体滑动稳定性验算　　　　　B. 坑底隆起稳定性验算

C. 水平滑移稳定性验算　　　　　D. 倾覆稳定性验算

[2] 下列关于土钉墙支护体系与锚杆支护体系受力特性的描述，哪些是正确的？（　　）

A. 土钉所受拉力沿其整个长度都是变化的，锚杆在自由段上受到的拉力沿长度是不变的

B. 土钉墙支护体系与锚杆支护体系的工作机理是相同的

C. 土钉墙支护体系是以土钉和它周围加固了的土体一起作为挡土结构，类似重力挡土墙

D. 将一部分土钉施加预应力就变成了锚杆，从而形成了复合土钉墙

3. 案例分析题

[1] 图示某铁路边坡 8.0m，岩体节理发育，重度 22kN/m³，主动土压力系数为 0.36。采用土钉墙支护，墙面坡率 1：0.4，墙背摩擦角 25°。土钉成孔直径 90mm，其方向垂直于墙面，水平和垂直间距为 1.5m。浆体与孔壁间黏结强度设计值为 200kPa，采用《铁路路基支挡结构设计规范》TB 10025—2019 计算距墙顶 4.5m 处 6m 长土钉 AB 的抗拔安全系数最接近于多少？

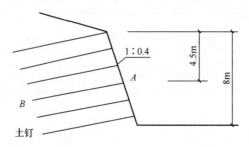

〔2〕某基坑侧壁安全等级为三级，垂直开挖，采用复合土钉墙支护，设一排预应力锚索，自由段长度为5.0m。已知锚索水平拉力设计值为250kN，水平倾角20°，锚孔直径为150mm，土层与砂浆锚固体的极限侧阻力标准值 $q_{sik} = 46kPa$，锚杆轴向受拉抗力分项系数取1.25。试问锚索的设计长度至少应取何项数值时才能满足要求？

〔3〕墙面垂直的土钉墙边坡，土钉与水平面夹角为15°，土钉的水平与竖直间距都是1.2m。墙后地基土的 $c=15kPa$，$\varphi=20$，$\gamma=19kN/m^3$，无地面超载。计算在9.6m深度处的每根土钉的轴向受拉荷载值（弹性模量折减系数 $\eta_i=1.0$）。

答案详解

1. 单项选择题

【1】B

《铁路路基支挡结构设计规范》TB 10025—2019第10.1.1条，选项A、C、D错误，选项B正确。

【2】D

土钉墙正常施工顺序是：开挖工作面→喷第一层混凝土→土钉施工→绑扎钢筋→喷射第二层混凝土。对于稳定性好的边坡，施工时可省略喷射第一层混凝土面层。施工顺序如图所示。

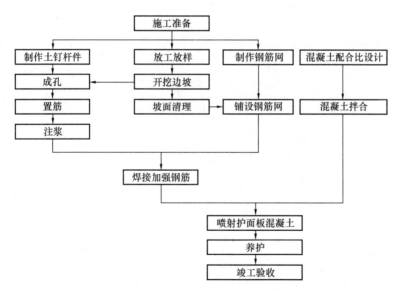

2. 多项选择题

【1】A、B

《建筑基坑支护技术规程》JGJ 120—2012第5.1.1条，应进行整体滑动稳定性验算，【整体滑动稳定性验算】正确；第5.1.2条，坑底有软土层时，应进行坑底抗隆起稳定性验算，【坑底隆起稳定性验算】正确。

【2】A、C

选项B、D混淆了锚杆和土钉的基本原理。选项A、C分别描述了锚杆支护体系和土钉墙支护体系的特性。

3. 案例分析题

【1】《铁路路基支挡结构设计规范》TB 10025—2019 第 10.2.2～10.2.4 条、10.2.6 条。

$$h_i = 4.5\text{m} > \frac{1}{2}H = 4.0\text{m}$$

节理发育，取大值 $l = 0.7(H - h_i) = 0.7 \times (8 - 4.5) = 2.45\text{m}$

$$l_{ei} = 6.0 - 2.45 = 3.55\text{mm}$$

$$\pi D f_{\text{rb}} l_{ei} = 3.14 \times 90 \times 0.2 \times 3550 \times 10^{-3} = 200.6\text{kN}$$

$$h_i = 4.5\text{m} > \frac{1}{3}H = 2.7\text{m}$$

墙背与竖直面间夹角 $\alpha = \arctan\left(\dfrac{0.4}{1}\right) = 21.8°$

$$\sigma_i = \frac{2}{3} \lambda_{\text{a}} \gamma H \cos(\delta - \alpha) = \frac{2}{3} \times 0.36 \times 22 \times 8 \times \cos(25° - 21.8°) = 42.2\text{kPa}$$

$$E_i = \frac{\sigma_i S_{\text{x}} S_{\text{y}}}{\cos\beta} = \frac{42.2 \times 1.5 \times 1.5}{\cos 21.8°} = 102.3\text{kN}$$

$$K_2 = \frac{\pi D f_{\text{rb}} l_{ei}}{E_i} = \frac{200.6}{102.3} = 1.96$$

【2】《建筑基坑支护技术规程》JGJ 120—2012 第 3.1.6 条、3.1.7 条、4.7.2 条和 4.7.4 条。

$$N = \gamma_0 \gamma_{\text{F}} N_{\text{K}} = \frac{200}{\cos 41.3°} = 266\text{kN}$$

$$N_{\text{K}} = \frac{N}{\gamma_0 \gamma_{\text{F}}} = \frac{266}{0.9 \times 1.25} = 236\text{kN}$$

$$R_{\text{K}} \geqslant K_{\text{t}} N_{\text{K}} = 1.4 \times 236 = 330\text{kN}$$

$$R_{\text{K}} = \pi d \sum q_{\text{sik}} l_i$$

$$l_i \geqslant \frac{R_{\text{K}}}{\pi d \sum q_{\text{sik}}} = \frac{330}{3.14 \times 0.5 \times 46} = 4.57\text{m}$$

$$L \geqslant 4.57 + 5 = 9.57\text{m}$$

【3】《建筑基坑支护技术规程》JGJ 120—2012 第 5.2.2 条、5.2.3 条。

$$\xi = \left(\tan\frac{90° - 20°}{2}\right) \times \frac{\tan\dfrac{90° + 20°}{2} - \dfrac{1}{\tan 90°}}{\tan^2\left(45° - \dfrac{20°}{2}\right)} = \frac{0.7 \times 0.7}{0.49} = 1.0$$

$$K_{\text{a}} = \tan^2\left(45° - \frac{\varphi}{2}\right) = \tan^2\left(45° - \frac{20°}{2}\right) = 0.49$$

9.6m 处边坡主动土压力强度

$$p_{ak} = \gamma z K_a - 2c\sqrt{K_a} = 19 \times 9.6 \times 0.49 - 2 \times 15 \times \sqrt{0.49} = 89.4 - 21 = 68.4\text{kPa}$$

单根土钉轴向受抗荷载

$$N_{kj} = \frac{1}{\cos\alpha j}\xi\eta_j\, p_{ak}\, s_{xj}\, s_{zj} = \frac{1}{\cos15°} \times 1.0 \times 1.0 \times 68.4 \times 1.2 \times 1.2 = 101.97\text{kN}$$

第5章 重力式水泥土墙

5.1 概述

重力式水泥土墙以结构自身重力来维持支护结构在侧向水、土压力作用下的稳定，如图 5-1 所示。水泥土墙以水泥为固化剂的主剂，通过强制拌合机械（如深层搅拌机或高压旋喷机等），将固化剂和地基土强制搅拌，并在施工时将加固桩体相互搭接，连续成桩，形成具有一定强度、刚度、水稳定性和整体结构性的水泥土壁墙或水泥土格栅状墙。典型的重力式水泥土墙支护结构剖面图如图 5-2 所示。

图 5-1 重力式水泥土墙

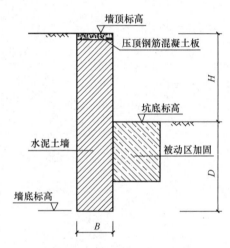

图 5-2 典型支护结构剖面图

重力式水泥土墙具有最大限度地利用原地基、不需内支撑便于土方开挖和地下室施工、材料和施工设备单一的特点，且施工时无侧向挤出、无振动、无噪声和无污染，对周边建构筑物影响小，20 世纪 90 年代广泛应用于上海、浙江、江苏、福建等沿海各地单层地下室的软土基坑工程中。水泥土墙具有止水和支护的双重作用的优点，由于无支撑，变形较大。

5.2 分类、选型与使用范围

5.2.1 规划及选型原则

基坑工程中，首先应根据场地的工程地质条件和水文地质条件，根据主要土层的工程特性和地下水的性质，了解重力式水泥土墙的使用范围和适用条件；然后结合重力式水泥土墙支护结构的变形特点及破坏形式，确定具体工程需要解决的主要问题所在；最后根据基坑规模、周边环境条件、施工荷载等因素，本着"因地制宜、经济合理、施工方便"的原则，根据工程的实际情况，对基坑工程有个初步的总体规划和选型，重力式水泥土墙支护结构的选型主要包括成桩设备、喷浆设备的选择以及水泥土墙平面布置、竖向布置等内容。

5.2.2 使用范围与适用条件

重力式水泥土墙一般适用于以下地质和工程条件：

（1）地质条件

国内外大量试验和工程实践表明，水泥土桩除适用于淤泥、淤泥质土和含水量高的黏土、粉质黏土、粉土外，随着施工设备能力的提高，亦广泛应用于砂土及砂质黏土等较硬质的土质。但当用于泥炭土或土中有机质含量较高，酸碱度（pH）较低（<7）及地下水有侵蚀性时，应慎重对待并宜通过试验确定其适用性。对于场地地下水受江河潮汐涨落影响或其他原因而存在动地下水时，宜对成桩的可行性做现场试验确定。

（2）适用的基坑开挖深度

对于软土基坑，支护深度不宜大于6m；对于非软土基坑，支护深度达10m的重力式水泥土墙（加劲水泥土墙、组合式水泥土墙等）也有成功工程实践。重力式水泥土墙的侧向位移控制能力较弱；基坑开挖越深，面积越大，墙体的侧向位移越难控制；在基坑周边环境保护要求较高的情况下，开挖深度应严格控制。

5.2.3 破坏形式

在基坑工程实践的规划及选型时，对某一种支护结构可能存在的破坏形式及其原因的了解是必要的。

（1）整体稳定破坏、基底土隆起破坏、墙趾外移破坏：由于墙体入土深度不够，或由于墙背及墙底土体抗剪强度不足，或由于坑底土体太软弱等原因，导致墙体及附近土体的整体稳定破坏或基底土隆起破坏，如图5-3（a）所示；由于墙体入土深度不够，或由于坑底土体太软或因管涌、流砂等可能导致墙趾外移破坏，如图5-3（b）所示。

（2）倾覆破坏、滑移破坏：由于墙后的坑边堆载增加、重型施工机械施工、墙后影响范围内的挤土施工、墙背水压力的突增等引起主动区水土压力增大，或墙体抗倾覆稳定性和抗滑移稳定性不足，导致水泥土墙发生倾覆破坏，导致墙体变形过大或整体刚性移动。如图5-3（c）、（d）所示。

（3）地基承载力破坏：如图5-3（e）所示，当墙体入土深度不够，或由于墙底存在软弱土层等地基承载力不足，或由于某种原因引起主动区水土压力增大，都可能导致墙底地基承载力破坏而出现墙体下沉、倾覆现象。

（4）强度破坏：当水泥土墙墙身断面较小、水泥掺量过低引起墙身抗压、抗拉、抗剪强度不足，或施工质量达不到设计要求时，将导致墙体压、剪、拉等破坏，如图5-3（f）、（g）、（h）所示。

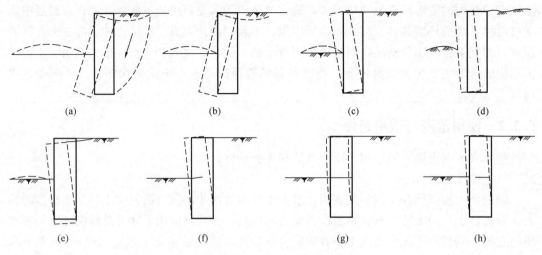

(a)　　　　　　　　(b)　　　　　　　　(c)　　　　　　　　(d)

(e)　　　　　　　　(f)　　　　　　　　(g)　　　　　　　　(h)

图 5-3　重力式水泥土墙的破坏形式

（a）整体稳定破坏；（b）墙趾外移破坏；（c）倾覆破坏；（d）滑移破坏；（e）地基承载力破坏；

（f）压裂破坏；（g）剪切破坏；（h）拉裂破坏

5.3　支护结构设计

5.3.1　总体布置原则

重力式水泥土墙支护结构总体布置应遵循以下原则：

（1）根据基坑周边建构筑物的分布情况及其结构、基础等特点，初步确定各部位（区域）重力式水泥土墙支护结构的变形控制标准。变形控制严格处应提高基坑安全等级、加大水泥土墙的刚度和整体性、设置被动区加固，必要时还可采取坑外地基加固的措施以提高坑外土体的强度，减少支护结构墙体的侧向水土压力。

（2）由于空间的约束作用，总体上基坑的变形呈四角（阴角）小、边线的中间大、阳角处大的特点，因此，基坑的边长较大时，宜在边线的中间进行墙体起拱或设置加强墩，可在该位置的坑底采取被动区加固的措施。

（3）平面设计时应尽量避免出现内折角（阳角），由于重力式水泥土墙的侧向约束有限，基坑阳角处变形较大。如由于场地限制等问题而无法避免时，阳角位置宜进行适当的加强加固处理：加大阳角处的水泥土墙宽度，提高刚度；在该位置的坑底进行被动区加固，阳角处的水泥土墙采用壁状布置，加大其整体性。

（4）由于空间效应作用，基坑的四角或阴角处，其应力分布较为复杂，横向剪应力大且可能出现纵向拉应力，该处水泥土墙宜采用壁状布置，加强其整体性及受力性能。

（5）当基坑开挖深度较大或坑底分布有深厚的软土时，可考虑采用被动区加固的技术措施，被动区的平面布置形式应结合主体结构基础的类型及布置方案进行，以避免对主体结构基础的影响。

典型的重力式水泥土墙支护结构总体布置原则示意图如图 5-4 所示。

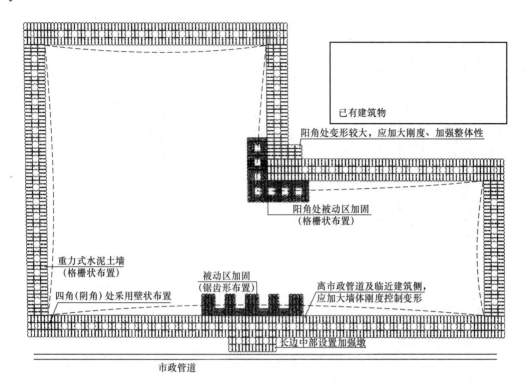

图 5-4 重力式水泥土墙支护结构总体布置原则示意图

5.3.2 设计原理与基本参数

重力式水泥土支护结构的设计原理和基本参数如下：

重力式水泥土墙作为一种支护结构形式，其是依靠墙体自重、墙底摩阻力和墙前坑底被动区的水土压力（被动区土体抗力），来满足水泥土墙的抗倾覆稳定、抗滑移稳定；通过合理的嵌固深度 D 以满足基坑抗隆起、整体稳定、抗流土、抗管涌、墙底地基承载力等稳定要求；并通过合适的墙体宽度 B 的确定使重力式水泥土墙墙身应力和墙体变形满足要求；保证地下室或地下工程的施工及周边环境的安全。

1. 设计原理

重力式水泥土墙支护结构采用了和经典重力式挡土墙不完全相同的设计方法。墙的主要几何尺寸 B 和 D 由地基稳定、抗渗和墙体抗倾覆计算等条件进行反复调整后选取，然后进行墙体结构强度（内力和应力）、变形等的计算或验算。作用于重力式水泥土墙的主要荷载有：墙前墙背的水土压力、重力式水泥土墙的自重、外荷载（道路荷载、建构筑物的永久荷载等）、施工荷载（施工机械、材料临时堆放）、偶然荷载。与其他类型支护结构类似，重力式水泥土墙的内力与变形分析方法主要有经典法、弹性法、有限元法，工程实践中主要以弹性支点法和极限平衡法为主，计算原理如图 5-5 和图 5-6 所示。

2. 水泥土的主要物理力学指标（设计基本参数）

涉及重力式水泥土墙支护结构设计的基本参数主要有：土的重度 γ、土的抗剪强度指标黏聚力 c、内摩擦角 φ、土的水平抗力系数的比例系数 m、水泥的物理力学参数等。实践证明，计算参数选取是否得当，所造成的误差比采用何种设计理论所造成的误差要大得多，因此如何选择合适的土工参数是确保设计合理化的关键。土工参数的选择、水土压力的计算方法及分布与基坑变形控制条件、土的工程性状、地下水的状态、支护结构分析理论与方法等紧密相关。

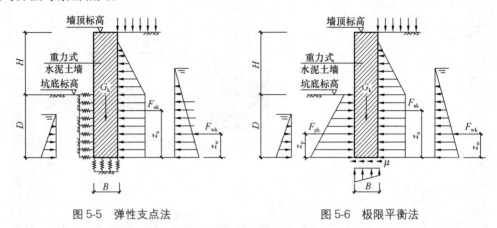

图 5-5　弹性支点法　　　　　　　　　图 5-6　极限平衡法

工程实践中，水泥土的主要物理力学指标可按以下原则确定。

（1）水泥土的重度

水泥土的重度与被加固土的性质、水泥掺合比及水泥浆有关。根据室内试验结果表明水泥掺合比为 7%～20%，水灰比约为 0.4～0.5 时，随水泥掺合量的增加，水泥土的重度比被加固土的天然重度增加约 2%～5%。在工程设计中，一般可取水泥土的重度为 $18kN/m^2$。

（2）水泥土的抗压强度

水泥土的无侧限抗压强度 q_u，一般为 0.5～5.0MPa，大约比天然土强度提高数十倍至数百倍；在砂层中，水泥土的无侧限抗压强度 q_u，可达 10.0MPa。基坑支护中水泥土主要起支挡作用承受水平荷载，其无侧限抗压强度设计标准值 q_{uk} 应采用基坑方开挖龄期（一般取 28 天）的现场水泥土无侧限抗压强度 q_{u28}。

1）参考《建筑地基处理技术规范》JGJ 79—2012 中搅拌桩桩身强度标准值 q_u 与同掺量室内配比试块强度 f_{cu} 的关系：

$$q_{u28} = \eta f_{cu28} \tag{5-1}$$

式中　η——桩身强度折减系数，干法可取 0.20～0.30，湿法可取 0.25～0.33。

从抗压强度试验得知，在其他条件相同时，不同龄期的水泥土抗压强度间大致呈线性关系，其经验关系见表 5-1。

不同龄期水泥土抗压强度关系　　　　　　　　　　　　　　表 5-1

关系	比值	关系	比值
f_{cu7} / f_{cu28}	0.47～0.63	f_{cu90} / f_{cu28}	1.43～1.80
f_{cu14} / f_{cu28}	0.62～0.80	f_{cu90} / f_{cu14}	1.73～2.82
f_{cu60} / f_{cu28}	1.15～1.46	f_{cu90} / f_{cu7}	2.37～3.73

表中 f_{cu7}、f_{cu14}、f_{cu28}、f_{cu60}、f_{cu90} 分别为 7d、14d、28d、60d、90d 龄期的水泥土抗压强度，为与搅拌桩桩身水泥配比相同的室内加固土试块（边长为 70.7mm 的立方体，

也可采用边长为 50mm 的立方体）在标准养护条件下 90d 龄期的立方体抗压强度平均值（kPa）。

2）水泥土的无侧限抗压强度可按水泥土墙钻孔取芯法质量检测综合评定方法选取，综合评定方法可参照《建筑基桩检测技术规范》JGJ 106—2014 中的相关条文及内容执行，现场水泥土无侧限抗压强度 q_{u28} 可按钻取现场原状试件测其无侧限抗压强度标准值的一半取值。

（3）水泥土的抗拉、抗剪强度

水泥土的抗拉强度 $\sigma_\tau = 0.15\,q_u \sim 0.25\,q_u$，《建筑基坑支护技术规程》JGJ 120—2012 中水泥土墙正截面承载力（拉应力）验算中，取抗拉强度 $\sigma_{cs} = 0.06\,q_u$。水泥土的黏聚力 $c = 0.2\,q_u \sim 0.3\,q_u$，内擦角 $\varphi = 20° \sim 30°$，《建筑基坑支护技术规程》JGJ 120—2012 中取水泥土抗剪强度 $\tau_f = \dfrac{1}{6}\,q_u$。

（4）变形模量

水泥土的变形模量与无侧限抗压强度 q_u 有关，实际工程中，当 $q_u < 6\mathrm{MPa}$ 时，水泥土的 E_{50} 与 q_u 大致呈直线关系，一般有 $E_{50} = (350 \sim 1000)\,q_u$。当水泥掺入比 $\lambda_w = 10\% \sim 20\%$，水泥土的破坏应变 $= 1\% \sim 3\%$，λ_w 越高 ε_f 越小。

（5）渗透系数

水泥土的渗透系数 k 随龄期的增加和水泥掺入比的增加而减少，实际工程中，水泥土的渗透系数 k 一般为 $10^{-7} \sim 10^{-6}\,\mathrm{cm/s}$。

3. 被动区加固土层物理力学指标的确定

在软土基坑中，被动区加固常用于重力式水泥土墙支护结构的工程实践中。用于加固被动区土体的方法有：坑内降水、水泥搅拌桩、高压旋喷、压密注浆、人工挖孔桩、化学加固法；其中较为常用的是水泥搅拌法，该方法较为经济且加固质量易于控制。必须一提的是尽管被动区局部加固法已在深基坑支护工程广泛采用，但对于加固土层物理力学指标的确定目前尚无成熟的设计计算方法，常用有限元法、复合参数法，以下主要介绍两种复合参数法供设计时参考。

（1）方法 1

假设坑内被动区土体经（局部）加固后，其被动破坏面与水平面的夹角为 $45° - \varphi/2$。此时，围护结构被动土压力可按复合强度指标计算。

$$\text{取} \quad \varphi_{sp} \approx \varphi_s \tag{5-2}$$

$$c_{sp} = (1 - \alpha_s)\eta c_s + \xi c_p \tag{5-3}$$

式中 φ_{sp}、c_{sp} ——土与加固体复合抗剪强度指标；

     φ_s、c_s ——土的抗剪强度指标；

     c_p ——加固体的抗剪强度指标（kPa）；

     η ——土的强度折减系数，一般取 $\eta = 0.3 \sim 0.6$；

     ξ ——坑内被动区（局部）加固体置换率，按式（5-4）式（5-5）计算。

1）情况一：加固深度等于围护结构插入深度时（图 5-7b）

$$\xi = \frac{F_p}{F_s} = \frac{ab}{L h_p \tan\left(45° - \dfrac{\varphi_s}{2}\right)} \tag{5-4}$$

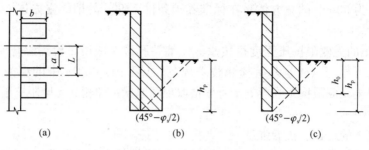

图 5-7　被动区加固

2）情况二：加固深度小于围护结构插入深度时（图 5-7c）

$$\xi = \frac{abh_0}{Lh_p^2 \tan\left(45° + \dfrac{\varphi_s}{2}\right)} \tag{5-5}$$

式中 a——加固宽度；

      b——加固范围；

      h_0——加固深度；

      L——相邻两加固块体的中心距；

      h_p——支护桩插入深度；

      φ_s——土的内摩擦角。

（2）方法 2

Hsish. H. S 认为可假定复合体的摩擦角与未加固土的摩擦角相同，而黏聚力为：

$$c = 0.25q_u I_r + c'(1 - I_r) \tag{5-6}$$

式中 q_u——加固体的无侧限抗压强度（kPa）；

      I_r——加固比，$I_r =$ 加固面积/总面积；

      c'——未加固土的黏聚力（kPa）。

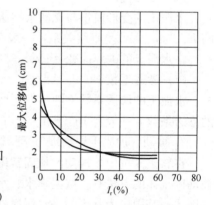

图 5-8 I_r 与最大位移值关系

图 5-8 表明，$I_r > 25\%$ 后，随 I_r 增大，最大位移值不再减小，即 $I_r = 25\%$ 为最优加固比。

5.3.3　计算分析

重力式水泥土墙支护结构设计过程中，需进行水泥土墙的嵌固深度、宽度计算，水泥土墙的稳定性验算，水泥土墙的内力分析与应力验算，水泥土墙支护结构的变形计算。

1. 重力式水泥土墙的嵌固深度

重力式水泥土墙支护结构的嵌固深度与基坑抗隆起稳定、整体稳定等有关，当作为帷幕时还与抗渗透（抗流土、抗管涌）稳定有关。因此，确定重力式水泥墙的嵌固深度时应通过稳定性验算取最不利情况下所需的嵌固深度，同时引入地区性的安全系数和基坑安全等级进行修正后，即为嵌固深度的设计值，一般取计算值的 1.1～1.2 倍。工程实践中，一般可取嵌固深度 $D = 0.7H \sim 1.5H$，且应满足各稳定计算要求；《建筑基坑支护技术规程》JGJ 120—2012 中规定，当计算值小于 $0.4H$ 时，宜取 $D = 0.4H$。

需要注意的是：重力式水泥土墙的抗倾覆稳定性计算公式中分子和分母都是墙高 H

的三次函数，在插入深度范围内，其一阶导数常小于 0（特别是软土中），即抗倾覆安全系数出现随插入深度增加而减小的现象，说明在软土中不能仅用抗倾覆计算来确定重力式水泥土墙的嵌固深度。

2. 重力式水泥土墙的宽度

重力式水泥土墙支护结构的嵌固深度确定后，墙宽对抗倾覆稳定、抗滑移稳定、墙底地基土应力、墙身应力等起控制作用；一般在所确定的嵌固深度条件下，当抗倾覆满足要求后，抗滑移亦可满足。因此重力式水泥土墙的最小结构宽度 B_{min} 可先由重力式水泥土墙支护结构的抗倾覆极限平衡条件来确定，之后再验算其他稳定性、墙身应力、墙体的变形等条件。

（1）宽度计算

工程实践中，重力式水泥土墙的墙体宽度先可按经验确定，一般墙体宽度 B 可取为开挖深度 H 的 $0.6 \sim 1.0$ 倍，即 $B = 0.6H \sim 1.0H$。有时，重力式水泥土墙的竖向布置会出现长、短结合的形式，此时可取其桩长的平均值进行各种稳定、强度及变形计算。

重力式水泥土墙验算绕墙趾 O 的抗倾覆安全系数：

抗倾覆力矩：

$$M_{Rk} = F_{pk} z_p + (G_{kmin} - G_{wmin}) B_{min}/2 \qquad (5-7)$$

倾覆力矩：

$$M_{Sk} = F_{ak} z_a + F_{wk} z_w \qquad (5-8)$$

满足 $M_{Rk} \geqslant M_{Sk}$，即有：

$$F_{pk} z_p + [\gamma_Q(H+D) - \gamma_w(H+2D-z_{aw}-z_{pw}) B_{min}^2 2] \geqslant F_{ak} z_a + F_{wk} z_w \qquad (5-9)$$

则：

$$B_{min} \geqslant \sqrt{2(F_{ak} z_a + F_{wk} z_w - F_{pk} z_p)[\gamma_Q(H+D) - \gamma_w(H+2D-z_{aw}-z_{pw})]} \qquad (5-10)$$

式中　M_{Rk}——抗倾覆力矩标准值；

M_{Sk}——倾覆力矩标准值；

G_{kmin}——计算最小墙体宽度时重力式水泥土墙的自重标准值，$G_{kmin} = B_{min} \gamma_Q(H+D)$；

G_{wmin}——计算最小墙体宽度时重力式水泥土墙所受的水浮力标准值：对于黏性土，$G_{wmin} = 0$；对于砂性土、粉土等透水性良好的土层，$G_{wmin} = B_{min} \gamma_w(H+2D-z_{wa}-z_{wp})2$，$z_{wa}$、$z_{wp}$ 分别为主动区、被动区的水位离地面和坑底的距离；

B，B_{min}——重力式水泥土墙的设计宽度、重力式水泥土墙最小宽度；

F_{pk}——墙前被动土压力标准值；

z_p——墙前被动土压力合力作用点距墙底的距离；

F_{ak}——墙后主动土压力标准值；

z_a——墙后主动土压力合力作用点距墙底的距离；

F_{wk}——作用在围护墙上的净水压力（坑内外水压力差）标准值；

z_w——净水压力作用点距墙底的距离；

z_{aw}，z_{pw}——主、被动区水压力作用点距墙底的距离。

（2）重力式水泥土墙的布置方式

重力式水泥土墙的宽度确定后，其平面布置可根据基坑总体平面形状、基坑各主要部位（区域）的变形特性、应力分布特点、周边环境的控制条件等综合确定。如上节所述，平面布置的选型有：满堂布置、格栅状布置、锯齿形布置等形式。实际工程中，常用的平面布置形式为格栅状布置。格栅状的平面布置，其水泥土的置换率（截面置换率为水泥土截面积与断面外包面积之比）一般可按表 5-2 中的经验值选用，格栅长宽比不宜大于 2。

不同土层置换率经验值　　　　表 5-2

土层	淤泥	淤泥质土	黏性土、砂土
置换率 ξ	0.80	0.70	0.60

重力式水泥土墙的截面形式（竖向布置）可根据第 5.2 节（分类、选型与使用范围）中的相关内容进行确定；实际工程中，常用的截面形式为等断面的矩形和台阶式的 L 形。

3. 重力式水泥土墙的稳定性验算

稳定性验算包括抗倾覆稳定性验算、抗滑移稳定性验算和地基土承载力验算。

（1）抗倾覆稳定性验算

重力式水泥土墙验算绕墙趾 O 的抗倾覆安全系数：

$$K_q = \frac{M_{Rk}}{M_{Sk}} = \frac{F_{pk} z_p + (G_k - G_w)B/2}{F_{ak} z_a + F_{wk} z_w} \tag{5-11}$$

（2）抗滑移稳定性验算

重力式水泥土墙验算沿墙底面抗滑移安全系数：

$$K_H = \frac{E_{Rk}}{E_{Sk}} = \frac{F_{pk} + (G_k - G_w)\tan \varphi_0 + c_0 B}{F_{ak} + F_{wk}} \tag{5-12}$$

抗滑移安全系数也可根据重力式水泥土墙底的摩擦系数进行计算：

$$K_H = \frac{E_{Rk}}{E_{Sk}} = \frac{F_{pk} + (G_k - G_w)\mu}{F_{ak} + F_{wk}} \tag{5-13}$$

式中　μ——墙底与土的摩擦系数，当无试验资料时，可按表 5-3 取值。

墙底摩擦系数　　　　表 5-3

墙底土层	淤泥、淤泥质土	黏性土	砂土
摩擦系数 μ	0.2～0.25	0.25～0.40	0.40～0.50

（3）地基土承载力验算

参考《建筑地基基础设计规范》GB 50007—2011 中的相关内容，在软弱土层或存在软弱下卧层的地基中，重力式水泥土墙基底地基土承载力验算主要公式如下：

$$p_k = \gamma_Q(H+D) + q < f_a \tag{5-14}$$

$$p_{kmax} = \gamma_Q(H+D) + q + \frac{M}{W} \leqslant 1.2 f_a \tag{5-15}$$

$$p_{kmin} = \gamma_Q(H+D) + q - \frac{M}{W} \tag{5-16}$$

当偏心距 $e = \dfrac{M}{\gamma_Q(H+D) + q} > B/6$ 时：

$$p_{kmax} = \frac{2[\gamma_Q(H+D)+q]}{3(B/2-e)} \leqslant 1.2 f_a \tag{5-17}$$

（4）稳定计算公式中的主要符号

G_k——重力式水泥土墙的自重标准值；

G_w——重力式水泥墙所受的水浮力标准值；

E_{Rk}——抗滑移力标准值；

E_{Sk}——滑移力标准值；

c_0、φ_0——墙底土层的黏聚力（kPa）、内摩擦角（°）；

K_q、K_H——抗倾覆安全系数、抗滑移安全系数，分别不小于 $\gamma_0 \gamma_{RQ}$ 和 $\gamma_0 \gamma_{RH}$；

f_a——修正后的地基承载力特征值；

p_k——基底平均压力值；

p_{kmax}、p_{kmin}——基底最大与最小压力值；

M——倾覆力矩与被动土压力抵抗力矩的差值（kN·m/m），$M = M_{Sk} - z_p F_{pk}$。

4. 重力式水泥土墙的内力分析与应力验算

重力式水泥土墙墙身应力验算，包括正应力和剪应力两方面。在验算截面的选择上，根据工程实践，一般选择受力条件简单明了的坑底截面、突变截面等位置。

（1）截面正（压、拉）应力验算

$$\sigma_{max} = \gamma_Q z + q + \frac{M}{W} \leqslant q_{uk} \tag{5-18}$$

$$\sigma_{min} = \gamma_Q z - \frac{M}{W} \leqslant \sigma_t \tag{5-19}$$

当截面正应力验算未能满足要求时，应加大重力式水泥土墙的宽度 B 或采用加筋（劲）水泥土墙。

（2）截面剪应力验算

$$\tau = \frac{Q}{\xi B} \leqslant \tau_f \tag{5-20}$$

一般选择受力条件简单明了的坑底截面、突变截面和土压力零点等位置。当截面剪应力验算未能满足要求时，应加大重力式水泥土墙的宽度 B。

（3）格仓应力验算

当水泥土墙采用格栅平面布置时，每个格子的土体面积 A 满足式（5-21）要求时，可忽略格仓应力的作用：

$$A \leqslant \frac{c_{0k}u}{\gamma_0 K_f} \tag{5-21}$$

式中　K_f——分项系数，对黏土取 2.0，砂土或砂质粉土取 1.0。

（4）墙身应力验算计算公式中的主要符号

σ_{max}、σ_{min}——计算截面上的最大及最小应力；

z——计算截面以上水泥土墙的高度；

M——计算截面处的弯矩；

W——计算截面的抗弯截面模量；

τ —— 计算截面上的平均剪应力；

Q —— 计算截面处的剪力；

ξ —— 计算截面处水泥土墙的置换率；

γ_0 —— 格子内土的重度加权平均值；

A —— 格子的土体面积；

u —— 格子的周长，按图 5-9 规定的边框线计算；

c_{0k}、φ_{0k} —— 格子内的黏聚力与内摩擦角的加权平均值。

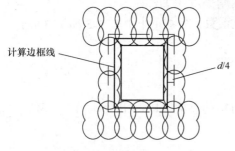

计算边框线

$d/4$

图 5-9   格仓压力计算

5. 重力式水泥土墙支护结构的变形计算

工程实践中，工程师们首先关心的是其稳定和强度问题，但在越来越密集的城区进行地下室基坑开挖，支护结构的变形已成为控制支护结构及周围环境安全的重要因素，设计往往由传统的强度控制变为变形控制。重力式水泥土墙支护结构的变形计算分析可以采用弹性地基"m"法、经验公式和非线性有限元法进行计算。

（1）弹性地基"m"法

将坑底以上的墙背土压力简化到挡墙坑底截面处，坑底以下墙体视为桩头有水平力 H_0 和力矩 M_0 共同作用的完全埋置桩，坑底处挡墙的水平位移 Y_0 和转角 θ_0，如图 5-10 所示。可参考《建筑桩基技术规范》JGJ 94—2008 中附录 C"考虑承台、基桩协同工作和土的弹性抗力作用计算受水平荷载的桩基"中相关内容计算确定，坑底以上部分的墙体变形可视为简单的结构弹性变形问题进行求解。

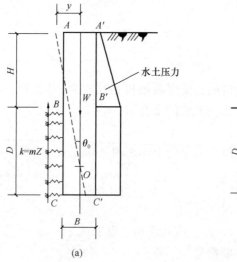

(a)

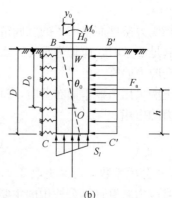

(b)

图 5-10   "m"法计算简图

当假设重力式水泥土墙刚度为无限大时，在墙背主动区外力及墙前被动区土弹簧的作用下，墙体以某点 O 为中心作刚体转动，转角为 θ_0，墙顶的水平位移可按以下"刚性"

法进行。

即有：

$$Y_a = Y_0 + \theta_0 H \tag{5-22}$$

$$Y_0 = \frac{24M'_0 - 8H'_0 D}{mD^4 + 36mI_B} + \frac{2}{mD^2} H'_0 \tag{5-23}$$

$$\theta_0 = \frac{36M'_0 - 12H'_0 D}{mD^4 + 36mI_B} \tag{5-24}$$

式中　$M'_0 = M_0 + H_0 D + F_a h - WB/2$；

　　　$H'_0 = H_0 + F_a - S_l$；

　　　F_a——坑底以下墙背主动土压力合力；

　　　S_l——墙底面摩擦力，取 $S_l = c_u B$（c_u 为墙底土的不排水抗剪强度）；或取 $S_l = W\tan\varphi + cB$（c、φ 为墙底的固结快强度指标）；

　　　I_B——墙底截面惯性矩，$I_B = \dfrac{B^3 l}{12}$。

（2）"上海经验"法

重力式水泥土墙墙顶位移可采用经验公式进行计算，当插入深度 $D = (0.8 \sim 1.4)H$（H 为基坑开挖深度），墙宽 $B = (0.7\sim1.0)H$ 时，可采用下列经验公式进行估算：

$$Y_a = \frac{0.18\xi K_a H^2 L}{DB} \tag{5-25}$$

式中　Y_a——墙顶计算水平位移（cm）；

　　　L——基坑最大边长（m）；

　　　B——搅拌桩墙体宽度（m）；

　　　ξ——施工质量系数，取 $0.8\sim1.5$；

　　　H——基坑开挖深度（m）；

　　　D——墙体插入坑底以下的深度（m）。

5.4　构造

5.4.1　提高支护结构性能的若干措施

由于水泥土墙的墙体结构、材料特性、施工工艺特点等因素，重力式水泥土墙的刚度和完整性不但与构成墙体的主要材料水泥土的物理力学性质息息相关，有时相应的构造措施效果十分显著。重力式水泥土墙支护结构的变形与基坑开挖深度、场地土层分布及性质、坑底状况（有无桩基、桩基类型、被动区加固等）、坑边堆载、基坑边长及形状等众多因素有关；实际工程中，水泥土墙的水平变形一般较大。在设计中，根据工程特点，采取一定的措施，提高重力式水泥土墙支护结构的刚度及安全度、减小挡墙变形是必要的。

1. 加设压顶钢筋混凝土板

重力式水泥土墙结构顶部宜设置 $0.15\sim0.2$m 厚的压顶钢筋混凝土板。压顶钢筋混凝土板与水泥土用插筋连接，插筋长度不宜小于 1.0m，采用钢筋时直径不宜小于 $\phi 12$，采用竹筋时断面不小于当量直径 $\phi 16$，每桩至少 1 根，如图 5-11（a）所示。

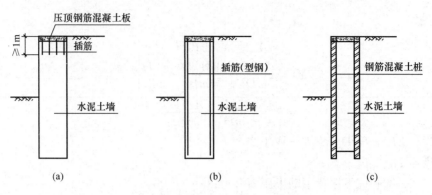

图 5-11　墙身加筋（劲）示意图

2. 在墙体截面的拉区和压区设置加劲（筋）材料

为改变重力式结构的性状，缩小水泥土墙的宽度，可在重力式水泥土墙结构的两侧采用间隔插入型钢、钢筋、毛竹的办法提高抗弯能力，也可采用两侧间隔设置钢筋混凝土桩的方法，如图 5-11（b）、（c）所示。

3. 被动区加固

为了增加重力式水泥土墙结构的抗倾覆能力，可通过加固支护结构前的被动土区来提高重力式水泥土墙结构的安全度、减少变形，被动区可采用连续加固，也可采用局部加固。

4. 墙体加墩或墙体起拱

当基坑边长较长时，可采用局部加墩的形式，对于提高重力式水泥土墙稳定性，减小墙体变形有一定的作用。局部加墩的布置形式可根据施工现场条件和水泥土墙的长度分别采用间隔布置或集中布置，如图 5-12 所示。

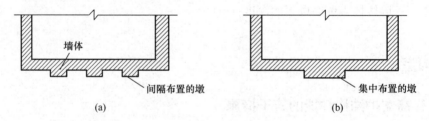

图 5-12　墙体加墩平面示意图
（a）间隔布置；（b）集中布置

间隔布置，可每隔（$2 \sim 4$）B 设置一个长度为 $2B$、宽度为（$0.5 \sim 1$）B 的加强墩。集中布置，就是在基坑某边的中央集中设置一个加强墩，一般长度为（$1/4 \sim 1/3$）B、宽度为 B。

为了提高重力式水泥土墙结构抗倾覆力矩，充分发挥结构自重的优势，加大结构自重的倾覆力臂，可采用变截面的结构形式。

5.4.2　平面布置及置换率

重力式水泥土墙的平面布置有壁状布置、格栅状布置、锯齿形布置等形式。工程实践中，为了节省工程量，又以格栅状的平面布置较为常用；同时水泥土桩的施工设备目前主要有单轴搅拌桩机或高压旋喷桩机、双轴搅拌桩机、三轴搅拌桩机，由其成桩的重力式水泥土墙格栅状平面布置形状如下。

单轴搅拌桩或高压旋喷桩水泥土墙常见平面布置形式示意图如图 5-13 所示；

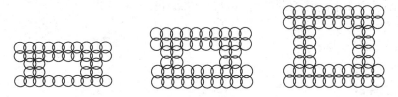

图 5-13 单轴搅拌桩或高压旋喷桩水泥土墙常见平面布置形式示意图

双轴搅拌桩水泥土墙常见平面布置形式示意图如图 5-14 所示；

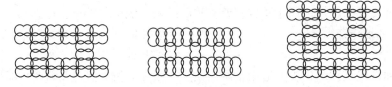

图 5-14 双轴搅拌桩水泥土墙常见平面布置形式示意图

三轴搅拌桩水泥土墙常见平面布置形式示意图见图 5-15。

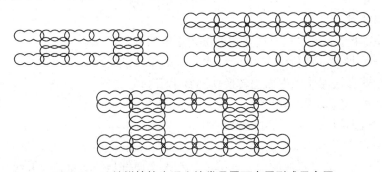

图 5-15 三轴搅拌桩水泥土墙常见平面布置形式示意图

实际工程中，由于空间效应原因，重力式水泥土墙在平面转角及两侧处变形较小但剪力及墙身应力均较大，平面布置中宜采用满堂布置、加宽或加深墙体等措施进行加强。

5.4.3 水泥土墙体技术要求

在水泥掺和量、强度、搭接、嵌固等方面，应满足以下技术要求。

（1）水泥土水泥掺和量以每立方米水泥土加固体所掺和的水泥重量计，实际工程中水泥掺和量应根据水泥土设计强度指标取现场不利土层经室内配合比后确定，常用掺和量：单（双）轴水泥土搅拌桩为 12%～18%，三轴水泥土搅拌桩为 18%～22%，高压旋喷水泥土搅拌桩为不少于 25%。

（2）水泥土的强度以 28d 龄期的无侧限抗压强度 q_{u28} 为标准，q_{u28} 应不低于 1.0MPa。

（3）水泥土墙兼作隔水帷幕时，一般要求其渗透系数不大于 10^{-7} cm/s。

（4）构成重力式挡墙的水泥土的搭接长度指水泥土桩直径与相邻桩中心距的差值，一般要求应不小于 100mm，当水泥土墙兼作隔水帷幕时搭接长度应不小于 150mm，旋喷桩的搭接长度不宜小于 200mm，在墙体圆弧段及折角处宜适当加大搭接长度。

（5）为满足基底承载力要求，并考虑重力式水泥土墙支护结构的受力特点，一般最小嵌固深度不小于 0.4 倍的开挖深度，即 $D_{min} \geqslant 0.4H$。

习题

1. 单项选择题

[1] 重力式水泥土墙可适用于淤泥质土、淤泥基坑，且基坑深度不宜大于多少米？（　　）

A. 5　　　　　　　　B. 6　　　　　　　　C. 8　　　　　　　　D. 7

[2] 下列支护结构可以用于基坑侧壁支护等级为一级的是哪个？（　　）

A. 排桩和地下连续墙　　　　　　　B. 逆作拱墙

C. 土钉墙　　　　　　　　　　　　D. 水泥土墙

[3] 下列基坑支护结构中，适用于淤泥质土、淤泥基坑，且基坑深度不宜大于 7m 的是？（　　）

A. 重力式水泥土墙　　　　　　　　B. 水泥土桩复合土钉墙

C. 支撑式结构　　　　　　　　　　D. 双排桩

2. 多项选择题

[1] 下列关于重力式水泥土挡墙的说法，正确的有？（　　）

A. 墙体止水性好，造价低

B. 格栅形式在淤泥质土中面积转换率不宜小于 0.7

C. 开挖深度不宜大于 10m

D. 28d 无侧限抗压强度不宜小于 0.5MPa

E. 板厚不宜小于 150mm

[2] 用未嵌入下部隔水层的地下连续墙、水泥土墙等悬挂式帷幕，并结合基坑内排水方法，与采用坑外井点人工降低地下水位的方法相比较。下面哪些选项是正确的？（　　）

A. 坑内排水有利于减少对周边建筑的影响

B. 坑内排水有利于减少作用于挡土墙上的总水压力

C. 坑内排水有利于基坑底的渗透稳定

D. 坑内排水对地下水资源损失较少

[3] 基坑支护的水泥土墙基底为中密细砂，根据倾覆稳定条件确定其嵌固深度和墙体厚度时，下列哪些选项是需要考虑的因素？（　　）

A. 墙体重度　　　　　　　　　　　B. 墙体水泥土强度

C. 地下水位　　　　　　　　　　　D. 墙内外土的重度

3. 案例分析题

[1] 某基坑开挖深度 5.0m，地面下 16m 深度内土层均为淤泥质黏土。采用重力式水泥土墙支护结构，坑底以上水泥土墙体宽度 B_1 为 3.2m，坑底以下水泥土墙体宽度 B_2 为

4.2m，水泥土墙体嵌固深度为 6.0m，水泥土墙体的重度为 $19kN/m^3$（地下水位位于水泥土墙墙底以下）。墙体两侧主动土压力与被动土压力强度标准值分布如下图所示，则该重力式水泥土墙抗倾覆稳定安全系数为多少？

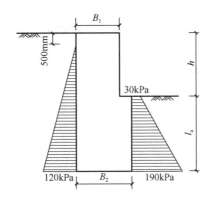

[2] 10m 厚的黏土层下为含承压水的砂土层，承压水头高 4m，拟开挖 5m 深的基坑，重要性系数 $\gamma_0 = 1.0$。使用水泥土墙支护，水泥土重度为 $20kN/m^3$，墙总高 10m。已知每延米墙后的总主动土压力为 800kN/m，作用点距墙底 4m；墙前总被动土压力为 1200kN/m，作用点距墙底 2m。如果将水泥土墙受到的扬压力从自重中扣除，计算满足抗倾覆稳定安全系数为 1.2 条件下的水泥土墙最小墙厚。

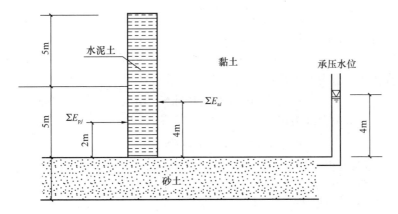

答案详解

1. 单项选择题

【1】D

【2】A

【3】A

本题考核的是重力式水泥土墙的适用条件。重力式水泥土墙适用于淤泥质土、淤泥基坑，且基坑深度不宜大于 7m。

2. 多项选择题

【1】A、B、E

重力式水泥土挡墙无支撑，墙体止水性好，造价低，墙体变位大。格栅形式面积转换率：一般黏性土、砂土中不宜小于0.6，淤泥质土中不宜小于0.7，淤泥中不宜小于0.8。开挖深度不宜大于7m。28d无侧限抗压强度不宜小于0.8MPa，板厚不宜小于150mm。

【2】A、D

帷幕结合坑内排水，可有效减少坑外的水资源损失，并因此而减少对周边建筑物的影响。

【3】A、C、D

倾覆稳定条件与强度无关。

3. 案例分析题

【1】（1）主动土压力矩

$$E_{ak}\, a_a = \frac{1}{2} \times 10.5 \times 120 \times \frac{1}{3} \times 10.5 = 2205 \text{kN} \cdot \text{m}$$

（2）被动土压力矩

$$E_{pk}\, a_p = 30 \times 6 \times 3 + \frac{1}{2} \times (190-30) \times 6 \times 2 = 1500 \text{kN} \cdot \text{m}$$

（3）抗倾覆稳定安全系数

$$G_{aG} = 5 \times 3.2 \times 19 \times \left(1 + \frac{3.2}{2}\right) + 6 \times 4.2 \times 19 \times \frac{4.2}{2} = 1795.88 \text{kN} \cdot \text{m}$$

$$K_{ov} = \frac{E_{pk}\, a_p + G_{aG}}{E_{ak}\, a_a} = \frac{1500 + 1795.88}{2205} = 1.49$$

【2】（1）墙重（扣除承压水扬压力）：

$$(20-4) \times 10 \times b^2/2 = 80\, b^2$$

（2）墙前被动土压力的力矩：

$$1200 \times 2 = 2400 \text{kN} \cdot \text{m}$$

（3）墙后主动土压力的力矩：

$$800 \times 4 = 3200 \text{kN} \cdot \text{m}$$

（4）$k = \dfrac{抗倾覆力矩}{倾覆力矩} = \dfrac{80b^2 + 2400}{3200} = 1.2$

（5）$80b^2 = 1.2 \times 3200 - 2400 = 1440$

$$b^2 = 18, \quad b = 4.24 \text{m}$$

第6章 锚固支护

6.1 岩土锚固的特点和应用

岩土锚固是通过埋设在地层中的锚杆，将结构物与地层紧紧地联结在一起，依赖锚杆与周围地层的抗剪强度传递结构物的拉力或使地层自身得到加固，以保持结构物和岩土体的稳定。与完全依靠自身的强度、重力而使结构物保持稳定的传统方法相比较，岩土锚固尤其是预加应力的岩土锚固具有许多鲜明的特点。

（1）能在地层开挖后，立即提供支护抗力，有利于保护地层的固有强度，阻止地层的进一步扰动，控制地层变形的发展，提高施工过程的安全性。

（2）提高地层软弱结构面、潜在滑移面的抗剪强度，改善地层的其他力学性能。

（3）改善岩土体的应力状态，使其向有利于稳定的方向转化。

（4）锚杆的作用部位、方向、结构参数、密度和施作时机可以根据需要方便地设定和调整，能以最小的支护抗力，获得最佳的稳定效果。

（5）将结构物与地层紧密地联结在一起，形成共同工作的体系。

（6）伴随着结构物体积的减小，能显著节约工程材料，有效地提高土地的利用率，经济效益十分显著。

（7）对预防、整治滑坡，加固、抢修出现病害的结构物具有独特的功效，有利于保障人民生命财产安全。

岩土锚固具有广泛的应用领域。主要用于以下各类工程：

（1）边坡稳定工程（图6-1），如边坡加固、斜坡稳定、挡墙锚固、滑坡防治等。

（2）深基坑工程（图6-2），如地下室支挡、地下室或坑洼式结构物抗浮、地下停车场抗倾与抗浮，地下铁道或地下街的稳定等。

（3）抵抗倾覆的结构工程（图6-3），如防止高塔及高架桥的倾倒，坝体与挡墙的稳定等。

（4）隧洞与地下工程（图6-4），如隧洞支护；控制隧洞或竖井围岩变形等。

（5）冲击区的抗浮与防护（图6-5），如坝下游冲击区的抗浮与保护；排洪隧洞冲击区的保护等。

（6）加压装置（图6-6），通过锚固对桩基和沉箱等施加反力。

（7）各种构筑物的基础稳定和加固（图6-7），如防止桥墩基础滑动，悬臂桥锚固、悬索桥受拉基础的锚固和大跨度拱结构的稳定。

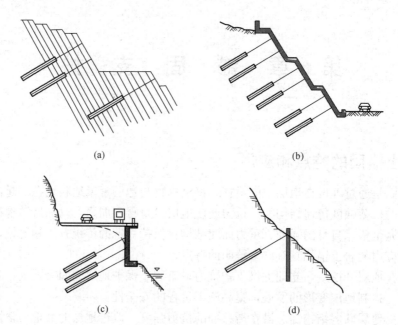

图 6-1　岩土锚固在边坡稳定与滑坡整治工程中的应用

（a）边坡加固；（b）斜坡稳定；（c）挡墙锚固；（d）滑坡防治

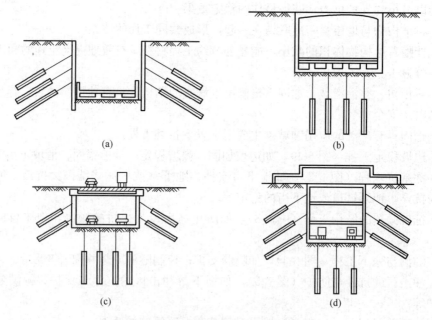

图 6-2　岩土锚固在深基坑工程中的应用

（a）地下室支挡；（b）地下室或坑洼式结构物抗浮；
（c）地下停车场抗倾与抗浮；（d）地下铁道或地下街的稳定

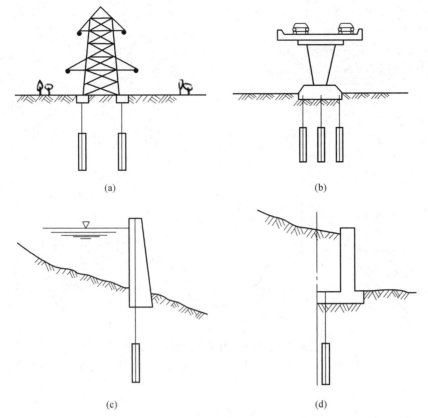

图6-3　岩土锚固在抗倾覆结构工程中的应用

（a）防止高塔倾倒；（b）防止高架桥的倾倒；（c）坝体稳定；（d）挡墙稳定

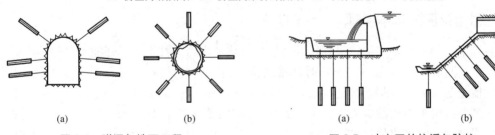

图6-4　隧洞与地下工程

（a）隧洞支护；（b）控制隧洞或竖井围岩变形

图6-5　冲击区的抗浮与防护

（a）坝下游冲击区的抗浮与保护；（b）排洪隧洞冲击区的保护

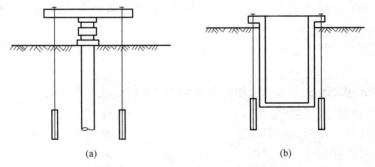

图6-6　岩土锚固在结构加压中的应用

（a）桩基荷载试验；（b）沉箱下沉的加重

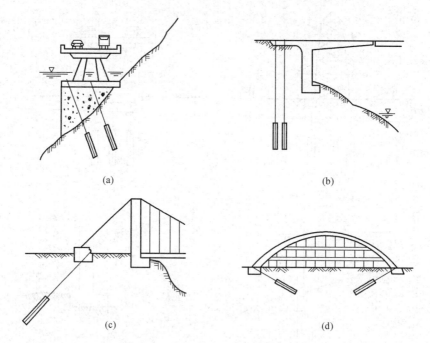

图 6-7　岩土锚固用于结构物的稳定

（a）防止桥墩基础滑动；（b）悬臂桥锚固；（c）悬索桥受拉基础的锚固；（d）大跨度拱结构的稳定

6.2　基本原理与力学作用

6.2.1　岩土锚固的基本原理

　　岩层和土体的锚固是一种把锚杆埋入地层进行预加应力的技术。锚杆插入预先钻凿的孔眼并固定于其底端，固定后，通常对其施加预应力。锚杆外露于地面的一端用锚头固定。一种情况是锚头直接附着在结构上，以满足结构的稳定。另一种情况是通过梁板、格构或其他部件将锚头施加的应力传递于更为宽广的岩土体表面。岩土锚固的基本原理就是依靠锚杆周围地层的抗剪强度来传递结构物的拉力或保持地层开挖面自身的稳定，主要功能是：

　　（1）提供作用于结构物上以承受外荷的抗力，其方向朝着锚杆与岩土体相接触的点（图 6-8）。

　　（2）使被锚固地层产生压应力（图 6-9），或对被通过的地层起加筋作用（非预应力锚杆）。

　　（3）加固并增加地层强度，也相应地改善了地层的其他力学性能。

　　（4）当锚杆通过被锚固结构时，能使结构本身产生预应力。

　　（5）通过锚杆，使结构与岩石联结在一起，形成一种共同工作的复合结构，使岩石能更有效地承受拉力和剪力。

　　锚杆的这些功能是互相补充的。对某一特定的工程而言，也并非每一个功能都发挥作用。

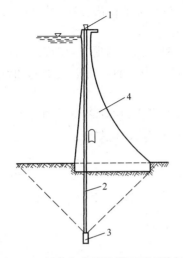

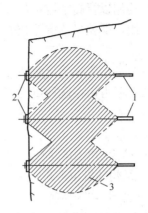

图 6-8　坝体与基岩的锚固原理简图　　　图 6-9　用预应力锚杆稳定岩石边坡的简图

1—锚头；2—锚杆；3—锚根（锚固体）；　　　　1—锚根（锚固体）；2—锚头；

4—被锚固的结构　　　　　　　　　　　3—施加预应力的岩体

若采用非预应力锚杆，则在岩土体中主要起简单的加筋作用，而且只有当岩土体表层松动变位时，才会发挥其作用。这种锚固方式的效果远不及预应力锚杆。

效果最好与应用最广的锚固技术是通过锚固力能使结构与岩层联结在一起的方法（图 6-8、图 6-9）。根据静力分析，可以容易地选择锚固力的大小、方向及其荷载中心。由这些力组成的力系作用在结构上，从而能最经济有效地保持结构的稳定。采用这种应用方式的锚固使结构能抵抗转动倾倒、沿底脚的切向位移、沿下卧层临界面上的剪切破坏及由上举力所产生的竖向位移。

6.2.2　岩土锚固的力学作用

1. 抵抗倾倒

建筑结构物抵抗倾倒的稳定性取决于作用于其转动边上的正、负弯矩值。一般可用式（6-1）来衡量这种稳定性。

$$m = \frac{M^{(-)}}{M^{(+)}} \tag{6-1}$$

对稳定性有利的负弯矩完全取决于结构物的重力和该重力中心至基底转动边的距离。结构物的稳定性一般都可由施加锚固力的方法取得有效的改进。

锚固力的优越性是其荷载中心可位于距转动边的最大距离处。因此可通过较小的力产生所需的抗倾倒弯矩。结构抵抗倾倒所需的锚固力可由式（6-2）计算：

$$P = \frac{mM^{(+)} - M^{(-)}}{t_\mathrm{p}} \tag{6-2}$$

式中　　P ——锚固结构抵抗倾倒所需的锚固力（垂直作用于结构底面）；

m ——抵抗倾倒的安全系数（1.5～2.0）；

$M^{(+)}$、$M^{(-)}$ ——分别表示锚固前作用于结构上的正弯矩或负弯矩之和；

t_p ——根据结构物形状确定的锚固力力矩半径。

如果锚固力与基底的垂直方向偏离一个角度，则所需的锚固力应增加为：

$$P' = P/\cos\psi \tag{6-3}$$

当锚固结构用以提高结构物抵抗倾倒的安全度时，则采用预应力锚固结构为宜。若采用非预应力锚固，那就只承受由结构倾斜所产生的应力，而不可能发生力和弯矩的有效组合。

当采用着力点与紧靠受荷面基底 1/3 处相连接的预应力锚杆时，会在整个基底的下承面上产生永久性压力，在这种情况下，底脚具有的承载力限值如下：

$$N = 1/2dK_z \tag{6-4}$$

$$M = 1/12dK_z \tag{6-5}$$

式中 N——结构的极限轴向力；

M——结构的极限弯矩；

K_z——底脚的极限应力。

当采用非预应力锚杆时，由结构荷载产生的拉力只出现在基底的一侧（图 6-10b）。非预应力锚杆的伸长会导致结构的一侧翘起。

受外力作用的有倾倒危险的其他构筑物即是基坑和沟槽周边设置的挡土桩墙及类似结构物（图 6-11）。采用悬臂桩墙来支挡较深的基坑时，由于结构内的弯矩大，入土深度大，位移也大，往往难以满足基坑及其周边结构物稳定的要求。如果用于基坑支挡结构是用锚杆固定的，则在开挖过程中可以将拉固桩墙的锚杆设置在最适当的位置上，其最大的优越性是基坑内可不设支撑，使挖土机械在基坑内自由活动，从而加快了工程进度。

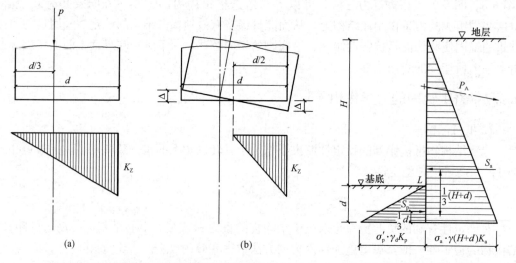

图 6-10   预应力锚杆对底脚承载力的增大效果
（a）将应力传递给整个基底的预应力锚杆；
（b）只使一部分基底受荷载的非预应力锚杆

图 6-11   土压力作用下的挡土桩墙

2. 抵抗竖向位移

竖向变位引起的破坏常发生于槽坑式结构，这是因为，在高地下水位情况下，结构的重量包括抵抗地下水的上浮力。

尽管可以采取特殊方法防范不利荷载组合的发生，例如当仓库、水库放空时，可以用泵排除地下水。但这些方法可能因泵送设备的技术故障或由于紧急关头不能及时投入使用而失效。因此为保证结构的永久稳定，必须增加结构重量或将其锚固于下卧层中，以增强结构对竖向位移的抵抗能力（图 6-12）。

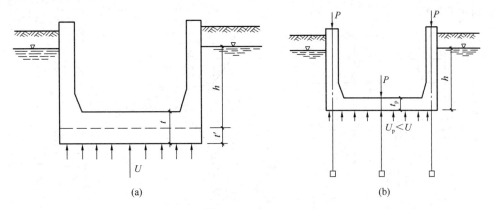

图 6-12 采用不同方法抵抗上浮力引起的竖向位移
(a) 增加结构底部的体积；(b) 将结构锚固于地层

第一种方法是增加结构的重量。通常是把结构基底的厚度 t 增加了一个数值 t'，但这样会使基底进一步下降，从而又增大了上浮力。

假如完全依靠结构重量抵抗上浮力的影响以保证结构稳定，那么基底的厚度必须增加（一个厚度 t'），根据受力的平衡条件：

$$m_V F(h + t') \gamma_V \leqslant F(t_p + t') \gamma_b$$

$$t' = \frac{\gamma_b \, t_p - m_V h \gamma_V}{m_V \, \gamma_V - \gamma_b} \tag{6-6}$$

整个结构基底需要增加的重量为：

$$G' = \gamma_b t' F = \gamma_b \frac{\gamma_b \, t_p - m_V h \gamma_V}{m_V \, \gamma_V - \gamma_b} F \tag{6-7}$$

式中 γ_b——结构砌体的重度；

     γ_V——水的重度；

     h——基底面以上的地下水位高度；

     t_p——基底厚度；

     F——基底面积；

     m_V——上浮的安全系数（1.05～1.20）。

第二种方法是将结构锚固于下卧地层中，所需的锚固力小于前一种方法中基底增加的质量，可用下面的平衡式计算锚固力：

$$m_V F h \gamma_V = F t_p \, \gamma_b + P \tag{6-8}$$

整理后可得：

$$P = F(m_V h \gamma_V - t_p \, \gamma_b) \tag{6-9}$$

3. 控制地下洞室围岩变形和防止塌落

地下开挖会扰动岩体原始的平衡状态，导致岩石变形、松散、破坏乃至塌落。锚固技术则是采用加固岩层，利用岩层的自支承力的原理来稳定岩体。岩石锚固的方式一般有两种，一种是用非预应力锚杆以承受拉力及一定的剪力来稳定岩体。另一种是用预应力锚杆锁紧岩层介质，它能对围岩主动地、及时地提供抗力，使开挖后的岩石尽快避免处于单轴或两轴应力状态，而是进入三轴应力状态，以保持围岩的固有强度（图 6-13），并提高软弱结构面的抗剪强度。

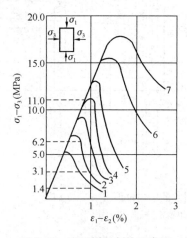

图 6-13　不同侧限条件下岩石的应力-应变曲线

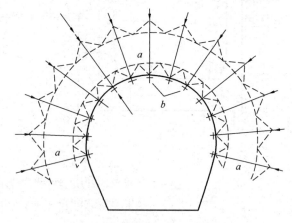

图 6-14　用均布预应力锚杆加固松散岩石
a—压应力环；b—预应力锚杆

这种预应力锚固技术既能使洞室表层不稳固岩体与较深部位的岩层在力学意义上成为一个整体；又能使表层松动岩体转化为加筋的压缩体（压应力环），如图 6-14 所示。该压缩体能够承受自身重量和阻止深部岩石的任何松动，因此能显著改善洞室的稳定性。

岩石锚固作为奥地利新隧洞设计施工法的三大支柱之一，其功能是促使围岩由荷载物变为支护结构的重要组成部分，最大限度地发挥围岩的自承作用，以较小的支护抗力维护洞室的稳定。

4. 阻止地层的剪切破坏

采用预应力锚杆加固边坡，能提供需要的抗滑力（图 6-15），并能提高潜在滑移面上

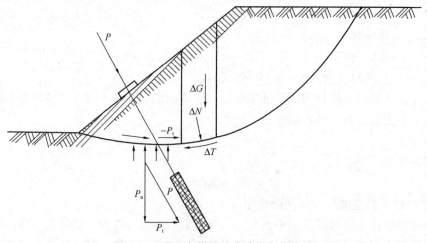

图 6-15　预应力锚杆对边坡稳定的作用

的抗剪强度，有效地阻止边坡的位移。在土层中，边坡的稳定问题常用条分法求解，安设预应力锚杆后的边坡稳定安全系数可用式（6-10）表达。

$$m = \frac{f(\Sigma \, \Delta N + P_n) + \Sigma \, C \Delta L}{\Delta T \pm P_t} \tag{6-10}$$

式中 ΔN ——作用在一条剪切面上的重力 G 的垂直分力；

     $f = \tan\varphi$ ——剪切面的摩擦系数；

       C ——剪切面的黏结力；

       ΔL ——一条剪切面的宽度；

       ΔT ——作用在一条剪切面上重力 G 的切向分力；

       P_n ——锚固力的垂直分力；

       P_t ——锚固力的切向分力；

       m ——安全系数。

     在岩体中，由于岩石产状及软硬程度存在显著的差异，岩石边坡可能出现不同的失稳和破坏模式，如滑移、倾倒、转动破坏或软弱风化带剥蚀等。锚杆的安设部位和倾角应当最有利于抵抗边坡的失稳或破坏，一般锚杆轴线应与岩石主结构面或潜在滑动面呈大角度相交（图 6-16）。

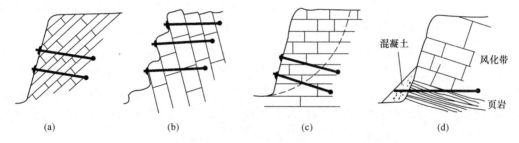

图 6-16   用锚杆增强岩石边坡的稳定性

（a）锚杆平衡下滑力；（b）锚杆抵抗倾倒；（c）锚杆抵抗转动破坏；
（d）锚杆与混凝土共同加固并保护软弱风化带

5. 抵抗结构物基底的水平位移

     坝体等结构对水平位移的阻力在很多情况下是由其自重决定的，如图 6-17 所示。除自重外，水平方向的稳定，也依靠基底平面的摩擦系数。结构沿基底面剪切破坏的安全系数可由式（6-11）求得：

$$m = \frac{Nf}{T} \tag{6-11}$$

式中 m ——剪切破坏安全系数；

     N ——垂直作用于基础底面的力的总和；

     T ——使结构产生水平位移的平行于基础底面的切向力总和；

     f ——基底面的摩擦系数。

     采用预应力锚固方法，所要求的垂直于基础底面的锚固力 P 可由式（6-12）求得。

$$P = \frac{mT}{f} - N \qquad\qquad (6-12)$$

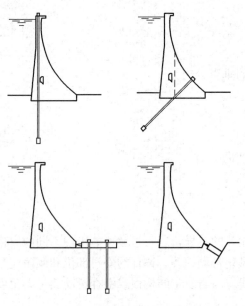

图 6-17　坝体锚固作用示意图

6.预加固地基

锚固处理能使地基受到压缩，因此，锚固可在各类结构物建造前使得地基得到加固，以消除地基的极度沉陷对结构产生附加应力或使结构物破坏。

预应力锚固可用于紧靠新筑土石方工程（堆土坝、堆石坝）的静不定结构基础，以调整结构的任何不均匀沉降，而避免结构物破坏。在不同地层上建造基础会出现不均匀沉降，此外由于边缘区受荷或靠近建筑物边缘区建造新的建筑物，而使变形集中于结构物中心，都可用预应力锚固技术消除差异变形或差异沉降。

对地基预加固所需的锚固力，应根据结构物建成后作用于地基的永久荷载和施工前对地基固结的期限长短而定。在短期内进行预先固结肯定要比较长时间内进行预先固结所需的锚固力大得多。

在荷载影响固结过程的期限内，这种荷载的大小与固结处理时间的长短并不是线性关系。它们之间的关系，主要取决于塑性土体中孔隙水的含量和土体的渗透性。从固结作业的经验得知：对于渗透性差的土体，有效的办法是在预加荷载下进行较长时间的固结，对于渗透性好的土体则可在较短时间内用较大荷载进行固结。在所有情况下，用于预先固结的锚固力都应大于以后结构本身加于地基的荷载。

6.3　锚杆的类型与工作特征

6.3.1　预应力与非预应力锚杆

对无初始变形的锚杆，要使其发挥全部承载能力则要求锚杆头有较大的位移。为了减少这种位移直至到达结构物所能容许的程度，一般是通过将早期张拉的锚杆固定在结构物、地面厚板或其他构件上，以对锚杆施加预应力，同时也在结构物和地层中产生应力，这就是预应力锚杆。预应力锚杆与非预应力（普通）锚杆的结构构造与基本原理存在差异（图 6-18），两者在地层中的力系是截然不同的。两者的一般力学特性如图 6-19 所示。

预应力锚杆除能控制结构物的位移外，具有多方面的优点。锚杆的预应力水平视工程要求而异，通常是等于或略小于锚杆拉力设计值。

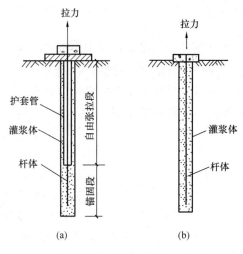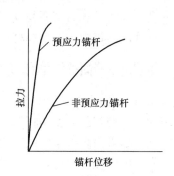

图 6-18 预应力锚杆与非预应力锚杆
结构构造的比较
（a）预应力锚杆；（b）非预应力锚杆

图 6-19 预应力锚杆与非预应力锚杆
受力特性的比较

6.3.2 拉力型与压力型锚杆

锚杆受荷后，杆体总是处于受拉状态的。拉力型与压力型锚杆的主要区别是在锚杆受荷后其固定段内的灌浆体分别处于受拉或受压状态。

拉力型锚杆（图 6-20a）的荷载是依赖其固定段杆体与灌浆体接触的界面上的剪应力（黏结应力）由顶端（固定段与自由段交界处）向底端传递的。锚杆工作时，固定段的灌浆体易出现张拉裂缝，防腐性能差。

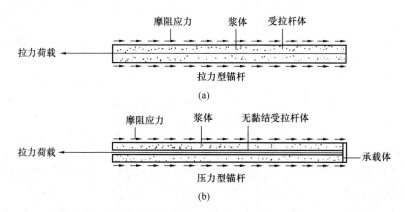

图 6-20 拉力型与压力型锚杆结构示意图
（a）拉力型锚杆；（b）压力型锚杆

压力型锚杆（图 6-20b）则借助无黏结钢绞线或带套管钢筋使之与灌浆体隔开和特制的承载体，将荷载直接传至承载体的底部，由底端向固定段的顶端传递。这种锚杆虽然成本略高于拉力型锚杆，但由于其受荷时，固定段的灌浆体受压，不易开裂，多用于永久性锚固工程。

国内外的一些研究资料表明，在同等荷载条件下，拉力型锚杆固定段上的应变值要比压力型锚杆的大。这说明遭遇锈蚀侵袭的拉力型锚杆存在潜在的危险性。

压力型锚杆的承载力则要受到锚杆横截面内灌浆体抗压强度的限制，因此在钻孔内仅采用一个承载体的集中压力型锚杆，不可能被设计成有较高的承载力。

6.3.3　单孔单一锚固与单孔复合锚固

1. 单孔单一锚固

传统的拉力型与压力型锚杆均属单孔单一锚固体系。它是指在一个钻孔中只安装一根独立的锚杆，尽管由多根钢绞线或钢筋构成锚杆杆体，但只有一个统一的自由长段和固定长度。在岩土体中埋设锚杆，由于围绕杆体的灌浆体与岩土体的弹性特征难以协调一致，因此锚杆受荷时，不能将荷载均匀分布在固定长度上，会出现严重的应力集中现象。在多数情况下，随着锚杆上荷载的增大，在荷载传至固定长度最远端之前，在杆体与灌浆体或灌浆体与地层界面上就会发生黏结效应逐渐弱化或脱开。这会大大降低地层强度的利用率，当处于固定长度深部的地层强度被利用的条件下，那么固定段前端的地层已超出其极限强度值，该处锚杆与岩体界面上只具有某些残余强度。

图 6-21 为在中密到密实的砂中测得了拉力型锚杆的拉力荷载及黏结应力沿固定段长度的分布。

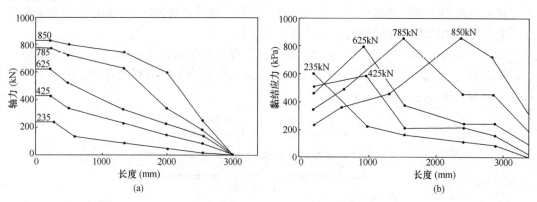

图 6-21　拉力荷载与黏结应力沿固定段长度的分布

（a）锚杆的轴力曲线；（b）锚杆的黏结应力曲线

此外，目前广泛采用的单孔单一锚固型锚杆均为集中拉力型锚杆，其锚固体在工作时受拉，易开裂，为地下水的渗入提供通路，对防腐极为不利，影响锚杆的使用寿命。

2. 单孔复合锚固

单孔复合锚固体系（SBMA 法）是在同一钻孔中安装几个单元锚杆，而每个单元锚杆均有自己的杆体、自由长度和固定长度，而且承受的荷载也是通过各自的张拉千斤顶施加的，并通过预先的补偿张拉（补偿各单元锚杆在同等荷载下因自由长度不等而引起的位移差）而使所有单元锚杆始终承受相同的荷载。采用单孔复合锚固体系，由于能将集中力分散为若干个较小的力分别作用于长度较小的固定段上，导致固定段上的黏结应力值大大减小且分布也较均匀,能最大限度地调用锚杆整个固定范围内的地层强度(图 6-22)。此外,使用这种锚固系统的整个固定长度理论上是没有限制的,锚杆承载力可随固定长度的增加而提高。

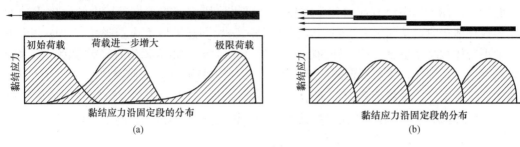

图 6-22 单孔单一锚固与单孔复合锚固型锚杆工作性能比较

(a) 单孔单一锚固体系;(b) 单孔复合锚固体系

若锚杆的固定段位于非均质地层中,则单孔复合锚固体系可合理调整单元锚杆的固定长度,即比较软弱的地层中单元锚杆的固定长度应大于比较坚硬地层中单元锚杆的固定长度,以使不同地层的强度都能得到充分利用。还应特别提出的是单孔复合锚固体系可采用全长涂塑的无黏结钢绞线,组成各单元锚杆的杆体。这种锚杆完全处于多层防腐的环境。

6.3.4 缝管锚杆

缝管锚杆最早是由美国 J.J 斯科特 (Scot) 博士设计的,并由美国英格索兰 (Ingrsoll-Rand) 公司生产,商标为开缝式稳定器 (Split set Stabilier)。缝管锚杆由纵向开缝的管体、挡环和托板三部分组成,其结构构造如图 6-23 所示。

缝管锚杆具有一般机械固定锚杆所不具备的力学特性,主要表现在以下几方面:

1. 对围岩施加三向预应力

缝管锚杆打入比其外径小 2.0～3.0mm 的钻孔中,开缝管体受到岩石孔壁的约束而产生环向应变,其环向应变远比纵向应变大。依赖这种径向力,使锚杆间的岩层挤紧,抑制围岩裂隙张开,阻止岩石滑移或坠落。

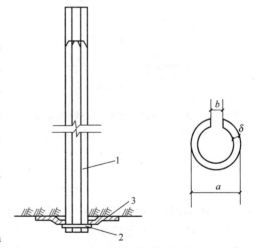

图 6-23 缝管锚杆的结构构造

1—开缝钢管;2—挡环;3—托板;

a—管体外径;b—缝宽;δ—管壁厚度

此外,在安装锚杆时托板紧贴在岩面上,对岩石也产生支承抗力,这样就对岩石产生三向预加应力,使围岩处于三维压缩状态(图 6-24)。

2. 锚杆安装后能立即提供支承抗力,有利于及时控制围岩变形

缝管锚杆在安装后马上就能提供较高的支承抗力,缝管锚杆的初始锚固力一般为35～70kN,这就能在早期及时地控制围岩变形。

3. 锚固力随时间而增加

端头式机械固定的锚杆在安装后会产生应力集中，由于岩层碎裂、爆破震动冲击、锚头蠕变或其他因素影响，锚杆锚固力会在使用过程中剧烈下降，甚至完全导致岩层失去约束。缝管锚杆在工作中没有应力集中现象，岩层的剪切位移或采掘过程中的爆破震动冲击，导致杆体折曲，从而进一步锚固岩层（图6-25）。在超限应力或膨胀性围岩中，由于钻孔缩小管体被挤得更紧，使锚杆的径向力增大。杆体在潮湿介质中有轻微锈蚀，管体表面粗糙度增大，杆体与岩石孔壁间的摩擦力提高。所有这些，都会使锚杆的锚固力随时间而增加。缝管锚杆支护抗力随时间而增长的特性符合"岩石—支护"协同变形所要求的"先柔后刚"的原理，特别对于流变特征明显的岩体更具有良好的适应性。

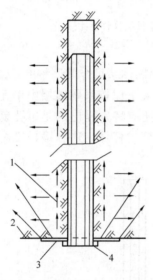 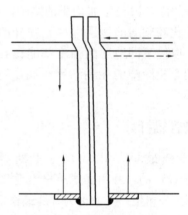

图6-24　锚杆周围的岩石处于三维压缩状态　　图6-25　岩石移动使缝管锚杆进一步锁紧岩石
　　1—杆体和托板作用在岩石上的力；　　　　　　　──→作用于岩石上的力；
　　2—岩石；3—托板；4—挡环　　　　　　　　　　---→岩石移动

4. 围岩位移后锚杆仍能保持较高的锚固力

缝管锚杆的一个重要特点是全长锚固，均匀受力。即使当锚杆与其周围的岩石发生相对滑动时，它仍保持着较高的锚固力（图6-26）。从图6-27中所示的锚杆从岩层中的拔出量与锚杆锚固力的关系曲线可见，当锚杆从岩层中被拔出 $50\sim100\text{mm}$ 时，锚杆锚固力约降低 $5\sim8\text{kN}$，实际上锚杆只损失了未与岩层接触那段长度上的摩擦阻力。当拔出部分的杆体被重新打入钻孔时，锚杆的锚固力就恢复原状。

上述情况说明，当岩石荷载大于锚杆的锚固力时，则锚杆在受力方向发生滑动；当锚杆承受的岩石荷载小于其锚固力时，锚杆即停止滑动，并在新的位置与岩层接触的长度上继续保持较高的锚固力，直到围岩进一步发生位移导致锚杆产生新的滑动。锚杆的这种既允许围岩发生位移又能保持一定支承抗力的特性，使其在承受较大的拉力或剪力时具有柔性卸载作用，在"锚杆—围岩"相互作用中，保持围岩位移与锚杆摩擦阻力间的动态平衡。

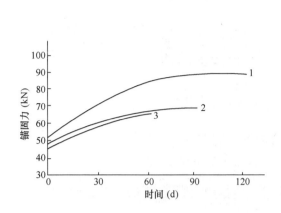

图 6-26 锚杆锚固力随时间而增长的曲线

1—黑色页岩；2—锰矿体；3—绿泥岩

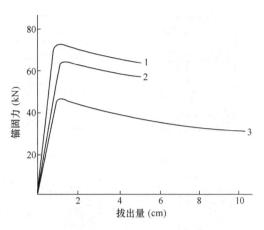

图 6-27 缝管锚杆的锚固力与拔出量的关系

1—砂岩体；2—锰矿体；3—绿泥岩

6.3.5 自钻式锚杆与中空锚杆

自钻式锚杆在 20 世纪 70 年代初首先应用于美国，80 年代末开始在我国得到成功应用。自钻式锚杆由中空螺纹杆体、钻头、垫板、螺母、连接套和定位套组成。钻杆即锚杆杆体，两者合一，在强度很低和松散地层中钻进后不需退出，并可利用中空杆体注浆，避免普通锚杆钻孔后坍孔卡钎及插不进杆体的缺点，先锚后注浆工艺可提高注浆效果。全长标准螺纹的杆体可方便垫板安装及用连接套接长，因而可在狭小的空间施工长度大于 10m 的长锚杆，定位套可保证杆体居中，保证锚杆杆体有均匀厚度的砂浆保护层。当杆体的自由段长度上套有 PE 套管，可以对其施加预应力，是一种颇有发展前景的新型锚杆。预应力自钻式锚杆结构构造如图 6-28 所示。

图 6-28 预应力自钻式锚杆结构构造

中空注浆锚杆是自钻式锚杆的简化和改型。自钻式锚杆价格较高，限制了它的推广应用，而普通砂浆锚杆又由于自身的缺陷往往不易保证施工质量，影响其锚固效果，迫切需要新产品替代，中空注浆锚杆正是在这样的背景下迅速发展起来的。

中空注浆锚杆是在钻孔完成后安设的，因而取消了钻头，并将杆体材料由合金钢改为碳素钢，保留了杆体是全螺纹无缝钢管以及有连接套、金属垫板、止浆塞等特点，使其仍可先锚后注浆，从而继承了锚杆孔注浆饱满以及注浆压力高、加固效果好等优点，而价格约比自钻式锚杆低 1/2～2/3。涨壳式中空锚杆施工步骤如图 6-29 所示。

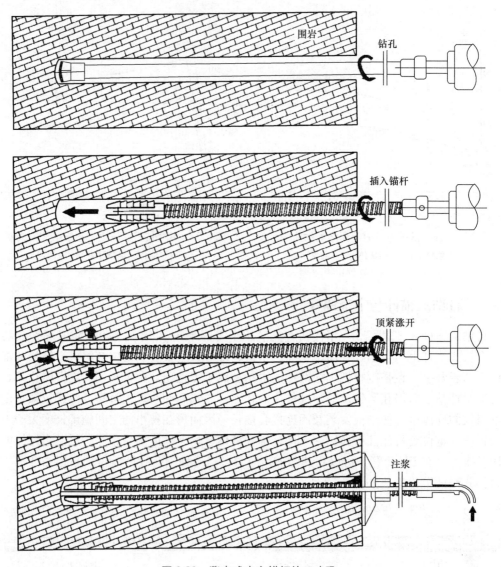

围岩

钻孔

插入锚杆

顶紧涨开

注浆

图 6-29 涨壳式中空锚杆施工步骤

6.4 锚杆内的荷载传递

6.4.1 荷载从杆体传递给灌浆体的力学行为

在实际工程中，锚杆可能以下列一种或几种形式发生破坏：

（1）沿着杆体与灌浆体的结合处破坏；

（2）沿着灌浆体与地层结合处破坏；

（3）地层岩土体破坏；

（4）杆体（钢绞线、钢丝、钢筋）的断裂；

（5）围绕杆体的灌浆体的压碎；

（6）锚杆群的破坏。

如前所述，在岩层锚固中，固定的最薄弱环节就是灌浆体与杆体间的黏结，而不是灌浆体与岩层间的黏结。这种灌浆体与杆体间的黏结包括以下 3 个因素：

（1）黏着力：即杆体钢材表面与灌浆体间的物理黏结。当这两种材料由于剪力作用产生应力时，黏着力就构成了发生作用的基本抗力。当锚固段发生位移时，这种抗力就会消失。

（2）机械咬合力：由于钢筋有肋节、螺纹和凹凸等存在，故在灌浆体中形成机械咬合。这种咬合力同黏着力一起发生作用。

（3）摩擦力：摩擦力的形成与夹紧力及钢材表面的粗糙度成函数关系。而且摩擦系数的量值也取决于摩擦力是否发生在沿接触面位移之前（摩擦系数量值较大）或位移过程中（此时表面上残留的摩擦系数较小）。

6.4.2 长锚杆界面受力计算理论

对长锚杆的受力特性做定量的计算分析，常用的计算方法是将灌浆体与杆体的这种黏结-滑移关系简化为线性或者非线性的切向弹簧（图 6-30）。该法的基本思想是把锚杆划分为许多弹性单元，每一个单元与岩体之间用弹簧联系，模拟锚杆-浆体之间的荷载传递关系，此种方法称之为荷载传递法。

荷载传递关系为室内试验测试得到的 τ-w 关系曲线。根据室内试验研究的结果，可以用三折线模型（图 6-31）来拟合锚固系统内界面的黏结力-剪切位移关系，其表达式为

$$\tau = \begin{cases} k_1 w & 0 \leqslant w \leqslant w_1 \\ k_2 w + (\tau_1 - k_2 w_1) & w_1 \leqslant w \leqslant w_2 \\ \tau_2 & w > w_2 \end{cases} \tag{6-13}$$

式中 τ ——锚杆界面黏结力；

     k_1 ——锚杆界面黏结材料弹性阶段的剪切刚度系数；

     w_1 ——弹性阶段极限位移；

     τ_2 ——锚杆界面的残余强度。

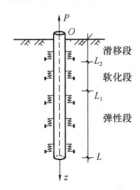

图 6-30 界面弹簧分析模型

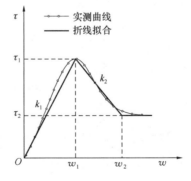

图 6-31 τ-w 曲线模型

当荷载继续增大，已经超过了弹性阶段的极限承载力，锚固系统界面的顶部开始出现软化和滑移，整个界面的受力由滑移段、软化段和弹性段 3 部分组成（图 6-30）。

锚杆-砂浆界面的本构模型为:

$$\frac{\mathrm{d}^2 w}{\mathrm{d}z^2} = \frac{\pi d}{E_s A}\tau(z)$$ (6-14)

联立式（6-13）与式（6-14）进行求解，得:

$$w = \begin{cases} C_1 e^{\beta_1 z} + C_2 e^{-\beta_1 z} & 0 \leqslant w \leqslant w_1 \\ C_3 e^{\beta_2 z} + C_4 e^{-\beta_2 z} - \dfrac{C}{\beta_2^2} & w_1 \leqslant w \leqslant w_2 \\ \dfrac{1}{2}Tz^2 + C_5 z + C_6 & w > w_2 \end{cases}$$ (6-15)

式中 C_1，C_2，C_3，C_4，C_5，C_6——待定系数，对其求一阶导数得:

$$\frac{\mathrm{d}w}{\mathrm{d}z} = \begin{cases} C_1 \beta_1 e^{\beta_1 z} - C_2 \beta_1 e^{-\beta_1 z} & L_1 \leqslant z \leqslant L \\ C_3 \beta_2 e^{\beta_2 z} - C_4 \beta_2 e^{-\beta_2 z} & L_2 \leqslant z \leqslant L_1 \\ Tz + C_5 & 0 \leqslant z \leqslant L_2 \end{cases}$$ (6-16)

1. 弹性段系数求解

明确受力边界条件与位移边界条件，联立方程组即可求得弹性段系数表达式。

受力边界条件为:

$$E_s A \frac{\mathrm{d}w}{\mathrm{d}z}\bigg|_{z=L} = 0$$ (6-17)

位移边界条件为:

$$w(L_1) = w_1$$ (6-18)

得到弹性段系数表达式为:

$$C_1 = \frac{w_1 e^{\beta_1 L_1}}{e^{2\beta_1 L} + e^{2\beta_1 L_1}}$$ (6-19)

$$C_2 = \frac{w_1 e^{\beta_1 L_1}}{e^{-2\beta_1 (L-L_1)} + 1}$$ (6-20)

2. 滑移段系数求解

明确受力边界条件与位移边界条件，联立方程组即可求得滑移段系数表达式。

受力边界条件为:

$$E_s A \frac{\mathrm{d}w}{\mathrm{d}z}\bigg|_{z=0} = P$$ (6-21)

位移边界条件为:

$$w(L_2) = w_2$$ (6-22)

得到滑移段系数表达式为:

$$C_5 = \frac{P}{E_s A}$$ (6-23)

$$C_6 = w_2 - \frac{1}{2}TL_2^2 - \frac{P}{E_s A}L_2$$ (6-24)

3. 塑性软化段系数求解

明确位移边界条件，联立方程组即可求得塑性软化段系数表达式。

位移边界条件为:

$$w(L_1) = w_1 \tag{6-25}$$

$$w(L_2) = w_2 \tag{6-26}$$

得到塑性软化段系数表达式为：

$$C_3 = \frac{e^{-\beta_2 L_1}(C + \beta_2^2 w_2) - e^{-\beta_2 L_2}(C + \beta_2^2 w_1)}{2\beta_2^2 \sinh[\beta_2(L_2 - L_1)]} \tag{6-27}$$

$$C_4 = -\frac{e^{\beta_2 L_1}(C + \beta_2^2 w_2) - e^{\beta_2 L_2}(C + \beta_2^2 w_1)}{2\beta_2^2 \sinh[\beta_2(L_2 - L_1)]} \tag{6-28}$$

6.4.3 长锚杆上拔过程受力分析

锚杆-砂浆界面的破坏是由于上拔荷载逐渐增大，界面剪应力随之增大的过程。其破坏过程如图 6-32 所示，当锚杆顶部位移达到弹性极限位移 w_1 时剪应力达到 τ_1 (图 6-32a)，此时锚杆界面处于弹性极限状态，对应的上拔荷载 P 为弹性极限荷载，记为 P_E。

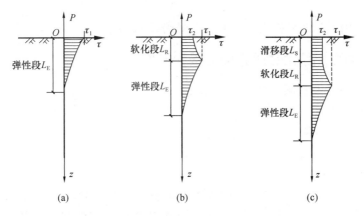

图 6-32 锚杆-砂浆界面剪应力的变化过程

弹性段长度 $L_E = L - L_1$，即 $L_1 = 0$，则此时对应锚杆顶端的上拔荷载为弹性极限荷载。

$$P_E = F(L_1) = E_s A[C_1 \beta_1 e^{\beta_1 L_1} - C_2 \beta_1 e^{-\beta_1 L_1}] \tag{6-29}$$

将弹性段系数表达式 C_1，C_2 代入式（6-29），得到化简后的弹性极限荷载 P_E。

$$P_E = -E_s A \beta_1 w_1 \tanh(\beta_1 L_E) \tag{6-30}$$

式中负号表示上拔荷载 P 的作用方向与图 6-30 中坐标规定的正方向相反。对于长锚杆，假如锚杆弹性段长度 L_E 足够长，则有：

$$\tanh(\beta_1 L_E) = 1 \tag{6-31}$$

即 $\beta_1 L_E \geqslant 3$ 时即可满足要求上式的要求。那么弹性段的长度达到 $L_E = 3/\beta_1$ 时，再加长锚杆长度也难以提高其弹性极限荷载。L_E 是锚杆弹性段的有效作用长度，即弹性应力作用的范围。则弹性极限上拔荷载可简化为：

$$P_E = -w_1 E_s A \beta_1 \tag{6-32}$$

当锚杆顶部位移超过 w_1 时，锚杆顶部部分界面产生塑性屈服，直到顶端位移达到 w_2 时界面剪应力强度退化到 τ_2 (图 6-32b)。此时锚杆界面处于塑性极限状态，此时对应的上

拔荷载 P_R 为塑性极限荷载。

软化段长度 $L_R = L_1 - L_2$，则有 $L_2 = 0$，此时软化段底端轴力与弹性段顶端轴力相等。

$$P(L_1) = P_E \tag{6-33}$$

通过迭代计算得出锚杆的软化段长度 L_R，求出锚杆顶端塑性极限荷载 P_R，简化后可得：

$$P_R = E_s A \left[\frac{(C + \beta_2^2 w_1) - (C + \beta_2^2 w_2)\cosh(\beta_2 L_R)}{\beta_2 \sinh(\beta_2 L_R)} \right] \tag{6-34}$$

如果上拔荷载继续增大，则上部界面产生滑移，软化段和弹性段继续向深处发展，锚杆顶端位移超过 w_2 时锚杆顶端界面开始开裂滑移（图6-32c）。此时锚杆上部滑移部分的剪应力大小等于残余强度 τ_2，滑移段长度 $L_S = L_2 - 0$，根据锚杆任一界面处轴力连续条件可知：

$$\frac{P}{E_s A} = \frac{P_R}{E_s A} - TL_S \tag{6-35}$$

上拔荷载作用下开裂滑移段的长度可根据式（6-35）计算。

6.4.4 锚杆-砂浆黏结滑移关系的有限元模拟

1. 界面弹簧理论与有限元分离式模型模拟

利用有限元分析软件 ANSYS 能够对锚杆-砂浆之间的黏结滑移关系进行模拟，按照荷载的传递方式，把钢筋和砂浆各自划分为足够小的单元，两者之间的黏结滑移关系用连接单元来模拟，称为分离式模型。常用的连接单元有弹簧单元、接触单元、零厚度节理单元及薄层单元。

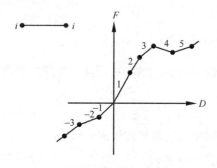

图6-33 非线性弹簧单元 combination39

根据软件中的弹簧单元 combination39 可以模拟界面的黏结滑移关系（图6-33）。该单元可以设置为两节点的单向弹簧，节点 I、J 可重合，即单元的长度可为零。通过定义单元的力（F）-位移（D）曲线（F-D 曲线）来描述单元的受力变形特性。

为了全面考虑钢筋和砂浆在界面上的相互作用，可在界面的节点上设置 3 个方向的弹簧单元来模拟二者的黏结滑移：

（1）纵向切向：该方向的相互作用集中反映了钢筋和砂浆之间的黏结滑移特性，其 F-D 曲线可根据试验测试得到的 τ-s 曲线确定，方法为：

$$F = \tau(D)A_i \tag{6-36}$$

式中 A_i——弹簧在对应连接面上所代表的面积（图6-34）。根据弹簧节点所在的位置可以分为中间弹簧、边界弹簧和角点弹簧，其对应的代表面积分别为：

中间弹簧 $A_i = (a+b)(c+d)/4$

边界弹簧 $A_i = (a+b)e/4 \tag{6-37}$

角点弹簧 $A_i = ef/4$

（2）横向切向：由于锚固结构在横切向既可能存在相互挤压、也可能存在相互分离，而这些因素所产生的影响已经包含在试验量测得到的黏结滑移本构关系之中。因此在横切向设置抗拉、抗压的刚度都非常大的弹簧，限制其黏结界面上的挤压和分离。

（3）法向：或者称为径向，发生相对滑移时，虽然钢筋和砂浆在径向的变形相对于滑移量要小得多，但是二者相互挤压的作用力却相当大，是界面切向摩擦力的主要来源。可以假设钢筋界面作用的法向

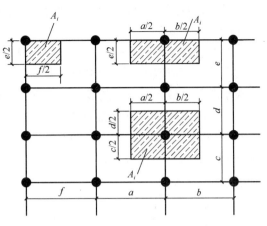

图 6-34　弹簧节点代表面积示意图

压力 q 与周围浆体的径向压缩位移 ΔR（水泥砂浆在硬化收缩过程中产生）成正比。

$$q = k_v \Delta R \tag{6-38}$$

式中　k_v——浆体在径向的弹性抗力系数，在地基工程中也称为基床系数。计算公式为：

$$k_v = \frac{E}{(1+v)R} \tag{6-39}$$

式中　E——砂浆的变形模量；

　　　v——砂浆的泊松比；

　　　R——锚杆半径。

2. 现场试验数据的拟合分析

在某山区进行岩石基础锚固抗拔现场试验中，锚杆为 $\phi42$ 光面钢筋，采用的抗压强度为 27.10MPa 的水泥砂浆，变形模量为 2.6×10^4MPa，钻孔直径为 150mm。首先进行室内短锚拔出实验，锚固钢筋直径为 42mm，锚固长度为 200mm，经试验测定并拟合得到该水泥砂浆的 $\tau\text{-}s$ 曲线。曲线的拟合模型为：

$$\tau(s) = \tau_0(e^{-as} - e^{-bs}) \tag{6-40}$$

式中　拟合参数 τ_0——单位为 MPa；

　　　拟合参数 a，b——待定系数；

　　　　　　s——滑移量，单位为 mm。拟合得到 $\tau_0 = 4.04$，$a = 0.41$，$b = 9.36$。

在现场试验中，锚固长度为 1.5m，在锚杆上开槽，布设应变片，经换算测试得到锚杆轴力沿深度的变化值（表 6-1）。

轴力随深度的变化实测值　　　　　　　　　　　　表 6-1

P (kN)	z (m)								
	0.15	0.3	0.45	0.6	0.75	0.9	1.05	1.2	1.35
160	73	58	36	26	24	20	18	13	8
200	109	98	59	38	35	26	23	15	7
240	147	139	90	60	51	34	31	20	8
280	187	177	126	86	69	48	41	26	10
300	215	202	149	107	88	61	51	33	14
320	229	214	161	116	96	68	56	35	15

对轴力进行拟合分析得到锚杆轴力沿深度的变化图形，拟合得到各级荷载作用下的界面剪切刚度（图 6-35）。

根据拟合结果可知：（1）在给定的荷载下，采用双曲线模型的轴力随深度变化的模型拟合实测值，可以取得良好的拟合效果；（2）由于锚杆浆体界面黏结滑移关系的非线性，在逐级加载的条件下，界面的线性剪切刚度呈软化的趋势。

3. 有限元模型建立及结果对比

利用 ANSYS 软件，建立锚固系统分析 1/4 模型（图 6-36），按照对轴力拟合得到的剪切刚度，进行各级荷载条件下的线性模拟，可以得到杆顶位移和界面最大剪应力（表 6-2）。

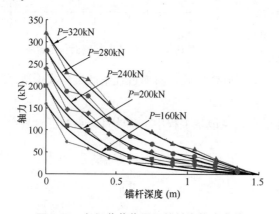

图 6-35　各级荷载作用下的轴力拟合曲线

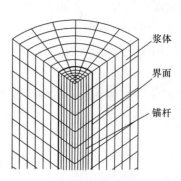

图 6-36　有限元模型局部放大图

实测值与计算值的对比　　　　　　　　　　表 6-2

P（kN）	$S_实$（mm）	$S_计$（mm）		误差（%）	τ_{max}（MPa）		k_a（MPa/mm）
		公式计算	ANSYS		公式计算	ANSYS	
160	0.14	0.19	0.19	36	3.61	3.12	19.54
200	0.21	0.27	0.28	30	3.83	3.36	14.10
240	0.37	0.40	0.40	7	3.87	3.42	9.92
280	0.62	0.54	0.55	−12	3.86	3.49	7.19
300	0.77	0.68	0.69	−10	3.56	3.29	5.21
320	1.00	0.74	0.75	−25	3.75	3.47	5.06

注：误差为计算位移 $S_计$ 和实际位移 $S_实$ 之间的相对误差。

由表 6-2 可知，按照公式法计算得到的杆顶位移与 ANSYS 线性分析的结果非常接近，ANSYS 计算位移结果要比公式法计算位移结果高出约 3%，可以认为二者的计算结果是一致的。与实测位移相比，在荷载由 160kN 增加到 240kN 的范围内，计算位移大于实测位移，说明拟合得到的剪切刚度要小于实际界面的剪切刚度。在荷载由 280kN 增加到 320kN 的范围内，计算位移小于实测位移，说明拟合得到的剪切刚度要大于实际界面的剪切刚度。但是二者的相对误差在 7%～36% 的范围内，从岩石基础锚固工程的实际上看，这样的计算误差可以被接受。

6.5 锚固深度

结构能成功地锚固于地层取决于地层抵抗锚杆被拔出的抗力。这种抗力必须等于或大于锚杆上的作用力与其所需安全系数的乘积。该抗力主要是由地层的力学性质，特别是它的剪切强度，即承受锚杆锚固体压缩应力那部分地层和不受这种应力直接作用的那部分地层之间的剪切强度决定的。地层的抗力还取决于锚杆的构造，特别是锚杆锚固段的直径和长度以及固定于地层的方法。

6.5.1 坚硬岩石中的锚固深度

抵抗锚杆锚固体被拔出的抵抗力取决于岩层的抗剪强度 τ，而坚硬岩层的抗剪强度约等于抗压强度的 1/12。

在均质岩土中，锚杆的影响区扩展为顶角呈 90°、轴线与锚杆中心线相重合的圆锥形。单根锚杆（图 6-37a）所需的埋设深度 h 为：

$$h = \sqrt{\frac{mP}{\sqrt{2}\tau\pi}} \tag{6-41}$$

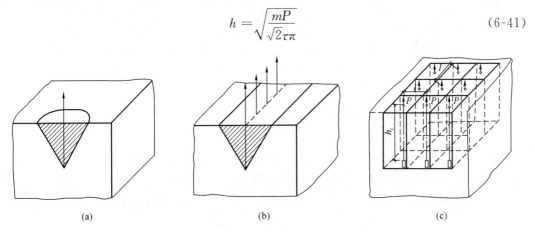

图 6-37 均质岩层中张拉锚杆的压应力传递形式
(a) 单根锚杆；(b) 一行锚杆；(c) 格子形布置的锚杆群

对于一行锚杆（图 6-37b）其影响区扩展为顶角 90° 的三角形棱柱体截面，锚杆的埋设深度：

$$h = \frac{mP}{\sqrt{8}\tau l} = \frac{mP}{2.83\tau l} \tag{6-42}$$

假定在使用荷载下（并施加应力），锚杆被连根拔出仅受到锚杆影响区岩层重量的抵抗（图 6-37c），那么，锚固所需的深度可由式（6-43）决定：

$$h = \frac{mP}{\gamma l^2} \tag{6-43}$$

式中　P——锚固力设计值；

　　　τ——岩石地抗剪强度；

　　　l——锚杆间距；

　　　γ——岩石重力密度；

m ——锚杆连根拔出的安全系数。

公式（6-41）和式（6-42）中的 m 可取 2.0~4.0；公式（6-43）的 m 可取 1.2~1.5。此外公式（6-42）和式（6-43）用以计算锚固深度，两式中的 L 应小于公式（6-41）的 h 和内摩擦角正切的乘积，即 $L \leqslant h\tan\varphi$。

6.5.2 破碎或者软弱岩层中的锚固深度

岩石的抗剪强度常因不连续面而降低，并取决于这些不连续面的产状及其与作用力方向间的组合关系。抵抗锚杆被拔出的力是由沿这些不连续面的摩擦力、角变位的抗力和固结岩石的抗剪强度按不同比例组成的。岩层的走向与锚杆轴线垂直对锚杆固定最为有利，这是因为剪切应力可扩展为如同均质岩层中一样的圆锥形的破坏形态。当锚杆轴线平行于岩石的若干不连续面时，其抵抗锚杆被拔出的力就最小（图 6-38）。

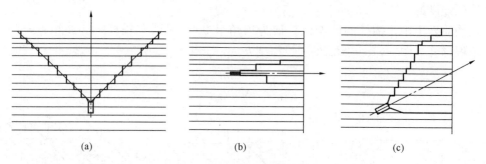

图 6-38 锚杆轴线与坚硬岩层不连续面夹角对岩石介质锚固的影响方式和程度

（a）锚杆轴线与不连续面垂直；（b）锚杆轴线与不连续面平行；（c）锚杆轴线与不连续面呈一锐角

假如岩石的不连续面只有 一组，例如层状岩石，且岩层层厚与锚杆锚固段的横截面相等，则锚杆的抗拔力只取决于岩板的抗剪强度。在这种情况下，不连续面上的黏结力和摩擦力可忽略不计，则这种岩板中心起着承受单一荷载层的作用。所需的锚固深度可由式（6-44）计算：

$$h = \frac{mP}{2\sqrt{2}\tau d} = \frac{mP}{2.83\tau d} \tag{6-44}$$

式中 d ——锚杆与锚固体直径。

因此只要有可能，锚杆应与层面呈最大的角度，以便把荷载扩展到最多的层数。但岩体一般有两组或两组以上的不连续面，这就意味着如果将锚杆设置在最不利位置，对拉拔的抗力就会大大降低。对具有密集而不规则节理的岩体和强度较低的岩石，锚固深度可用捷克 L. Hobst 推导的公式确定。式中假定锚杆抗拔力就是岩块侧面的摩擦力，而锚杆上的应力也通过假定为圆筒形或圆锥形的岩块传递，其假定几何岩体的顶角为摩擦角 φ 的两倍。摩擦力的大小取决于由锚杆锚固体上举力所产生的侧向应力。该应力在地面附近为零，而逐渐增加到锚杆锚固体（根部）前端水平面的最终值 σ_h（图 6-39），σ_h 可由式（6-45）计算：

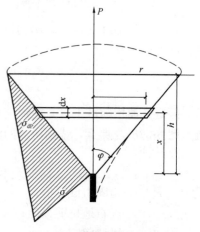

图 6-39 使锚固影响区侧面产生摩擦力的径向力

$$\sigma_h = \sigma_v k_0 \tag{6-45}$$

式中 $\sigma_v = \dfrac{P_{kr}}{F}$；$k_0 = \dfrac{\nu}{1-\nu}$；

     F——锚杆锚固体（根部）前端面积；

     P_{kr}——岩石破坏时，锚杆锚固体（根部）前端的压力；

     ν——岩石泊松比。

σ_v 或 F 由试验选定，或在工程较小的情况下取标准值，以保证锚杆根部不会从岩石中断开。

在岩石中单根锚杆所需的埋设深度为：

$$h = \sqrt{\frac{3mP}{\pi\sigma_h \tan^2\varphi}} \tag{6-46}$$

式（6-46）适用于在同一行锚杆中，锚杆轴线间距 $L > \sqrt{\dfrac{12P}{\pi\sigma_h}}$，若 $L < \sqrt{\dfrac{12P}{\pi\sigma_h}}$，对岩石中单根锚杆的埋设深度为：

$$h = \frac{L}{2\tan\varphi} + \frac{B + \sqrt{B^2 - \dfrac{l^4\,\sigma_h^2}{\tan^2\varphi}}}{2L\sigma_h} \tag{6-47}$$

式中 $B = \dfrac{l^2\,\sigma_h}{2\tan\varphi} + 2\cos\varphi\left(mP - \dfrac{l^2\pi\sigma_h}{12}\right)$。

格子形布置的锚杆群，其埋设深度可仍用公式（6-47）计算。

6.5.3 非黏性土中的锚固深度

在深度为 h 的位置上，锚固体（根部）截面为 F 的一根锚杆通过覆盖土层并承受其压力。如果对锚杆施加的拉力大小等于覆盖土层产生的压力，则该锚杆就不会移动。但用这种方法来确定锚杆的深度或锚杆截面，是过于安全和不经济的。

实际上，如果锚杆稍微拉出一点，以及锚杆周围和锚固体上部的地层有些变形，都是可以允许的，这样锚杆的荷载就可考虑较大一些。

土中锚杆的承载力取决于土的密实性。对于较为密实的土，其内摩擦角和横向膨胀系数都比未夯实土的大。同样作用在锚固体（锚根）上的较大的径向应力也发生在较为密实的土层中，这是由于锚杆根部楔形块体引起的应力，使土的抗剪强度增大，从而也增大了锚杆的抗拔力。在压密土的剪切破坏点，其体积有所增加（扩容现象），因此此也增加了上部地层的压力，可进一步阻止锚杆被拔出。

此外，对于不很密实的土，由于剪切破坏会增大土的密实度，因而会缩小土的体积。因而较松散的土层对于锚杆拉拔很难保证有足够的抵抗力。当锚杆被拔出时，在锚杆根部上方不发生剪切现象，很多情况是锚杆周围的土体产生塑性变形。

上述观点在模型试验与现场试验中得到了充分的验证。在密实的土体中，由于锚杆根部（锚固体）的压力，形成一个较为坚实的土体，把压力的影响沿锚杆拉力方向扩展到周围地层。受拉根部以上的剪切表面具有明确的界限（图 6-40）。破坏面呈漏斗形，其下部为锚杆根部，其上部形成圆锥体，锥体侧面则按土的最小内摩擦角 φ 倾斜。

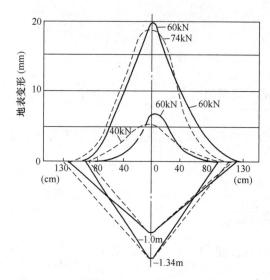

图 6-40　以不同拉力作用于根部直径为 20cm 的
试验锚杆上所产生的不同的地面变形
（可从变形情况推断锚杆根部上举力影响的土体形状）

在不密实的饱和土层中，锚杆拉拔引起土体颗粒向旁边移动，围绕锚固板成一近似圆周的路径。

1. 在干燥的非黏性土中的锚固深度

锚固在干燥的非黏性土层中的锚杆，确定其杆身长度的设定条件与应用于软岩的条件相同。在锚固设计前，应通过土的承载力试验，确定集中压力作用下土层的最大允许应力 σ_{kr}。由此可确定在所需锚杆荷载下，阻止周围土层产生塑性变形的锚杆锚固体最小截面积。根据 σ_{kr} 就可推导出受锚固体压力影响的作用于土体侧面的初始应力 σ_r。抵抗锚杆被拔出的摩擦力就发生在这一表面上。

计算中假定临界荷载极限 σ_{kr} 取决于承载锚固体表面上部 1m 以内处的锚杆的单位压力。则在这一高度以上出现的变形与深度显示出近似的线性关系：

$$\sigma_r = \sigma_{kr}\frac{\nu}{1-\nu}$$

假定摩擦作用只局限于受锚固力作用的这一部分土体，则锚杆杆身长度可由式（6-48）和式（6-49）计算。

对于单根锚杆：

$$h_s = \sqrt{\frac{3Pm_k}{\pi\sigma_r\tan^2\varphi}+1} \tag{6-48}$$

对于轴间距 $L < \sqrt{\dfrac{12P}{\pi\sigma_r}}$ 的一行锚杆：

$$h_s = \frac{L}{2\tan\varphi} + \frac{B+\sqrt{B^2-\dfrac{L^4\sigma_r^2}{\tan^2\varphi}}+1}{2L\sigma_r} \tag{6-49}$$

式中　$B = \dfrac{l^2\sigma_r}{2\tan\varphi}+2\cos\varphi\left(m_k P-\dfrac{L^2\pi\sigma_r}{12}\right)$，如果 $L > \sqrt{\dfrac{12P}{\pi\sigma_r}}$，则公式（6-48）是有效的；

　　　P——锚固力；

　　　φ——内摩擦角；

　　　σ_r——作用于锚固体以上受影响土体侧面的应力；

　　　L——锚杆轴线间的距离；

　　　m_k——锚杆被拔出的安全系数。

2. 在饱和的非黏性土中的锚固深度

当锚杆的锚固体从饱和的非黏性土中拉拔时，土体的体积并不增加。由于拔出的土体没有楔体作用，所以径向应力没有增加。

在无其他荷载作用时，土体中的应力完全由土体自重减去上浮力的作用所产生，这种应力的增加与深度呈线性关系，在深度 h 处垂直方向的应力为：

$$\sigma_r = (\gamma - 1)h$$

在水平方向的应力为：

$$\sigma_h = \sigma_v K_0 \qquad (6-50)$$

式中 $K_0 = \dfrac{\nu}{1-\nu}$（ν 为土体的泊松比）。

假定在锚杆的各个位置上，土体应力径向地作用于整个锚固体周围，则饱和的非黏性土在垂直方向的抗剪强度可由式（6-51）求得：

$$\tau_v = \sigma_h \tan\varphi \qquad (6-51)$$

在水平方向的抗剪强度为：

$$\tau_h = \sigma_v \tan\varphi \qquad (6-52)$$

沿着一根与水平方向呈 ψ 角度锚杆的土体的抗剪强度为：

$$\tau_z = \sigma_v \cos\psi \tan\varphi + \sigma_v \sin\psi = \sigma_v \cos\psi(\tan\varphi + \tan\psi) \qquad (6-53)$$

在计算土体对锚杆锚固体拔出的抗力时，假定剪力是作用于与锚固体同一轴心的圆柱体的侧面。这个圆柱体的直径为 d，等于锚固体的最大直径。长度为 h，等于锚固体中心到地表的距离，则 h 可以由式（6-54）表示：

$$h = \frac{P_{max}}{\pi d \tau} \qquad (6-54)$$

式（6-54）中将 τ 改换成用另外的参数表达，即可获得所需的锚固力 P 和安全系数 m_k，而垂直锚杆所必需的埋设深度为：

$$h_v = \sqrt{\frac{m_k P}{\pi d(\gamma-1)k_0 \tan\varphi}} \qquad (6-55)$$

水平锚杆的埋设深度为：

$$h_h = \frac{m_k P}{\pi d(\gamma-1)h_v \tan\varphi} \qquad (6-56)$$

倾斜锚杆的埋设深度为：

$$h_s = \frac{m_k P}{\pi d(\gamma-1)h_v \cos\psi(\tan\varphi + \tan\psi)} \qquad (6-57)$$

6.5.4 黏性土中的锚固深度

与非黏性土相比，黏性土抵抗锚杆连根拔出的能力较小。

大量的试验已经证实，对固定在黏性土中扩体的固定段（锚固段）进行加荷时，由于固定端以上的压缩土体中产生了横向应力，使摩擦力起着重要作用。因此，当计算锚杆杆身所需长度时，可以假定受预应力锚杆影响的土体是圆锥形的，其顶角等于内摩擦角 φ 的两倍。摩擦力和内聚力作用在这个锥体的侧面，这些分力的大小随固定锚杆的土的性质而变化。在一锚杆固定段深度处土层的抗剪强度都可根据库伦公式代入适当的 φ 和 C 值确定：

$$\tau = \sigma \tan\varphi' + C' \qquad (6-58)$$

从这一假设出发，同时考虑了从地表到固定端增加摩擦力的影响，并假定黏结力均匀分布于整个剪切面，则单根锚杆的锚固深度 h_z 可由式（6-59）求得：

$$h_z = \sqrt{\frac{3\,m_k P \cos\varphi}{\pi f(3C + \sigma_r f \cos\varphi)}} \tag{6-59}$$

式中土层特征取下列范围内的值：

$$C = 1 \sim 10\text{kPa}; \varphi = 10 \sim 25°; f = \tan\varphi$$

$$\sigma_r = \sigma_{kr}\nu/1 - \nu = 200 \sim 500\text{kPa}$$

当对一系列锚杆进行锚固时，则对抵抗锚杆拔出的抗力起作用的、受到影响的土层体积会随着锚杆间轴距的缩小而缩小。必要的锚固深度 h'_z 可用式（6-60）计算：

$$h'_z = \frac{m_k P \cos\varphi}{L(2C + f\sigma_r)} \tag{6-60}$$

公式（6-59）和式（6-60）的有效性取决于锚杆固定段周围土体的抗剪强度的大小，而抗剪强度肯定要受到土体含水率的影响。在实验室已观测到天然湿度的黄土中，所形成的锥形体剪切面在饱和后的土层中则形成不了锥体，并会在锚固板附近发生局部破坏。

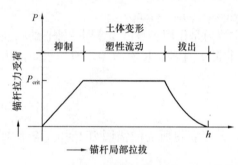

图 6-41　黏性土中带扩体固定段锚杆的拉拔
试验得出的荷载-变形曲线

对扩体固定段的竖向锚杆进行拉拔试验时观测到三个连续阶段的变形（图 6-41）。图中曲线的第一部分（到 P_{crit} 点为止）是线性的，相当于锚杆固定段以上部分土体的压力增加阶段，在此阶段没有破坏发生。第二部分代表扩体固定段在一个稳定的拉力 P_{crit} 作用下，土体连续的局部破坏，对地表没有明显的扰动。第三阶段开始于拉出固定段以上土体所需之力与 P_{crit} 相同之时，从这一点起，地表开始变形，拉力开始下降。

在不同现场进行的试验表明，固定在黏性土中的锚杆，其承载力取决于锚杆固定段的扩展直径。

习题

1. 单项选择题

[1] 某锚杆不同状态下的主筋应力及锚固段摩擦应力的分布曲线如图所示，问哪根曲线表示锚杆处于工作状态时，锚固段摩擦应力的分布？（　　）

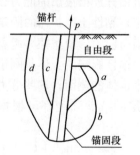

A. a　　　　　　　B. b　　　　　　C. c　　　　　　　D. d

[2] 基坑工程中，下列有关预应力锚杆受力的指标，从大到小顺序应为哪个选项？①极限抗拔承载力标准值；②轴向拉力标准值；③锁定值；④预张拉值。（　　）

A. ①＞②＞③＞④　　　　　　B. ①＞④＞②＞③

C. ①＞③＞②＞④　　　　　　D. ①＞②＞④＞③

[3] 在均质、一般黏性土深基坑支护工程中采用预应力锚杆，下列关于锚杆非锚固段说法正确的选项是哪个？（　　）

A. 预应力锚杆非锚固段长度与围护桩直径无关

B. 土性越差，非锚固段长度越小

C. 锚杆倾角越大，非锚固段长度越大

D. 同一断面上排锚杆非锚固段长度不小于下排锚杆非锚固段长度

2. 多项选择题

[1] 下列关于土钉墙支护体系与锚杆支护体系受力特性的描述，哪些是正确的？（　　）

A. 土钉所受拉力沿其整个长度都是变化的，锚杆在自由段上受到的拉力沿长度是不变的

B. 土钉墙支护体系与锚杆支护体系的工作机理是相同的

C. 土钉墙支护体系是以土钉和它周围加固了的土体一起作为挡土结构，类似重力挡土墙

D. 将一部分土钉施加预应力就变成了锚杆，从而形成了复合土钉墙

3. 案例分析题

[1] 一锚杆挡墙，肋柱的某支点 n 处垂直于挡墙面的反力 R 为 250kN，锚杆对水平方向的倾角 β 为 25°，肋柱的竖直倾角 α 为 15°，锚孔直径 D 为 108mm，砂浆与岩层间的极限剪应力 τ 为 0.4MPa，计算安全系数 K 取 2.5。当该锚杆非锚固长度为 2m 时，计算锚杆设计长度。

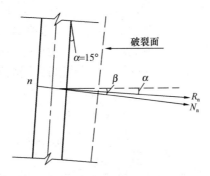

[2] 在图示的铁路工程岩石边坡中，上部岩体沿着滑动面下滑，楔形体下滑力为 $F=1220$kN，为了加固此岩坡，采用预应力锚索，滑动面倾角及锚索的方向如图所示。滑动面处的摩擦角为 18°，计算此锚索的最小锚固力。

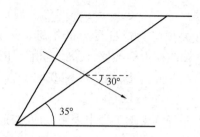

[3] 采用锚喷支护对某 25m 高的均质岩边坡进行支护。边坡所产生的侧向岩压力合力水平分力修正值（即单宽岩石侧压力）为 1800kN/m。若锚杆水平间距 $S_{xj}=4.0$m，垂直间距 $S_{yj}=2.5$m，试问单根锚杆所受的水平拉力标准值为多少？

[4] 某基坑侧壁安全等级为三级，垂直开挖，采用复合土钉墙支护，设一排预应力锚索，自由段长度为 5.0m。已知锚索水平拉力设计值为 250kN，水平倾角 20°，锚孔直径为 150mm，土层与砂浆锚固体的极限摩阻力标准值 $q_{sik}=46$kPa，锚杆轴向受拉抗力分项系数取 1.25。试问锚索的设计长度至少取何值时才能满足要求？

答案详解

1. 单项选择题

【1】A

【2】B

【3】D

《建筑基坑支护技术规程》JGJ 120—2012 第 4.7.5 条公式：

$$l_f \geqslant \frac{(a_1+a_2-d\tan\alpha)\sin\left(45°-\frac{\varphi_m}{2}\right)}{\sin\left(45°+\frac{\varphi_m}{2}+\alpha\right)}+\frac{d}{\cos\alpha}+1.5$$

非锚固段长度与支护桩直径 d 有关，选项 A 错误；土性越差，等效内摩擦角越小，理论滑动面与支护桩夹角越大，非锚固段长度越大，选项 B 错误；锚杆与理论滑动面垂直时的倾角为 α，此时非锚固段长度最小，则有倾角大于 α 和小于 α 时，非锚固段长度相同，选项 C 错误；由图可知，对于同一断面，上排锚杆非锚固段长度大于下排锚杆非锚固段长度，选项 D 正确。

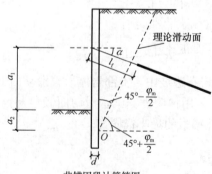

非锚固段计算简图

2. 多项选择题

【1】A、C

选项 B、D 混淆了锚杆和土钉的基本原理。选项 A、C 分别描述了锚杆支护体系和土钉墙支护体系的特性。

3. 案例分析题

【1】根据《铁路路基支挡结构设计规范》TB 10025—2019，锚杆长度包括非锚固长度和有效锚固长度。非锚固长度应根据肋柱与主动破裂面或滑动面的实际距离确定。有效长度应根据锚杆拉力计算并验算锚杆与砂浆之间的容许黏结力（有效锚固长度在岩层中不宜小于 4.0m，也不宜大于 10m）。

$$L \geqslant \frac{N}{\pi D[\tau]}, \quad [\tau] = \frac{\tau}{K}$$

式中 L——锚杆有效锚固长度；

     N——锚杆轴向拉力；

     D——锚孔直径；

     $[\tau]$——锚孔壁对砂浆的容许剪应力；

     τ——锚孔壁对砂浆的极限剪力；

     K——安全系数，取 $K=2.5$。

$$[\tau] = \frac{\tau}{K} = \frac{400}{2.5} = 160 \text{kPa}$$

$$N_n = \frac{R_n}{\cos(\beta - a)} = \frac{250}{\cos(25° - 15°)} = 253.9 \text{kPa}$$

$$L \geqslant \frac{N_n}{\pi D[\tau]} = \frac{253.9}{\pi \times 0.108 \times 160} = 4.68 \text{m}$$

锚杆长度为自由段加有效段长度，即 $4.68 + 2 = 6.68 \text{m}$。

【2】设锚索最小锚固力为 T，则 $T\cos25°\tan18° + T\sin25° = 1220$ $T = 1220/(0.294 + 0.423) = 1702 \text{kN}$

【3】 $e'_{ah} = \frac{E'_{ah}}{0.9H} = \frac{1800}{0.9 \times 25} = 80 \text{kN/m}^2$

$$H_{tk} = e'_{ah} S_{xj} S_{yj} = 80 \times 4 \times 2.5 = 800 \text{kN}$$

【4】$N = \gamma_0 \gamma_F N_K = \frac{200}{\cos20°} = 213 \text{kN}$

$$N_K = \frac{N}{\gamma_0 \gamma_F} = \frac{213}{0.9 \times 1.25} = 189 \text{kN}$$

$$R_K \geqslant K_t N_K = 1.4 \times 189 = 265 \text{kN}$$

$$R_K = \pi d \sum q_{sik} l_i$$

$$l_i \geqslant \frac{R_K}{\pi d \sum q_{sik}} = \frac{265}{3.14 \times 0.5 \times 46} = 3.67 \text{m}$$

锚杆设计长度 $L \geqslant 3.67 + 5 = 8.67 \text{m}$

第 7 章 地 下 连 续 墙

7.1 地下连续墙的概念

7.1.1 地下连续墙的定义

利用各种挖槽机械，借助于泥浆的护壁作用，在地下挖出窄而深的沟槽，并在其内浇筑适当的材料而形成一道具有防渗（水）、挡土和承重功能的连续的地下墙体，称为地下连续墙。欧美国家称为"混凝土地下墙"（Continuous Diaphragm Wall）或泥浆墙（Slurry Wall）；在我国称为"地下连续墙"或"地下防渗墙"。

给地下连续墙下一个严格的定义是困难的，因为：

（1）由于目前挖槽机械发展很快，与之相适应的挖槽工法层出不穷。

（2）有不少新的工法已经不再使用泥浆。

（3）墙体材料已经由过去以混凝土为主而向多样化发展。

（4）不再单纯用于防渗或挡土支护，越来越多地作为建筑物的基础。

此外，国外也有把上述地下墙分为两大类的，即凡是放有钢筋的、强度很高的叫作地下连续墙（Diaphragm Wall），无钢筋的和强度较低的叫作泥浆墙（Slurry Wall）。

7.1.2 地下连续墙的发展趋势

根据国内外地下连续墙的发展情况来看，有如下特点：

（1）地下连续墙正在向着刚性和柔性两个方向快速发展。这当然是和它的使用部位、施工设备和工艺以及地质条件等密切相关的。现在的刚性地下连续墙，混凝土强度已达 $50 \sim 70 \text{MPa}$，很多情况下还要配置大量钢筋，甚至使用钢结构；而柔性地下连续墙采用的材料，更是五花八门，其强度有时还不到 1MPa，但是却具有很高的抗渗能力，渗透系数远小于 $10^{-6} \sim 10^{-5} \text{cm/s}$。

（2）由于现代技术的发展，现在的地下连续墙的工程规模越来越大，可以做得更深（136m）、更厚（2.8m），墙身体积已达几十万立方米。

（3）地下连续墙不再只用于处理深厚覆盖层和坝体渗漏，而且在软岩和风化岩中也越来越多地采用防渗墙，以代替过去常用的帷幕灌浆。这无疑改变了我们过去那种认为防渗墙无法解决基岩风化层渗漏问题的看法。

（4）在城市建设中，越来越多的地下连续墙被用于永久性结构的一部分，能起到挡土、防水和承受垂直荷载作用，越来越多的地下连续墙被用于超大型基础工程。

7.1.3　地下连续墙的优缺点

1. 优点

（1）施工时振动小，噪声低，非常适于在城市施工。

（2）墙体刚度大，目前国内地下连续墙的厚度可达 0.6～1.3m（国外已达 2.8m），用于基坑开挖时，可承受很大的土压力，极少发生地基沉降或塌方事故，已经成为深基坑支护工程中必不可少的挡土结构。

（3）防渗性能好。由于墙体接头形式和施工方法的改进，使地下连续墙几乎不透水。如果把墙底伸入隔水层中，那么由它围成的基坑内的降水费用就可大大减少，对周边建筑物或管道的影响也变得很小。

（4）可以贴近施工。由于具有上述几项优点，使我们可以紧贴原有建（构）筑物建造地下连续墙。我们已经在距离楼房外 10cm 的地方建成了地下连续墙。

（5）可用于逆作法施工。地下连续墙刚度大，易于设置埋件，很适合于逆作法施工。比如法国巴黎某百货商店采用地下连续墙作为地下停车场（共 9 层，深 23.5m）的边墙和隔墙。在停车场的第一层楼板浇筑完成之后，即同时进行上部和下部结构施工，使整个工程的工期缩短了 1/3。

（6）适用于多种地基条件。地下连续墙对地基的适用范围很广，从软弱的冲积地层到中硬的地层、密实的砂砾层，各种软岩和硬岩等所有的地基都可以建造地下连续墙。

（7）可用作刚性基础。目前的地下连续墙不再单纯作为防渗防水、深基坑围护墙，而是越来越多地用地下连续墙代替桩基础、沉井或沉箱基础，承受更大荷载。

（8）用地下连续墙作为土坝、尾矿坝和水闸等水工建筑物的垂直防渗结构，是非常安全和经济的。目前仍然是处理有安全隐患土坝的主要技术手段。

（9）占地少，可以充分利用建筑红线以内有限的地面和空间，充分发挥投资效益。

（10）工效高，工期短，质量可靠，经济效益高。

2. 缺点

（1）在一些特殊的地质条件下（如很软的淤泥质土、含漂石的冲积层和超硬岩石等），施工难度很大。

（2）如果施工方法不当或地质条件特殊，可能出现相邻墙段不能对齐和漏水的问题。

（3）地下连续墙如果用作临时的挡土结构，比其他方法所用的费用要高些。

（4）在城市施工时，废泥浆的处理比较麻烦。

7.1.4　地下连续墙的分类及用途

1. 地下连续墙的分类

虽然地下连续墙已经有了将近 50 年的历史，但是要严格分类，仍是很难的。

（1）按成墙方式可分为：①桩排式；②槽板式；③组合式。

（2）按墙的用途可分为：①防渗墙；②临时挡土墙；③永久挡土（承重）墙；④作为基础用的地下连续墙。

（3）按墙体材料可分为：①钢筋混凝土墙；②塑性混凝土墙；③固化灰浆墙；④自硬

泥浆墙；⑤预制墙；⑥泥浆槽墙（回填砾石、黏土和水泥三合土）；⑦后张预应力地下连续墙；⑧钢制地下连续墙。

（4）按开挖情况可分为：①地下连续墙（开挖）；②地下防渗墙（不开挖）。

地下连续墙的分类如图 7-1 所示。

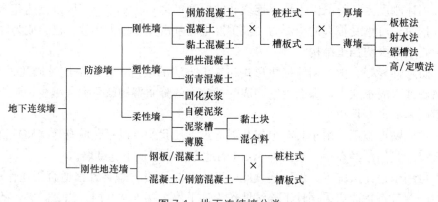

图 7-1　地下连续墙分类

这里要说明一下这两种地下墙的区别在哪里。其实最初一段时间内，人们曾称它是防渗墙（Cut-off Wall）；只是到了这种地下墙进入建筑领域作为基坑支护以后，人们又多把它叫作连续墙（Diaphragm Wall）。为此，我们就把那些建成后要开挖暴露的地下墙（或者是作为建筑物深基础的地下墙）叫作地下连续墙；而把建成后不开挖、以防渗为主的叫作地下防渗墙。这里还需要指出的是，防渗墙承受的竖向和水平荷载是很大的，有时会超连续墙的几倍或十几倍，区别仅在于两者工作的状态不一样而已。

2. 地下连续墙的用途

地下连续墙由于具有前面所说的许多优点，已经并且正在代替很多传统的施工方法，而被用于基础工程的很多方面。在它的初期阶段（20 世纪五六十年代），基本上都是用作防渗墙或临时挡土墙。通过开发使用许多新技术、新设备和新材料，现在已经越来越多地用它作为结构物的一部分或用作主体结构，最近 10 余年更被用于大型的深基础工程中。

地下连续墙的主要用途简介如下：

（1）水利水电、露天矿山和尾矿坝（池）和环保工程的防渗墙；

（2）建筑物地下室（基坑）；

（3）地下构筑物（如地下铁道、地下道路、地下停车场和地下街道、商店以及地下变电站等）；

（4）市政管沟和涵洞；

（5）盾构等工程的竖井；

（6）泵站、水池；

（7）码头、护岸和干船坞；

（8）地下油库和仓库；

（9）各种深基础和桩基。

7.2　槽孔稳定

7.2.1　概述

本节将根据水力学、土力学和泥浆胶体化学原理，对地基土、地下水和泥浆这三者在槽孔开挖过程中的互相影响和作用问题加以分析研究，提出有效措施，以保证槽孔在任何情况下都不坍塌。

7.2.2　非支撑槽孔稳定

这里说的非支撑，也就是不使用泥浆。

1. 干砂层中挖槽

在纯净干砂中明挖沟槽，坡面与水平面的夹角 i 只有小于或等于砂在疏松状态下的内摩擦角 φ 时才是稳定的。坡面的滑动安全系数可用式（7-1）表示：

$$F_S = \frac{\tan\varphi}{\tan i} \tag{7-1}$$

不管高度如何，纯净砂体的坡面角不能大于 φ。因此，在砂层内，在无支撑条件下进行垂直开挖是不可能的。

2. 黏土层内挖槽

在黏性土层中，即使没有泥浆护壁，也可开挖出垂直沟槽来。对于在不排水状态下承受荷载的土体，如其内摩擦角 $\varphi=0$，又处于饱和状态，此时沟槽的稳定性可用如图 7-2 所示的条件来加以判断。图中 AB 为槽孔垂直壁面。由图中可以得出水平压力为零时的高度 Z_0 的公式：

$$Z_0 = \frac{2C}{\gamma}\tan\left(45° + \frac{\varphi}{2}\right) \tag{7-2}$$

$$H_{cr} = 2Z_0 = \frac{4C}{\gamma}\tan\left(45° + \frac{\varphi}{2}\right) \tag{7-3}$$

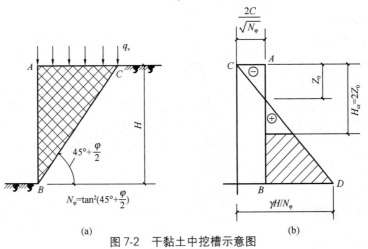

图 7-2　干黏土中挖槽示意图

（a）计算模型；（b）受力示意图

式中　Z_0——水平压力为 0 的深度；

　　　γ——土的重度；

　　　C——土的黏聚力；

　　H_{cr}——土的临界开挖高度（安全系数＝1.0）；

　　　φ——土的内摩擦角。

在式（7-2）和式（7-3）中，如果令 $\varphi=0$，则可得到：

$$Z_0 = \frac{2C}{\gamma} \tag{7-2a}$$

$$H_{cr} = 2Z_0 = \frac{4C}{\gamma} \tag{7-3a}$$

如果用不排水抗剪强度 S_u 代替 C，则为：

$$H_{cr} = \frac{4S_u}{\gamma} \tag{7-3b}$$

当地面上有均布荷载 q_s 时，则可得到：

$$H_{cr} = \frac{4C - 2q_s}{\gamma} \tag{7-4}$$

一般情况下，不考虑土体承受拉应力，在没有地面荷载情况下，不产生拉裂的临界高度为：

$$H'_{cr} = Z_0 = \frac{2C}{\gamma} \tag{7-5}$$

如存在上部荷载，则上部荷载的作用会使拉裂闭合。

假使 $q_s>2C$，用式（7-4）求出 H_{cr}，但 $H_{cr}<0$，说明壁面不能自立。

在某些情况下，通过人工增强土的抗拉强度的办法，可使滑动推迟或暂时停止。在冻土地区，由于冰冻作用，也能产生上述效果。

当 $\varphi=0$ 时，理论上的滑动面就变成一个与水平面呈 45°的斜面。如按圆弧滑动面分析，式（7-4）分子中的系数 4 变为 3.85。

7.2.3　黏土中泥浆槽孔稳定

1. 稳定分析方式

（1）稳定计算公式

在挖槽时，深槽内充满重度为 γ_f 的泥浆，会在孔壁表面上形成一层不透水泥（膜）皮，将泥浆和地基土分开。

深槽的稳定分析图如图 7-3 所示。作用在滑动楔体上的荷载有：自重（包括上部荷载）W，泥浆压力 p_f，滑动而上的支撑反力 R 和抗剪力 C。力的合成图如图 7-3（b）、（c）所示。

我们可以由水平合力为 0 的原则得出：

$$0.5\gamma_f H^2 + 0.5\gamma H^2 - 2CH = 0 \tag{7-6}$$

由此求出墙体的临界高度：

$$H_{cr} = \frac{4C}{\gamma - \gamma_f} \tag{7-7}$$

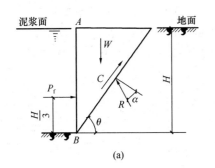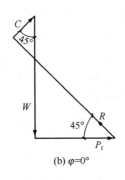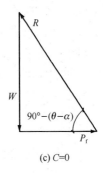

图 7-3 干黏土中的泥浆槽示意图

当地面上有均布荷载 q_s 时：

$$H_{cr} = \frac{4C - 2q_s}{\gamma - \gamma_f} \tag{7-8}$$

上面公式是在假定 $\varphi = 0°$，$\alpha = 0°$ 和 $\theta = 45°$ 条件下推导出来的。

式中 γ——土的重度；

     γ_f——泥浆重度；

     C——土的黏聚力；

   H_{cr}——槽深；

   q_s——地面荷载；其他符号意义如图 7-3 所示。

式 (7-7) 和式 (7-8) 与实验以及经验相一致。上述公式说明：如果泥浆的重度大，临界高度也就大。但是 H_{cr} 的影响因素很多，不完全取决于它。比如膨润土泥浆重度虽然很小，但是由于泥皮 (膜) 的作用和泥浆的流变特性，槽孔仍是很稳定的。

式 (7-7) 和式 (7-8) 适用于下列情况：

① 槽孔长度比深度大得多；

② 黏聚力 C 沿全槽深方向都存在；

③ 槽内没有泥浆漏失。

(2) 关于 $\varphi = 0$ 的讨论

当槽孔快速开挖，饱和土中水无法排除时，在黏土中采用 $\varphi = 0°$ 是可行的。对于一般的泥浆槽孔来说，槽孔开挖并用混凝土回填是个短暂过程，它比黏土中孔隙水压力的消散所需时间少得多。在此情况下，可以采用 $\varphi = 0°$、不排水抗剪强度和式 (7-7a)、式 (7-8a) 来核算槽孔的稳定，不过，式中的 C 应该用不排水抗剪强度 S_u 来代替。通常 S_u 取为无侧限抗压强度之半。由此可以得出下面公式：

$$H_{cr} = \frac{4S_u}{\gamma - \gamma_f} \tag{7-7a}$$

$$H_{cr} = \frac{4S_u - 2q_s}{\gamma - \gamma_f} \tag{7-8a}$$

其中 $S_u = q_u/2$。

关于短期的槽孔稳定问题，对从天然地基中所采取的试样的 $S_u = q_u/2$ 和 $\varphi = 0°$ 的假定，是偏于安全的。如果开挖后要保留很长时间，将引起土体溶胀以及孔隙压力和有效应力的改变。此时有效应力的计算就是很粗略的了。对于不饱和黏土以及地基内有些硬裂缝和软弱黏土的槽孔来说，上述 $\varphi = 0°$ 的假定是不适用的。

【例1】 已知：$S_u = 98kN/m^2$、$\gamma = 19.2kN/m^3$、$\gamma_f = 11.2kN/m^3$，试进行深槽稳定计算，求临界深度。取安全系数为1.5，不考虑张裂问题。

解：（1）不适用泥浆的情况下，由式（7-3b）得

$$H_{cr} = \frac{4 \times 98}{19.2 \times 1.5} = 13.6m$$

（2）使用泥浆的情况下，由式（7-7）得

$$H_{cr} = \frac{4 \times 98}{(19.2 - 11.2) \times 1.5} = 32.7m$$

（3）使用泥浆，上部荷载 $q_s = 12.3kN/m^2$ 时，由式（7-8）得

$$H_{cr} = \frac{4 \times 98 - 2 \times 12.3}{(19.2 - 11.2) \times 1.5} = 30.6m$$

2. 黏土中挖槽的特殊问题

（1）圆（环）形槽

在孔壁表面，环（切）向应力约等于垂直应力，随着离开孔壁表面距离的增加，其环向和径向应力均逐渐接近于静止土压力。

1）浅的圆（环）形槽孔。对于深度与直径之比小于12的圆（环）形槽孔来说，麦叶浩夫（Meyerhoff）于1972年给出了近似的表达式：

$$P_Z = (\gamma - \gamma_f)Z - 2C = (\gamma' - \gamma_f')Z - 2C \tag{7-9}$$

式中　P_Z——某深度 Z 处的完全饱和土的主动土压力。

对长时间挖土情形是适用的。对于浅孔来说，式中的2就用 K 来代替：

$$K = 2\left[\ln\left(\frac{2d}{b} + 1\right) + 1\right] \tag{7-10}$$

式中　d——深度；

　　　b——槽宽（或直径）。

再将式（7-7）中的 $4C$ 用 $2KC$ 代替，可得到：

$$H_{cr} = \frac{2KC}{\gamma' - \gamma_f'} \tag{7-11}$$

式中，系数 $2K$ 随着深宽比 d/b 的增加而增加。式（7-10）所示函数曲线如图7-4所示。图中 $L/b = 1\sim8$，可用于圆（环）形槽孔。由图中可以看出，K 与 d/b 并不是线性关系。相应的安全系数 $H_{cr}/H_{实际}$ 也是随深度增加而增大的，因而开挖深度最大时也就是评价槽孔安全与否的最不利情况。

2）深的圆（环）形槽孔。当深宽比 $d/b > 12$ 以后，圆（环）形（或矩形）槽孔周边的土压力及其平衡问题，可以仿照上部有超载的深的条形基础的承载力的计算方法来求解，也就是等于静止土压力。麦叶浩夫于1972年给出式（7-12）：

$$H_{cr} = \frac{NC}{K_0\gamma' - \gamma_f'} \tag{7-12}$$

式中　K_0——静止土压力系数；

　　　N——条形深基础的承载力系数，取 $N = 8.28$。

由于上面分析中未包括槽孔底部侧向抗剪能力，因而计算结果偏于保守。如果计入这种影响，则 N 值可取为 9.34。这相当于把临界高度提高了 12%。

（2）短的矩形槽孔

长为 L、宽为 b 和深为 d 的矩形槽孔，可近似并偏于保守地按下述方法进行分析。参照式（7-10），对 K 作如下变动：

$$d/b = 0 \text{ 时}, K = 2; d/b > 0 \text{ 时}, K = 2(1 + 3b/L) \tag{7-13}$$

N 用式（7-14）求得：

$$N = 4\left(1 + \frac{b}{L}\right) \tag{7-14}$$

上述 K 和 N 最大值均发生在最大深度时，中间深度的 K、N 值可用内插法求得（图 7-5）。

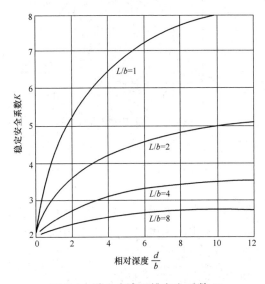

图 7-4 黏土中浅圆槽安全系数 K

L—长；b—宽；d—深

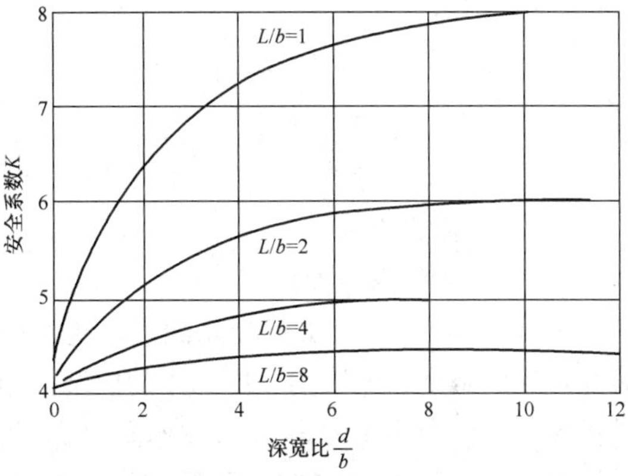

图 7-5 黏土中深圆槽安全系数 K

L—长；b—宽；d—深

当地面有均布荷载 q_s 或者是在层状黏土中开挖时，前述公式应变为

$$P_t - P_f = NC \tag{7-15}$$

式中 P_t——最大水平荷载；

       P_f——泥浆压力。

（3）土的侧向位移

对于深的圆（环）形槽孔来说，某一深度处的位移可用式（7-16）求出，即

$$\Delta = \frac{(1 + \mu) P_z b}{2 E_i} \tag{7-16}$$

式中 E_i——土的初始弹性模量；

       μ——土的泊松比，对饱和土，取 $\mu = 0.5$；

       P_z——深度为 Z 时的土侧压力。当槽孔内充满泥浆时，$P_z = (K_0 \gamma' - \gamma'_f)Z$。

此时，式（7-16）变为：

$$\Delta = 0.75(K_0 \gamma' - \gamma'_f)\frac{2b}{E_i} \tag{7-17}$$

深的矩形槽孔长边中点的侧向位移可用式（7-18）求出，即：

$$\Delta = 0.75(K_0 \gamma' - \gamma'_f)\frac{2L}{E_i} \tag{7-18}$$

7.2.4　砂土中泥浆槽孔稳定

1. 干砂中泥浆槽孔的稳定性

参见图7-6，可以推导（过程从略）出滑动面上反力 R 与法线间的夹角 α 的正切值：

$$\tan\alpha = \frac{\gamma - \gamma_f}{2\sqrt{\gamma\gamma_f}} \tag{7-19a}$$

设安全系数 $F_S = \tan\varphi/\tan\alpha$，代入式（7-19a）可得到：

$$F_S = \frac{2\sqrt{\gamma\gamma_f} \cdot \tan\varphi}{\gamma - \gamma_f} \tag{7-20}$$

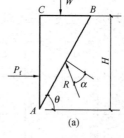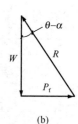

图 7-6　干砂中槽孔稳定图

式中　γ——干砂重度；

γ_f——泥浆重度；

φ——砂的内摩擦角。

式（7-20）表明，如果使用泥浆，就能在干燥砂层内垂直挖孔，决定其安全系数的因素是干砂的重度、泥浆的重度和砂的内摩擦角。也可由作用在槽壁上的水平合力为零的条件推导出来，即土压力 $P_a = 1/2\gamma H^2 K_a$，泥浆压力 $P_f = 1/2\gamma_f H^2$。

由 $P_a = P_f(F_S = 1.0)$ 可得，$K_a = \gamma_f/\gamma = \tan^2(45° - \varphi/2)$，因此：

$$\tan\varphi = \frac{\gamma - \gamma_f}{2\sqrt{\gamma\gamma_f}} \tag{7-19b}$$

式（7-19b）与式（7-19a）相同，是 $F_S = 1.0$ 条件下的公式。公式（7-20）也可用于有上部荷载 q_s 的情况。

【例2】在 $\varphi = 40°$、$\gamma = 19.2\text{kN/m}^3$ 的级配良好的紧密砂中，使用 $\gamma_f = 11.2\text{kN/m}^3$ 的泥浆，用式（7-20）求得安全系数 $F_S = \dfrac{2 \times \sqrt{1.92 \times 1.12} \times \tan40°}{1.92 - 1.12} = 3.0$，即有足够的安全度。

当为干燥松砂时，$\varphi = 28°$，如重度与以上计算相同，则可求得 $F_S = 2.0$，也是十分安全的。如果是非常松散的砂，因其重度小，在浇筑混凝土时的安全问题要比开挖槽孔时危险得多。在深槽中浇筑混凝土，在其凝固之前的流态混凝土同样会对孔壁产生很大的水平压力。此时，$(\gamma - \gamma_f) < 0$，即混凝土将向砂层内部挤出，直到砂层变形加大到能生产足够大的被动抗力为止。由此产生了反向稳定问题。

2. 含水砂层中泥浆槽孔的稳定性

当地下水位接近地表时，槽孔的稳定性是最差的，为此必须满足下列要求：

（1）地下水位应低于施工地面；

（2）建造更高的导墙，抬高泥浆面高程；

（3）使用重度大的泥浆；

（4）采取其他措施，如缩短槽孔长度以形成土体拱效应。

在粗砂及砂砾地层中挖槽，泥浆很容易渗透到周围地层中去。在进行稳定分析时，假定土压为有效土压力，孔隙水压为静水压的排水状态。由泥浆产生的水平力平衡从周围地层传来的全部侧压力，即土压（以土的浮重度计算）与孔隙水压力之和。

$$\frac{1}{2}\gamma_f H^2 = \frac{1}{2}\gamma' H^2 K_a + \frac{1}{2}\gamma_w H^2 \tag{7-21}$$

$$K_a = \tan^2\left(45° - \frac{\varphi}{2}\right) = \frac{\gamma_f - \gamma_w}{\gamma'} \tag{7-22a}$$

令 $\gamma'_f = \gamma_f - \gamma_w$，则可得到：

$$F_S = \frac{2\sqrt{\gamma'\gamma'_f}\tan\varphi}{\gamma' - \gamma'_f} \tag{7-22b}$$

式（7-22b）也可由式（7-20）导出，只要把 γ 和 γ_f 换成 γ' 和 γ'_f 即可。

【例3】同例2，但假定地下水位与地表面相平，则 $\gamma' = 9.2, \gamma'_f = 1.2, F_S = 0.7 < 1.0$。这种状态的深槽在理论上被认为是不稳定的。

关于泥浆重度 γ_f 的讨论：由式（7-22a）可以得到（取 $F_s = 1.0$）：

$$\gamma_f = K_a \gamma'_f + \gamma_w \tag{7-23}$$

对松散饱和的砂来说，$\varphi' = 28°$, $K_a = 1 - \sin\varphi'/1 + \sin\varphi' = 0.4$, $\gamma = 18.4\text{kN/m}^3$, $\gamma' = 8.5\text{kN/m}^3$, 取 $F_S = 1.0$, 则由式（7-23）求得：

$$\gamma_f = 0.4 \times 8.5 + 10 = 13.4\text{kN/m}^3$$

当槽孔内地下水位和泥浆面高程均发生变化时（图7-7），此时的泥浆容重由式（7-24）求出：

$$\gamma_f = \frac{\gamma(1-m^2)K_a + \gamma' m^2 K_a + \gamma_w m^2}{n^2} \tag{7-24}$$

若令 $m = n = 1$，则式（7-24）变为式（7-23）。在干砂和饱和砂中均采用同一个 φ 值。

【实例】法国某电站沿河流岸边修建挡水围堰，其堰顶超过河道最高洪水位，采用防渗墙来解决渗透问题。泥浆重度选为 12kN/m^3，其他参数为 $H = 24\text{m}$；$n = 0.96$；$m = 0.87, 0.93, 1.0$；$\gamma = 18.5\text{kN/m}^3$。

3. 粉砂及粉质砂土中的深槽

决定粉砂及粉质砂土地层中深槽的稳定条件与纯净砂层相同。

疏松状态的粉砂 $\varphi' = 27°\sim30°$，紧密状态的粉砂 $\varphi' = 30°\sim35°$。

粉砂和粉质砂土的渗透性比较小，使泥浆难以向地层内渗透。由于属于部分排水状态，通常使用有效应力进行分析，将孔隙水压力的分布简化为静水压力的分布状态。

4. 砂土中挖槽的特殊问题

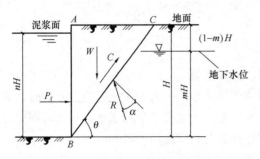

图 7-7　泥浆和地下水位变化的槽孔

（1）稳定分析方法

槽孔稳定分析程序是在假定槽孔无限长，也就是可以忽略槽孔几何尺寸和形状影响的条件下建立的。并假定滑动楔体的下滑力超过泥浆水平力之后开始滑动破坏。在图 7-8 中不同深度上的土压力表示在图的右侧，而泥浆压力则示于图的左边。

稳定分析方法可以用单位应力（unit stress）法和式（7-23）的总体滑动法，这些公式用于黏土来说不太方便但是用砂土却是很容易的。

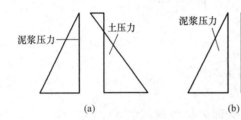 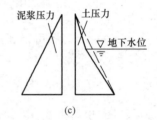

图 7-8　泥浆槽应力分布图
（a）黏土；（b）干砂或饱和砂；（c）含水砂层

图 7-8（b）所表示的情形与单位应力法相当，这与总体滑动法是等效的；但是图 7-8（c）所表示的情形并不相同。对于多层黏土来说使用单位应力法更好些。

（2）稳定分析方法

从图 7-9 中可以得出下式：

$$P_f = P_w + P_a \qquad (7\text{-}25)$$

式中　P_f——泥浆水平力；

　　　P_w——地下水压力；

　　　P_a——主动土压力。

$$P_f = \gamma_f (h_x - h_f)$$

$$P_w = \gamma_w (h_x - h_w)$$

如果 $h_x \leqslant h_w$ 则 $P_a = \gamma h_x K_a$

如果 $h_x > h_w$ 则 $P_a = [\gamma h_w + \gamma' (h_x - h_f)] K_a$

如果 $h_f = h_w = 0$ 则 $\gamma_f = K_a \gamma' + h_w$

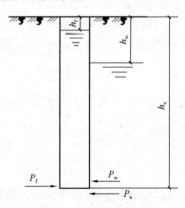

图 7-9　泥浆和地下水
变化的砂层槽孔

（3）土体拱效应

对于短的槽孔来说，孔壁周围土体在挖槽过程中会产生拱效应，从而减少了主动土压力，提高了稳定安全度。在图 7-10 中，由于考虑了土体拱效应，使主动土压力减少到常规计算土压力的 30% 左右，对槽孔的稳定极为有利。

（4）地面的沉降

根据现场实测资料绘制的地面沉降与安全系数的关系曲线如图 7-11 所示。

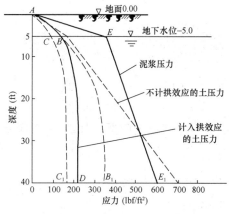

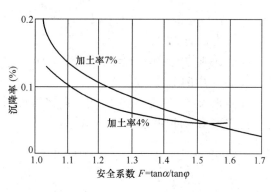

图 7-10　拱效应对土压力的影响　　　　　　　　图 7-11　沉降曲线

这些资料并不能说明所有问题，但是可以看出当安全系数大于 1.5 以后，地面沉降量已降低到槽孔深度的 0.05% 以下。

7.2.5　槽孔稳定性的深入研究

1. 黏土中的槽孔

我们从力的平衡条件出发，来核算槽孔的稳定性。在图 7-12（a）中，黏土的参数为 γ、S_u、N_c，泥浆参数 γ_f，由水平合力为 0 的条件，可得到

$$\gamma_f H + N_c S_u \geqslant \gamma H + q \qquad (7-26)$$

式中　$N_c = 4 \sim 8$（地面为 4）。

如果 $H = 30\text{m}$，$\gamma = 18.0\text{kN/m}^3$，$\gamma_f = 12.5\text{kN/m}^3$，$q = 0$，$\varphi = 0°$，则可得到

$$\gamma_f H + N_c S_u = 12.5 \times 30 + 6 \times 27.5 = 540$$

$$\gamma H + q = 18.0 \times 30 + 0 = 540$$

此时可认为槽孔是稳定的（$F_S = 1.0$）

有的资料提出，当 $S_u / \gamma' H > 0.12$ 时槽孔才能保持稳定。

2. 浇筑混凝土时的槽孔稳定

在黏土层中挖孔后，要浇筑新的流态混凝土，此时周围的黏土能否承受住新鲜混凝土的水平推力呢？我们采用与前面相似的方法进行分析。在图 7-12（b）中，用 γ_c 与 K 表示混凝土的重度和应力折减系数，则可列出下面的平衡方程：

$$\gamma H + N_c S_u = K \gamma_c H \qquad (7-27)$$

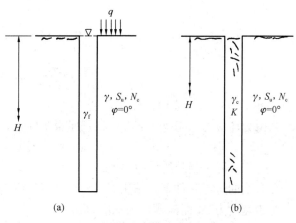

图 7-12　黏土中槽孔稳定示意图
（a）在泥浆中；（b）在新混凝土中

假定 $\gamma_c = 24 kN/m^3$，$K = 0.8$，则：

$$\gamma H + N_c S_u = 18.0 \times 30 + 6 \times 27.5 = 705$$

$$K\gamma_c H = 0.8 \times 24 \times 30 = 576 < 705$$

可认为是安全的。

在已建成的土坝中修建地下防渗墙时，尤应重视这个问题。

3. 砂土中的深槽

我们来探讨一下地下水位低于泥浆液面时的砂层中深槽稳定问题。如图 7-13 所示，深槽稳定平衡条件用式（7-28）表示：

$$\frac{\gamma_f}{\gamma_w} = \frac{\left(\dfrac{h}{H}\right)^2 \cos\theta\tan\varphi + \left(\dfrac{\gamma}{\gamma_w}\right)\cos\theta(\sin\theta - \cos\theta\tan\varphi)}{\cos\theta + \sin\theta\tan\varphi} \tag{7-28}$$

式中　γ_f、γ_w、γ——泥浆、水和土的重度。

当安全系数 $F_s = 1.0$，取 $h/H = 0.96$，$\varphi = 40°$，则可求得 $\theta = 62.5°$ 时，公式右边达到最大值 1.15，即是 $\gamma_f/\gamma_w = 1.15$，$\gamma_f = 1.15\gamma_w = 11.5 kN/m^3$，但这仍不是最稳定的。

从物理现象的角度来观察壁面的稳定，当土颗粒从槽孔壁面上脱落进入泥浆内时，膨润土泥浆对此有微弱的抵抗作用。将此作为两块硬板间的全塑性体的压缩问题来处理，进行以下分析。

取泥浆的微小单元加以分析（图 7-14），其平衡方程为：

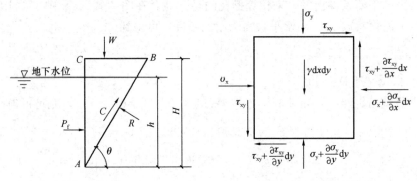

图 7-13　含水砂层的槽孔　　　　　图 7-14　微分单元

$$\frac{\partial\sigma_x}{\partial x} + \frac{\partial\tau_{xy}}{\partial y} = 0 \tag{7-29}$$

$$\frac{\partial\sigma_y}{\partial y} + \frac{\partial\tau_{xy}}{\partial x} - \gamma_f = 0 \tag{7-30}$$

式中　γ_f——凝胶状态时的泥浆重度。

当微分体应力状态满足式（7-31）屈服条件时，泥浆将发生塑性流动：

$$(\sigma_x - \sigma_y)^2 + 4\tau_{xy} = 4C_f^2 \tag{7-31}$$

式中　C_f——泥浆凝胶的抗剪强度。

在合适的边界条件下，采用式（7-29）、式（7-30）和式（7-31）就可求得静态应力。

对于宽度为 $2a$ 的深槽，水平应力 σ_x 为：

$$\sigma_x = \gamma_f y + C_f \frac{y}{a} + \pi \frac{C_f}{2} \tag{7-32}$$

被动抗力 P_p 为:

$$P_p = \int_0^H \sigma_x d_y = \frac{1}{2} \gamma_f H^2 + \frac{C_f H^2}{2a} + \pi C_f \frac{H}{2} \tag{7-33}$$

若 $C_f = 0$,则:

$$P_p = \frac{1}{2} \gamma_f H^2 \tag{7-34}$$

公式 (7-33) 可作为一般公式,用以分析深槽稳定状态。例如,对于黏土中的深槽,也可采用此公式推算其安全系数:

$$F_S = \frac{4S_u}{\gamma H - \gamma_f H - \dfrac{C_f H}{a} - \pi C_f} \tag{7-35}$$

若 $C_f = 0$,则 $F_S = 4S_u / \gamma H - \gamma_f H$,与前面推导的公式相同。当 $C_f \neq 0$ 时,则 F_S 将增大很多。

4. 泥浆的渗透作用

由于黏土中存在着孔隙,导致槽孔中泥浆向周围地基中渗透,其范围取决于孔隙尺寸、水头和泥浆抗剪(凝结)强度。泥浆在孔隙里凝结后,可提高黏土的抗剪强度。这种现象已被埃尔森(Elson)于 1968 年观测到(不考虑摩擦角变化的影响)。

7.2.6 泥浆的流变性对槽孔稳定的影响

对于绝大多数使用泥浆的槽孔开挖来说,泥浆总是处于或强或弱地不断搅拌之中。在某些情况下,可能会有意地提高它的抗剪强度,使之凝固成防渗墙。泥浆具有很大的抗剪强度(例如 $0.4 \sim 0.6 \text{kN/m}^2$),能够改善槽孔的稳定状态。

对于高为 H、宽为 $2a$ 的槽孔来说,它的水平压力可由式 (7-36) 求出:

$$P_f = \frac{1}{2} \gamma_f H^2 + \frac{\tau_f H^2}{2a} + \pi \tau_f \frac{H}{2} \tag{7-36}$$

式中第一项相当于泥浆的液体压力,第二、三项则可理解成是由于泥浆的抗剪强度 τ_f 产生的黏聚力,即:

$$C_f = \frac{\tau_f H^2}{2a} + \pi \tau_f \frac{H}{2} \tag{7-37}$$

这两个公式是通用公式,可用来分析各种黏土。

在干黏土层内,如果泥浆压力 P_f 与主动土压力相等,则槽孔是稳定的。由此推导出临界深度为:

$$H_{cr} = \frac{\pi \tau_f}{\gamma K_a - \gamma_f - \dfrac{\tau_f}{a}} \tag{7-38}$$

也可将 $\varphi = 0°$ 和 C 值代入,得:

$$H_{cr} = \frac{4C + \pi \tau_f}{\gamma - \gamma_f - \dfrac{\tau_f}{a}} \tag{7-39}$$

7.2.7 深槽周围的地面沉降

挖槽时排出地层土砂,灌入泥浆,这样就由泥浆的液压来代替初始静止土压力。因而可以预料到会发生某种变化。如果泥浆作用的力与土的主动土压力相同，则在土压由静止土压力转变到主动土压力之前，地层会发生位移。在这种情况下，槽段周围土体的沉降主要受土的密实度控制。密实砂的下沉量不到槽孔深度的 1/1000，几乎等于 0；可是在松散砂层中就要大得多。

实际上，膨润土泥浆的液压比主动土压力大得多，这又会影响土中应力—应变关系的变动。有人根据模型试验测定了下沉量，建立了它与安全系数的关系。当安全系数 F_s 为 1.05 时，下沉量约为槽孔深度 2/1000；当 $F_s=1.2$ 时，约为 1/1000；当 $F_s=1.5$ 时，则下沉量极少。

前面已经说过，当槽孔尺寸具有适当的长宽比时，就会产生拱效应，可以减少沉降和水平位移。

在非常松散（软）的地层中，又有巨大荷载作用于其上时，预计会出现有害的沉降。通常在槽孔开挖前，先对地基顶部用普遍注浆或高压喷射注浆或者是振冲的方法予以加固。黄河小浪底水库主坝防渗墙就是事先用振冲法加固了表层 8m 厚的粉细砂，取得了良好效果。

7.3　地下连续墙设计

7.3.1　设计要求

1. 概述

地下连续墙除应进行详细的设计计算和选用合理的施工工艺外，相应的构造设计是极为重要的，特别是混凝土和钢筋笼构造设计，墙段之间如何根据不同功能和受力状态选用刚性接头、柔性接头、防水接头等不同的构造形式。墙段之间由于接头形式不同和刚度的差别，往往采用钢筋混凝土压顶梁，把地下连续墙各单元墙段的顶端连接起来，协调受力和变形。高层建筑地下室深基坑开挖的支护结构，既可以作为临时支护，又可以作为主体结构的一部分，这样地下连续墙就可能作为单一墙也可能作为重合墙、复合墙、分离双层墙等形式来处理，这就要求有各种相应的构造形式和设计。

所有构造设计，都应能满足不同的功能、需要和合理的受力要求，同时便于施工，而且经济可靠。

2. 墙体厚度和槽段宽度

（1）地下连续墙厚度一般为 0.6～1.2m，而随着挖槽设备大型化和施工工艺的改进，地下连续墙的厚度可达 2.0m 以上。地下连续墙根据成槽机规格常用墙厚为 0.6m、0.8m、1.0m 和 1.2m。

（2）地下连续墙单元槽段的平面形状和成槽宽度需考虑众多因素综合确定，如墙段的结构受力特性、槽壁稳定性、周边环境的保护要求和施工条件等。一般来说，壁板式一字形槽段宽度不宜大于 6m，T 形、折线形等各肢槽段宽度总和不宜大于 6m。

3. 地下连续墙的入土深度

一般工程中地下连续墙入土深度为 10～50m，最大深度可达 150m。在基坑工程中，地下连续墙既作为承受侧向水土压力的受力结构，又兼有隔水的作用，因此地下连续墙的入土深度需考虑挡土和隔水两方面的要求。作为挡土结构，地下连续墙入土深度需满足各项稳定性和强度要求，作为隔水帷幕，地下连续墙入土深度需根据地下水控制要求确定。

4. 混凝土和钢筋笼设计

(1) 地下连续墙的混凝土

由于是用竖向导管法在泥浆条件下浇灌的，因此混凝土的强度、钢筋与混凝土的握裹力都会受到影响。也由于浇灌水下混凝土，施工质量不易保证。地下连续墙的混凝土等级不宜采用太低的强度等级，以免影响成墙的质量。水下浇灌的混凝土设计强度应比计算墙的强度提高 20%～25%，且不宜低于 C20。个别要求较高的工程，为了保证混凝土质量，施工时的混凝土强度等级可以比设计强度等级提高 20%～30%，但必须经过技术经济效果论证后采用。水泥用量不宜少于 400kg/m^3，坍落度 18～22cm，水灰比不宜大于 0.6。

(2) 混凝土保护层

为防止钢筋锈蚀，保证钢筋的握裹能力，在连续墙内的钢筋应有一定厚度的混凝土保护层。一般可参照表 7-1 采用。异形钢筋笼（如 L 形、T 形）的保护层应取大值。

地下连续墙中钢筋保护层厚度 　　　　　　　　表 7-1

规定要求	目前国内常用保护层厚度		地下连续墙的设计施工规程					
			现浇				预制	
	永久使用	临时支护	建筑安全等级			临时支护	长期	临时
			一级	二级	三级			
保护层厚（cm）	7	4～6	7	6	5	≥4	≥3	≥1.5

为防止在插入钢筋笼时擦伤槽壁造成塌孔，一般可用钢筋或钢板制作定位垫板且应比实际采用的保护层厚度小 1～2cm，以防擦伤槽壁或钢筋笼不能插入。

定位垫块或定位卡在每单元墙段的钢筋笼的前后两个面上，分别在同水平位置设置两块以上，纵向间距约 5m。

(3) 钢筋选用及一些构造要求

泥浆使钢筋与混凝土的握裹力降低，一些试验资料表明，在不同重度的泥浆中浸放的钢筋，可能降低握裹力 10%～30%，对水平钢筋的影响会大于竖向钢筋，对圆形光面钢筋的影响要大于变形钢筋。

因此一般钢筋笼要选用变形小的钢筋（Φ），常用受力钢筋为 φ20～32。墙较厚时最大钢筋也可用到 φ32，但最小钢筋不宜小于 φ16。为导管上下方便，纵向主钢筋一般不应带有弯钩。对较薄的地下连续墙，还应设纵向导管导向钢筋，主钢筋的间距应在 3 倍钢筋直径以上。其净距还要在混凝土粗骨料最大尺寸的 2 倍以上。

钢筋笼的底端，为防止纵向钢筋的端部擦坏槽壁，可将钢筋笼底端 500mm 范围内做成向内按 1:10 收缩的形状（以不影响插入导管为度）。

(4) 钢筋笼分段及接头

为了有利于钢筋受力、施工方便和减少接头工期及费用，钢筋笼应尽量整体施工。但地下连续墙深度太大时，往往受到起吊能力、起吊高度以及作业场地和搬运方法等限制，需要将钢筋笼竖向分成 2 段或 3 段，在吊放、入槽过程中，连接成整体，具体分段的长度应与施工单位密切配合，目前已施工的工程多在 15～20m 为一段。对槽深小于 30m 的地下连续墙的钢筋笼宜整幅吊入槽内。竖向接头宜选在受力较小处，接头形式有钢板接头、电焊接头、绑接接头。使用绑接的搭接接头长度一般不小于 45 倍主筋直径，当搭接接头在同一断面时，搭接接头长度应加长到 70 倍钢筋直径，且搭接长度不小于 1.5m。

（5）钢筋笼

地下连续墙的配筋必须按设计图纸拼装成钢筋笼，然后再吊入槽内就位，并浇筑水下混凝土，为满足存放、运输、吊装等要求，钢筋笼必须具有足够的强度和刚度。因此钢筋笼的组成，除纵向主筋和横向联系筋以及箍筋外，还需要有架立主筋用的纵、横方向的承力钢筋桁架和局部加强筋。钢筋笼应采用焊接，除纵横桁架、加强筋及吊点周围全部点焊外，其余可 50% 交错点焊。

承力钢筋桁架，主要为满足钢筋笼吊装而设计，假定整个钢筋笼为均布荷载作用在钢筋桁架上，根据吊点的不同位置，按梁式受力计算桁架承受的弯矩和剪力，再以钢筋结构进行桁架的截面验算及选材，并控制计算挠度在 1/300 以内。桁架间距 1.2～2.5m。钢筋笼内还得考虑水下混凝土导管上下的空间，即保证此空间比导管外径至少要大 100mm。导管周边要配置导向筋。钢筋笼的一般配筋形式如图 7-15 所示。

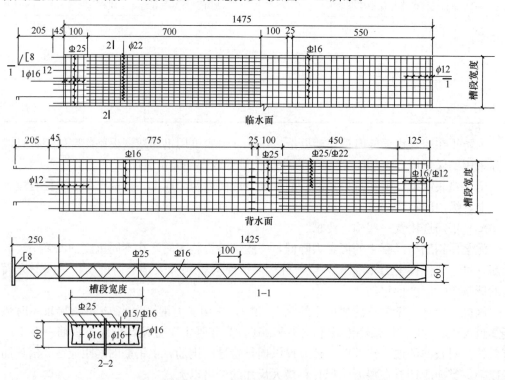

图 7-15 钢筋笼构造（单位：cm）

施工过程中为确保钢筋笼在槽内位置的准确，设计时应留有可调整的位置，宜将钢筋笼的长度控制在成槽深度 500mm 以内。当钢筋笼上安装较多聚苯乙烯等附加部件时，或者泥浆重度过大，都会对钢筋笼产生浮力，阻碍钢筋笼插入槽内，特别是钢筋笼单面装有较多附加配件时会使钢筋笼产生偏心浮力，钢筋笼入槽容易擦坏槽壁造成塌孔，遇有这种状态,可以考虑在钢筋笼上焊接配重,或在导墙上预埋钢板,以便用铁件将钢筋笼与预埋钢板焊接,作为抗弯和抗偏的临时锚固。

5. 槽段间墙的接头

地下连续墙的槽段间的接头一般分为柔性接头、刚性接头和止水接头。

柔性接头是一种非整体式接头,它不传递内力,主要为了方便施工,所以又称施工接头,如锁口管接头、V形钢板接头、预制钢筋混凝土接头等。为了适应这种接头的特点,在构造上主要处理好钢筋笼的设计,使钢筋笼在凸凹缝之间、拐角墙、折线墙、十字交叉墙、丁字墙等处的钢筋笼端部能紧贴接头缝,同时又不影响施工为宜。

刚性接头是一种整体式接头,它能传递或部分传递内力,如一字形、十字形穿孔钢板式刚性接头、钢筋搭接式刚性接头等。一字形穿孔钢板式的接头,由于它只能承受抗剪状态,故在工程中较少使用。十字形穿孔钢板式,能承受剪拉状态。在较多情况下可以使用,如格式、重力式地下连续墙结构的剪力墙上,各墙段间接头就同时承受剪力和拉力,这种形式的接头,在构造上又有端头板和无端头板之分。

当接头要求传递平面剪力或弯矩时,可采用带端板的钢筋搭接接头,将地下连续墙连成整体。穿孔钢板的尺寸,宜根据试验的受力状况来确定,钢板厚度一般由强度计算确定,但不宜太厚,穿孔钢板在墙接缝处应骑缝对称放置,钢板在接缝一侧的墙体内的长度,一般为墙体水平向钢筋直径的25~30倍,钢板的穿孔面积与整块钢板面积之比,宜控制在1/3左右为好。

止水接头在一般情况下可以使用锁口管和V形钢板等接头形式,也可以取得一定截水防渗的效果。

7.3.2 地下连续墙的设计计算

1. 内力和变形计算

作为基坑围护结构的地下连续墙的内力和变形计算目前应用最多的是平面弹性地基梁法,该方法计算简便,可适用于绝大部分常规工程;而对于具有明显空间效应的深基坑工程,可采用空间弹性地基板法进行地下连续墙的内力和变形计算;对于复杂的基坑工程需采用连续介质有限元法进行计算。

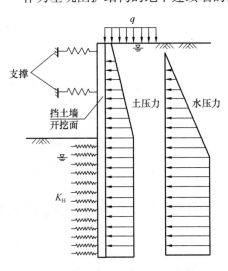

图 7-16 竖向弹性地基梁法计算简图

平面弹性地基梁法假定挡土结构为平面应变问题,取单位宽度的挡土墙作为竖向放置的弹性地基梁,支撑和锚杆简化为弹簧支座,基坑内开挖面以下土体采用弹簧模拟,挡土墙结构外侧作用已知的水压力和土压力。图7-16为竖向弹性地基梁法典型的计算简图。

取长度为 b_0 的围护结构作为分析对象,列出弹性地基梁的变形微分方程如下:

$$EI \frac{\mathrm{d}^4 y}{\mathrm{d}z^4} - e_a(z) = 0 (0 \leqslant z \leqslant h_n) \quad (7\text{-}40)$$

$$EI \frac{\mathrm{d}^4 y}{\mathrm{d}z^4} + m b_0 (z - h_n) y - e_a'(z) = 0 \quad (z > h_n) \tag{7-41}$$

式中　EI——围护结构的抗弯刚度（kN·m²）；

　　　y——围护结构的侧向位移（m）；

　　　z——深度（m）；

　　$e_a(z)$——z 深度处的主动土压力（kN/m²）；

　　　m——地基土水平抗力比例系数；

　　　h_n——第 n 步的开挖深度（m）。

基坑开挖面或地面以下，水平弹簧支座的弹簧压缩刚度 K_H 可按式（7-42）计算：

$$K_H = k_h b h \tag{7-42}$$

$$k_h = mz \tag{7-43}$$

式中　K_H——弹簧压缩刚度（kN/m）；

　　　k_h——地基水平向基床系数（kN/m³）；

　　　m——基床系数的比例系数；

　　　z——距离开挖面的深度（m）；

　　b、h——弹簧的水平向和垂直向计算间距（m）。

基坑内支撑的刚度根据支撑体系的布置和支撑构件的材质与轴向刚度等条件有关，按式（7-44）计算：

$$K = \frac{2\alpha EA}{LB} \tag{7-44}$$

式中　K——基坑内支撑的刚度系数（kN/m²）；

　　　α——与支撑松弛有关的折减系数，一般取为 $0.5 \sim 1.0$；混凝土支撑或钢支撑施加预压力时，取为 1.0；

　　　E——支撑构件材料的弹性模量（kN/m²）；

　　　A——支撑构件的截面面积（m²）；

　　　L——支撑的计算长度（m）；

　　　B——支撑的水平间距（m）。

2. 承载力计算

应根据各工况内力计算包络图对地下连续墙进行截面承载力验算和配筋计算。常规的壁板式地下连续墙需进行正截面受弯、斜截面受剪承载力验算，当承受竖向荷载时，需进行竖向受压承载力验算。

当地下连续墙仅用作基坑围护结构时，应按照承载能力极限状态对地下连续墙进行配筋计算；当地下连续墙在正常使用阶段又作为主体结构时，应按照正常使用极限状态根据裂缝控制要求进行配筋计算。

地下连续墙正截面受弯和受压、斜截面受剪承载力及配筋设计计算应符合《混凝土结构设计规范（2015 年版）》GB 50010—2010 的相关规定。

（1）正截面受弯承载力计算

地下连续墙正截面受弯承载力计算如图 7-17 所示，应符合式（7-45），即

$$M \leqslant \alpha_1 f_c b x \left(h_0 - \frac{x}{2} \right) + f_y' A_s' (h_0 - a_s') \tag{7-45}$$

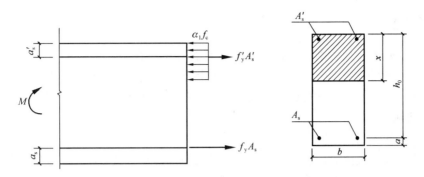

图 7-17 地下连续墙正截面受弯承载力计算

混凝土受压区高度按式（7-46）确定，即

$$\alpha_1 f_c bx = f_y A_s - f'_y A'_s \tag{7-46}$$

混凝土受压区高度还应符合以下条件，即

$$x \leqslant \varepsilon_b h_0 \tag{7-47}$$

$$x \geqslant 2a'_s \tag{7-48}$$

式中　M——弯矩设计值（kN・m）；

　　　α_1——系数；

　　　f_c——混凝土轴心抗压强度设计值（MPa）；

A_s、A'_s——受拉区、受压区纵向普通钢筋的截面面积（m²）；

f_y、f'_y——受拉区、受压区纵向普通钢筋的抗拉强度设计值（MPa）；

　　　b——矩形截面的宽度（m）；

　　　h_0——截面有效高度（m）；

　　　a'_s——受压区纵向普通钢筋合力至截面受压边缘的距离（m）。

（2）斜截面承载力计算

地下连续墙斜截面受剪承载力应符合以下条件：

当 $h_w/b \leqslant 4$ 时：

$$V \leqslant 0.25 \beta_c f_c b h_0 \tag{7-49}$$

当 $h_w/b \geqslant 6$ 时：

$$V \leqslant 0.2 \beta_c f_c b h_0 \tag{7-50}$$

当 $4 < h_w/b < 6$ 时，按线性内插法确定。

式中　V——构件斜截面上的最大剪力设计值（kN）；

　　　β_c——混凝土强度等级影响系数，当混凝土强度等级不超过 C50 时，取 1.0；当混凝土强度等级为 C80 时，取 0.8；其间按线性内插法确定；

　　　f_c——混凝土轴心抗压强度设计值（MPa）；

　　　b——矩形截面的宽度（m）；

　　　h_0——截面的有效高度（m）；

　　　h_w——截面的腹板高度（m）（矩形截面，取有效高度；T 形截面，取有效高度减去翼缘高度；工字形截面，取腹板净高）。

7.3.3　导墙

导墙（导向槽）是用钢、木、混凝土和砖石等材料在施工平台中修建的两道平行墙体。它是地下连续墙施工中一个很重要的临时构筑物，绝大多数地下连续墙施工工法都需要这道导墙，只有使用土方机械，远离沟槽施工的泥浆槽法才不需要导墙。

1. 导墙施工

（1）导墙的作用

地下连续墙在成槽前，应构筑导墙，导墙质量的好坏直接影响地下连续墙的轴线和标高控制，应做到精心施工，确保准确的宽度、平直度和垂直度。

导墙的作用是：

① 标定地下连续墙位置的基准线，为挖槽施工导向。

② 储存泥浆、稳定液位，维护槽壁稳定。

③ 稳定上部土体，防止槽口塌方。

④ 施工荷载支承平台——承受如成槽机械、钢筋笼搁置点、导管架、顶升架、接头管等重载、动载。

（2）导墙的形式

导墙多采用现浇钢筋混凝土结构，也有钢制的或预制钢筋混凝土的装配式结构，可供多次使用。根据工程实践，预制式导墙较难做到底部与土层结合以防止泥浆的流失。

导墙断面常见的有三种形式：倒 L 形、"][" 形及 L 形，如图 7-18 所示。倒 L 形多用在土质较好的土层，后两者多用在土质略差的土层，底部外伸扩大支承面积。

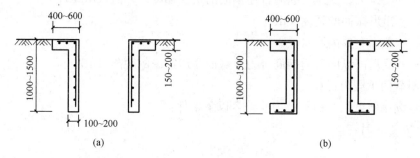

图 7-18　常见导墙断面形式
（a）倒 L 形；（b）"][" 形

（3）施工及质量要求

① 导墙多采用 C20～C30 钢筋混凝土，双向配筋 $\phi 8$～$\phi 16 @ 150$～$200mm$。现浇导墙施工流程为：平整场地→测量定位→挖槽→绑扎钢筋→支模板→浇筑混凝→拆模及设置横撑。

② 导墙要对称浇筑，强度达到 70% 后方可拆模。拆除后立即设置上下两道 10cm 直径圆木（或 10cm 见方方木）支撑，防止导墙向内挤压，支撑水平间距为 1.5～2.0m，上下为 0.8～1.0m。

③ 导墙外侧填土应以黏土分层回填密实，防止地面水从导墙背后渗入槽内，并避免被泥浆淘刷后发生槽段坍塌。

④ 导墙顶墙面要水平，内墙面要垂直，底面要与原土面密贴。墙面不平整度小于5mm，竖向墙面垂直度应不大于 1/500。内外导墙间距允许偏差为±5mm，轴线偏差为±10mm。

⑤ 混凝土养护期间成槽机等重型设备不应在导墙附近作业停留，成槽前支撑不允许拆除，以免导墙变位。

⑥ 导墙在地下连续墙转角处根据需要外放 200～500mm（图 7-19），呈 T 形或十字形交叉，使得成槽机抓斗能够起抓，确保地下连续墙在转角处的断面完整。

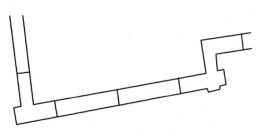

图 7-19　导墙在地下连续墙转角外放处理

2. 泥浆护壁

泥浆是地下连续墙施工中成槽槽壁稳定的关键，主要起到护壁、携渣、冷却机具和切土润滑的作用。泥浆材料的使用随着成槽工艺的发展主要有三类：黏土泥浆、膨润土泥浆和超级泥浆，目前工程中较大量使用的主要是膨润土泥浆。

3. 槽壁稳定性分析

地下连续墙施工保持槽壁稳定性防止槽壁塌方十分关键。一旦发生塌方，不仅可能造成"埋机"危险、机械倾覆，同时还将引起周围地面沉陷，影响邻近建筑物及管线安全。如塌方发生在钢筋笼吊放后或浇筑混凝土过程中，将造成墙体夹泥，使墙体内外贯通。

（1）槽壁失稳机理

槽壁失稳机理主要可以分为两大类：整体失稳和局部失稳（图 7-20）。

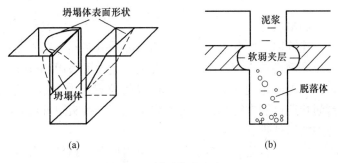

图 7-20　槽壁失稳示意图
（a）整体失稳；（b）局部失稳

① 整体失稳——经事故调查以及模型和现场试验研究发现，尽管开挖深度通常都大于 20m，但失稳往往发生在表层土及埋深 5～15m 的浅层土中，槽壁有不同程度的外鼓现象，失稳破坏面在地表平面上会沿整个槽长展布，基本呈椭圆形或矩形。因此，浅层失稳是泥浆槽整体失稳的主要形式。

② 局部失稳——在槽壁泥皮形成以前，槽壁局部稳定主要靠泥浆外渗产生的渗透力维持。当在上部存在软弱土或砂性较重夹层的地层中成槽时，遇槽段内泥浆液面波动过大或液面标高急剧降低时，泥浆渗透力无法与槽壁土压力维持平衡，泥浆槽壁将产生局部失稳，引起超挖现象，导致后续灌注混凝土的充盈系数增大，增加施工成本和难度。

（2）影响槽壁稳定的因素

影响槽壁稳定的因素可分为内因和外因两方面：内因主要包括地层条件、泥浆性能、地下水位以及槽段划分尺寸、形状等；外因主要包括成槽开挖机械、开挖施工时间、槽段施工顺序以及槽段外场地施工荷载等。

泥浆护壁的主要机理是泥浆通过在地层中渗透在槽壁上形成泥皮，并在压力差（泥浆液面与地下水液面的差值）的作用下，将有效作用力（泥浆柱压力）作用在泥皮上以抵消失稳作用力从而保证槽壁稳定。

（3）槽壁稳定措施

① 槽壁土加固——在成槽前对地下连续墙槽壁进行加固，加固方法可采用双轴、三轴深层搅拌桩工艺及高压旋喷桩等工艺。

② 加强降水——通过降低地下连续墙槽壁四周的地下水位，防止地下连续墙在浅部砂性土中成槽开挖过程中产生塌方、管涌、流砂等不良地质现象。

③ 泥浆护壁——为了确保槽壁稳定，选用黏度大、失水量小、能形成护壁泥薄而坚韧的优质泥浆，并且在成槽过程中，经常监测槽壁的情况变化，并及时调整泥浆性能指标，添加外加剂，确保土壁稳定，做到信息化施工，及时补浆。

④ 周边限载——地下连续墙周边荷载主要是大型机械设备（如成槽机、履带式起重机、土方车及钢筋混凝土搅拌车）等频繁移动带来的压载及振动，为尽量使大型设备远离地下连续墙，在正处施工过程中的槽段边铺设路基钢板加以保护，并且严禁在槽段周边堆放钢筋等施工材料。

⑤ 导墙选择——导墙的刚度影响槽壁稳定。根据工程施工情况选择合适的导墙形式，倒L形多用在土质较好土层，"][" 形和L形多用在土质较差土层，底部外伸扩大支撑面积。

（4）钢筋笼加工和吊放

钢筋笼根据地下连续墙墙体配筋图和单元槽段的划分制作。钢筋笼最好按单元槽段做成一个整体。纵向受力钢筋的搭接长度，如无明确规定时可采用60倍的钢筋直径。

制作钢筋笼时要预先确定用于浇筑混凝土的导管位置，由于这部分空间要上下贯通，因而周围需增设箍筋和连接筋进行加固。尤其在单元槽段接头附近插入导管时，由于此处钢筋较密集更需特别加以处理。

加工钢筋笼时，要根据钢筋笼质量、尺寸以及起吊方式和吊点布置，在钢筋笼内布置一定数量（一般为2～4榀）的纵向桁架，如图7-21所示。

钢筋笼的起吊、运输和吊放应周密地制订施工方案，不允许在此过程中产生不能恢复的变形。

根据钢筋笼质量选取主、副吊设备，并进行吊点布置，对吊点局部加强，沿钢筋笼纵向及横向设置桁架增强钢筋笼整体刚度。选择主、副吊扁担，并须对其进行验算，还要对主、副吊钢丝绳、吊具、索具、吊点及主吊把杆长度进行验算。

钢筋笼插入槽内后，检查其顶端高度是否符合设计要求，然后将其搁置在导墙上。

如果钢筋笼分段制作，吊放时需接长，下段钢筋笼要垂直悬挂在导墙上，然后将上段钢筋笼垂直吊起，上下两段钢筋笼呈直线连接。

如果钢筋笼不能顺利插入槽内，应该重新吊出，查明原因加以解决，如果需要则在修

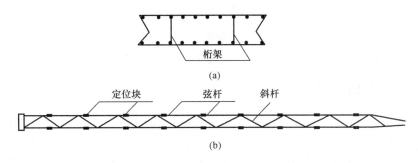

图 7-21　钢筋笼构造示意图

(a) 横剖面图；(b) 纵向桁架纵剖面图

槽之后再吊放。不能强行插放，否则会引起钢筋笼变形或使槽壁坍塌，产生大量沉渣。

（5）施工接头

施工接头应满足受力和防渗的要求，并要求施工简便、质量可靠，并对下一单元槽段的成槽不会造成困难。但目前尚缺少既能满足结构要求又方便施工的最佳方法。施工接头有多种形式可供选择。目前最常用的接头形式主要有锁口管接头、H型钢接头、十字钢板接头、V形接头、承插式接头（接头箱接头）。

其中 H 型钢接头、十字钢板接头（图 7-22）、V 形接头属于目前大型地下连

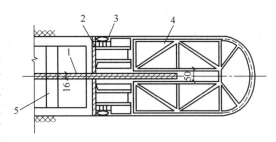

图 7-22　十字钢板接头

1—接头钢板；2—封头钢板；3—滑板式接箱；

4—U形接头管；5—钢筋笼

续墙施工中常用的 3 种接头，能有效地传递基坑外土水压力和竖向力，整体性好，在地下连续墙设计尤其是当地下连续墙作为结构一部分时，在受力及防水方面均有较大安全性。

（6）水下混凝土浇筑

地下连续墙混凝土用导管法进行浇筑。由于导管内混凝土和槽内泥浆的压力不同，在导管下口处存在压力差使混凝土可从导管内流出。

水下混凝土浇筑应注意以下几点：

① 导管在首次使用前应进行气密性试验，保证密封性能。

② 地下连续墙开始浇筑混凝土时，导管应距槽底 0.5m。

③ 在浇筑过程中，导管不能做横向运动，导管横向运动会把沉渣和泥浆混入混凝土内。

④ 在混凝土浇筑过程中，不能使混凝土溢出料斗流入导沟，否则会使泥浆质量恶化，反过来又会给混凝土的浇筑带来不良影响。

⑤ 在混凝土浇筑过程中，应随时掌握混凝土的浇筑量、混凝土上升高度和导管埋入深度，防止导管下口暴露在泥浆内，造成泥浆涌入导管。

⑥ 在浇筑过程中需随时量测混凝土面的标高，量测的方法可用测锤，由于混凝土非水平，应量测 3 个点取其平均值。

⑦ 导管的间距一般为 3～4m，取决于导管直径。浇筑时宜尽量加快单元槽段混凝土

的浇筑速度，一般情况下槽内混凝土面的上升速度不宜小于 2m/h。

⑧ 在混凝土顶面存在一层浮浆层，需要凿去，因此混凝土需要超浇 30～50cm，以便在混凝土硬化后查明强度情况，将设计标高以上部分用风镐凿去。

7.3.4 地下连续墙施工

地下连续墙（简称地墙）的施工，就是在地面上先构筑导墙，采用专门的成槽设备，沿着支护或深开挖工程的周边，在特制泥浆护壁条件下，每次开挖一定长度的沟槽至指定深度，清槽后，向槽内吊放钢筋笼，然后用导管法浇筑水下混凝土，混凝土自下而上充满槽内并把泥浆从槽内置换出来，筑成一个单元槽段，并依此逐段进行，这些相互邻接的槽段在地下筑成一道连续的钢筋混凝土墙体，作为承重、挡土或截水防渗结构。地下连续墙施工程序如图 7-23 所示。

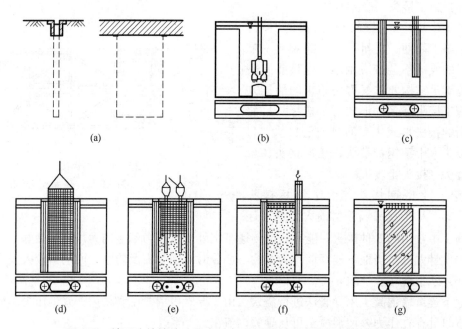

图 7-23　地下连续墙施工程序示意图（以液压抓斗式成槽机为例）

（a）准备开挖的地下连续墙沟槽；（b）用液压成槽机进行沟槽开挖；（c）安放锁口管；
（d）吊放钢筋笼；（e）浇筑水下混凝土；（f）拔除锁口管；（g）已完工的槽段

1. 国内主要成槽工法

成槽工艺是地下连续墙施工中最重要的工序，常常要占到槽段施工工期一半以上，因此做好挖槽工作是提高地下连续墙施工效率及保证工程质量的关键。随着对施工效率要求的不断提高，新设备不断出现，新的工法也在不断发展。目前国内外广泛采用的先进高效的地下连续墙成槽（孔）机械主要有抓斗式成槽机、液压铣槽机、多头钻（也称为垂直多轴回转式成槽机）和旋挖式桩孔钻机等，其中，应用最广的是液压抓斗式成槽机。

常用的成槽机械设备按其工作机理主要分为抓斗式、冲击式和回转式 3 大类，相应来说基本成槽工法也主要有 3 类：抓斗式成槽工法、冲击式钻进成槽工法和回转式钻进成槽工法。

（1）抓斗式成槽工法

抓斗式成槽机已成为目前国内地下连续墙成槽的主力设备。抓斗式成槽机以履带式起重机悬挂抓斗，抓斗以其斗齿切削土体，切削下的土体收容在斗体内，从槽段内提出后开斗卸土，如此循环往复进行挖土成槽。该成槽工法在建筑、地铁等行业中应用极广，北京、上海、天津、广州等大城市的地下连续墙多采用这种工艺。

适用环境：地层适应性广，如标贯值 $N<40$ 的黏性、砂性土及砾卵石土等。除大块的漂卵石、基岩外，一般的覆盖层均可。

优点：低噪声、低振动；抓斗挖槽能力强，施工高效；除早期的蚌式抓斗、索式导板抓斗外多设有测斜及纠偏装置（如纠偏液压推板）随时调控成槽垂直度，成槽精度较高（1/300 或更小）。

缺点：掘进深度及遇硬层时受限，降低成槽工效。需配合其他方法一起使用。

（2）冲击式钻进成槽工法

国内冲击式钻进成槽工法主要有冲击钻进法（钻劈法）和冲击反循环法（钻吸法）。

冲击钻进法采用的是冲击破碎和抽筒掏渣（即泥浆不循环）的工法，即冲击钻机利用钢丝绳悬吊冲击钻头进行往复提升和下落运动，依靠其自身的重力反复冲击破碎岩石，然后用一只带有活底的收渣筒将破碎下来的土渣石屑取出从而成孔。一般先钻进主孔，后劈打副孔，主副孔相连成为一个槽孔。

冲击反循环法是以冲击反循环钻机替代冲击钻机，在空心套筒式钻头中心设置排渣管（或用反循环砂石泵）抽吸含钻渣的泥浆，经净化后回至槽孔，使得排渣效率大大提高，泥浆中钻渣减少后，钻头冲击破碎的效率也大大提高，槽孔建造既可以用平打法，又可分主副孔施工。这种冲击反循环钻机的钻吸法工效大大高于老式冲击钻机的钻劈法。

适用环境：在各种土、砂层、砾石、卵石、漂石、软岩、硬岩中都能使用，特别适用于深厚漂石、孤石等复杂地层施工，在此类地层中其施工成本要远低于抓斗式成槽机和液压铣槽机。该法是国内水利工程在防渗墙施工中仍在使用的一种方法。

优点：施工机械简单，操作简便，成本低，不失为一种经济适用型工艺。

缺点：成槽效率低，成槽质量较差。

（3）回转式钻进成槽工法

回转式成槽机根据回转轴的方向分为垂直回转式与水平回转式。

1）垂直回转式——垂直回转式分为垂直单轴回转钻机（也称为单头钻）和垂直多轴回转钻机（也称为多头钻）。单头钻主要用来钻导孔，多头钻多用来挖槽。

适用环境：标贯值 $N<30$ 的黏性土、砂性土等不太坚硬的细颗粒地层。深度可达 40m 左右。

优点：施工时无振动、无噪声，可连续进行挖槽和排渣，不需要反复提钻，施工效率高，施工质量较好，垂直度可控制在 1/300～1/200。在 20 世纪 80 年代前期应用较多，是种较受欢迎的施工方法。

缺点：在砾石、卵石层中以及遇障碍物时成槽适应性欠佳。

2）水平回转式——水平多轴回转钻机，实际上只有两个轴（轮），也称为双轮铣成槽机。根据动力源的不同，可分为电动和液压两种机型。铣槽机是目前国内外最先进的地下连续墙成槽机械，最大成槽深度可达 150m，一次成槽厚度为 800～2800mm。

优点：

① 对地层适应性强，淤泥、砂、砾石、卵石、中等硬度岩石等均可掘削，配上特制的滚轮铣刀还可钻进抗压强度为 200MPa 左右的坚硬岩石。

② 施工效率高，掘进速度快，一般沉积层可达 20～40m³/h（比抓斗法速度快 2～3 倍），中等硬度的岩石也能达 1～2m³/h。

③ 成槽精度高，利用电子测斜装置和导向调节系统、可调角度的鼓轮旋铣器，可使垂直度高达 1‰～2‰。

④ 成槽深度大，一般可达 60m，特制型号可达 150m。

⑤ 能直接切制混凝土，在一、二序槽的连接中不需专门的连接件，也不需采取特殊封堵措施就能形成良好的墙体接头。

⑥ 设备自动化程度高，运转灵活，操作方便。以电子指示仪监控全施工过程，自动记录和保存测量资料，在施工完毕后还可全部打印出来作为工程资料。

⑦ 低噪声、低振动，可以贴近建筑物施工。

缺点：

① 设备价格昂贵、维护成本高。

② 不适用于存在孤石、较大卵石的地层，需配合使用冲击钻进工法或爆破。

③ 对地层中的铁器掉落或既有地层中存在的钢筋等比较敏感。

2. 施工工艺与操作要点

地下连续墙施工工艺流程如图 7-24 所示。其中导墙砌筑、泥浆制备与处理、成槽施工、钢筋笼制作与吊装、浇筑混凝土等为主要工序。

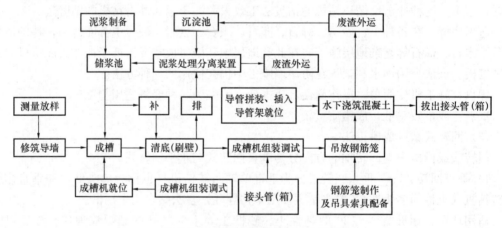

图 7-24   地下连续墙施工工艺流程

7.4 预制地下连续墙

7.4.1 简介

预制地下连续墙（通常叫 PC 地下连续墙或 PC 板墙）不用在施工现场绑扎或焊接钢

筋笼，也不必在现场浇筑水下混凝土，它把地下连续墙的两道主要工序（钢筋和混凝土）都简化了。显而易见，这样做可以大大减少现场施工占用地面和空间，避免了混凝土在闹市中运输困难以及浇筑中可能产生的墙体质量问题。因此这种工法对于城市闹市区中的狭小空间条件下的地下连续墙是非常适用的。

预制地下连续墙和固化工法的用途如图 7-25 所示。除了用作基坑支护和做永久结构一部分使用之外，还可应用固化工法来进行局部地基处理，如盾构接收井的孔口加固，沉井底端地基加固以及地下连续墙的孔口导墙甚至是整个槽孔的加固等；还可用于建造防渗墙等。

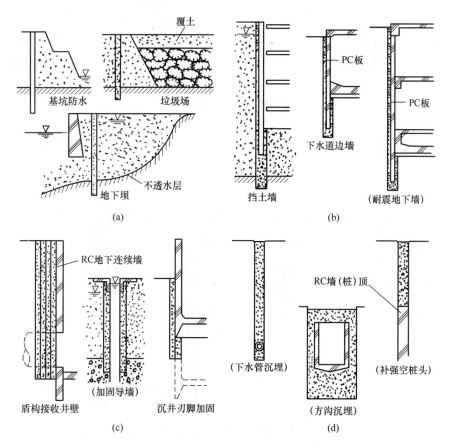

图 7-25　预制地下连续墙和固化工法的应用

（a）防渗墙；（b）支护墙、地下墙；（c）地基处理；（d）埋设管道

1. 自硬泥浆固化工法

自硬泥浆固化工法（PANOSOL）原由法国人发明使用，日本引进后又开发了 PB（图 7-26）工法等。

自硬泥浆固化工法通常是不转换槽孔泥浆而进行固化的。要达到延迟固化的目标，可以采用硬化速度慢的凝胶材料（如 BELIT 工法）或者加入缓凝剂（如 PANOSOL 工法），或者采用自硬性泥浆（如 TSS 工法，如图 7-27 所示）。由于墙体是在工厂预制并已具有很高的强度，而在槽孔内固化泥浆也只需要 1~2d，因而可以大大缩短工期。

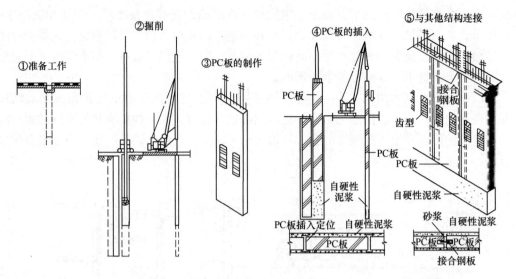

图 7-26　PB 工法施工过程

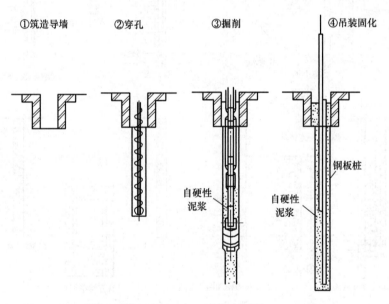

图 7-27　TSS 工法施工过程

随着挖槽深度增加或者是地层施工难度增加，都会增加槽孔的挖槽时间。此时使用自硬性泥浆的难度也会增大。

自硬性泥浆的黏度通常根据地下连续墙的挖槽要求来选定。随着挖槽时间增加，泥浆逐渐变得黏稠，钻进阻力加大，直到最后完全固化。砂卵石地层和漏水大的地层，有利于泥浆失水固结，有利于提高自硬泥浆的早期强度。

2. 原位搅拌固化工法

原位搅拌固化工法是挖槽结束后，把浆液或粉状的固化材料倒入槽孔内，利用压缩空气或其他搅拌机械，把固化材料和槽内泥浆混合均匀，在短期内形成固化体。MTW 工法和熊谷组的 K 系列工法以及 DJW 工法（粉体）均属于原位搅拌固化工法。

图 7-28 是用气泡（压缩空气）搅拌固化的工法（MTW 工法）。图 7-29 则是使用粉体喷射混合的 DJW 工法。

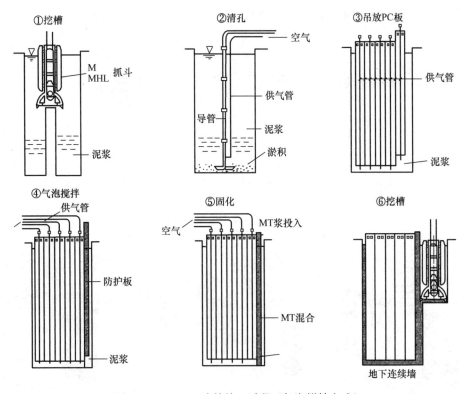

图 7-28 MTW 工法的施工过程（气泡搅拌方式）

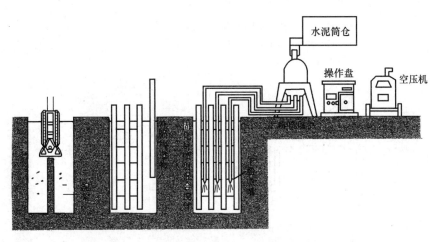

图 7-29 DJW 工法的施工示意图

3. 置换固化工法

置换固化工法就是在挖槽结束以后，用一种固化材料（通常是水泥砂浆或水泥膨润土浆），通过水下导管，把槽孔泥浆全部或部分置换出来，而将预制墙固定的一种工法。

图 7-30 是置换固化工法一般施工过程图。图 7-31 是一种能够进行多种固化施工的

MAI工法，即可进行自硬泥浆、原位固化和置换固化的一种机械搅拌工法。

　　图7-32和图7-33也是置换固化工法。两者的固化材料都是膨润土水泥砂浆（CBS）。请注意后者是采用接头管来分隔一、二期槽孔的。

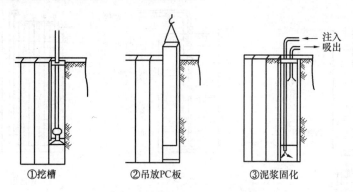

①挖槽　　　　　②吊放PC板　　　　　③泥浆固化

图7-30　置换固化工法施工过程图

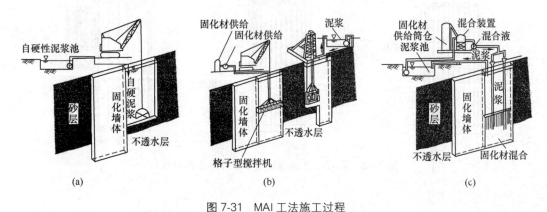

图7-31　MAI工法施工过程

（a）自硬性泥浆方式；（b）原位固化方式；（c）置换固化方式

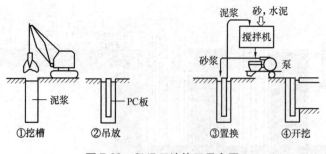

①挖槽　　　②吊放　　　③置换　　　④开挖

图7-32　OMF工法施工示意图

　　4. 其他工法

　　（1）图7-34是意大利土力公司开发使用的PC地下连续墙施工示意图。预制板长15～20m，宽2.5m，厚0.6m，采用承插口接头，用固化灰浆或自硬泥浆作为固化材料。

　　（2）图7-35是美国常用的自硬泥浆固化的PC地下连续墙。它使用预制桩柱和预制墙板两种构件，可以承受更大的荷载，基坑可做得深一些。

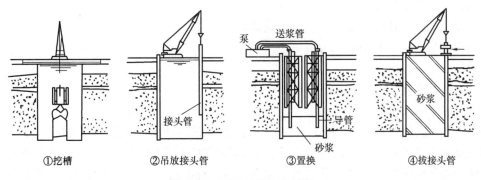

①挖槽　②吊放接头管　③置换　④拔接头管

图 7-33　FSW 工法施工过程

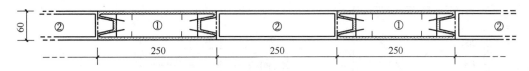

图 7-34　PC 地下连续墙施工示意图（单位：cm）
①—钢筋笼骨架；②—已完成段墙体

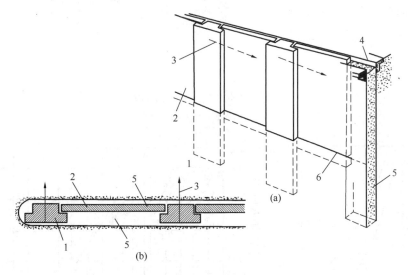

图 7-35　PC 地下连续墙施工图
（a）立面；（b）平面
1—预制桩柱；2—PC 板；3—锚杆；4—导墙；5—自硬泥浆；6—基坑底

7.4.2　固化材料

（1）配合比

自硬泥浆一般加入缓凝剂，以增加挖槽时间。固化灰浆常加入 4%～6% 水玻璃（硅酸钠），水泥 15%～25%。还可加入一定数量的细硅粉，以改善固化灰浆性能。

置换固化材料的配比可参照原位固化灰浆配合比选用。应注意，所有这些固化材料均应根据室内外或现场试验结果来选定配合比。

（2）固体化的性能

固体化的性能指标经综合分析有关测试报告之后，提出以下变化值：

变形模量 $E_{50}=(100\sim200)q_u$；

泊松比 $\nu=0.4$；

弯曲抗拉强度 $\sigma_t=(0.2\sim0.4)q_u$。

式中 q_u——一轴压缩强度。

由于各工法的差异和现场施工条件的不同，固化体的性能也会发生很大差异。图7-36表示固化体强度与龄期的关系。可以看出固化体的后期强度是比较大的。图 7-37 则表示了固化体一轴压缩强度与渗透系数之间的关系。可以看出随着一轴强度的增加，其渗透系数变小。

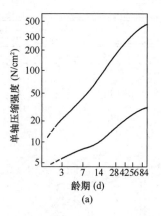 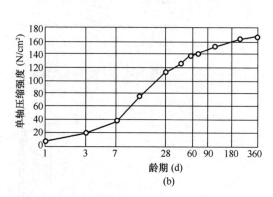

图 7-36 固化体的强度与龄期关系

（a）自硬泥浆；（b）固化灰浆

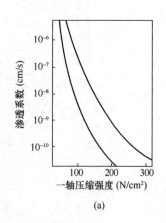 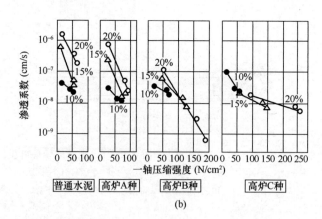

图 7-37 一轴压缩强度与渗透系数的关系

（a）自硬泥浆；（b）固化灰浆

7.4.3 预制墙板

1. PC 板的制造

PC 板通常都是在工厂制造的，并且多是预应力构件。

　　PC 板的短边尺寸长为 1~2m，长边多为 20m 左右，其中抗震 PC 板长约 15m，个别
PC 板长也有达到 30~40m 的。一般板厚比较薄，抗震 PC 板厚为 250~400mm，也有厚
150~200mm 的。

　　PC 板制作时要埋设很多埋件，比如与后期工程有关的预埋件、模板预埋件、水平支
撑的预埋钢板以及土压力盒和倾斜仪固定装置等。图 7-38 展示了 PC 板加工图。

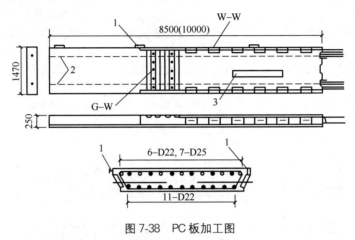

图 7-38　PC 板加工图

2. PC 板的接头

图 7-39 展示了 PC 板的几种接头方式，图 7-40 表示自硬泥浆固化接头的施工过程。

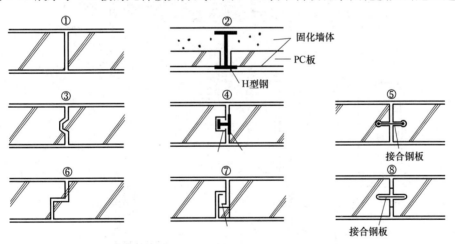

图 7-39　PC 板的接头方式

　　图 7-41 展示了美国的 PC 板常用的接头方式，在两块 PC 板之间可以设置止水片，膨
胀混凝土塞或是只是榫槽灌浆。图 7-42 是 PC 板之间的锁定装置，使 PC 板沿地下连续墙
长度方向能准确定位。

3. PC 板的施工

　　PC 板的施工顺序在前文已有所说明，这里再作一些补充说明。

　　PC 地下连续墙的槽段长度应根据地质条件、挖槽速度、起重机吊装能力等条件，综
合选定。一般槽长可选为 5~8m。

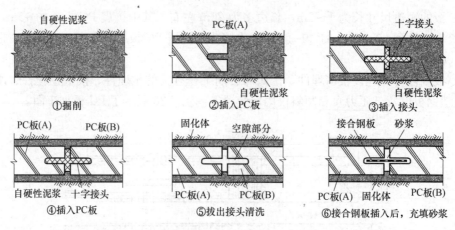

①掘削   ②插入PC板   ③插入接头

④插入PC板   ⑤拔出接头清洗   ⑥接合钢板插入后,充填砂浆

图 7-40   自硬泥浆固化接头施工过程 (PB—J 工法)

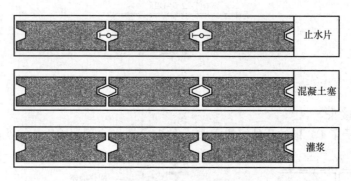

图 7-41   PC 板接头

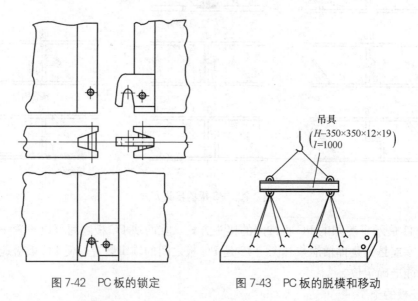

图 7-42   PC 板的锁定   图 7-43   PC 板的脱模和移动

　　PC 板吊装时应使吊点牢固可靠,起吊过程中不得使 PC 板底端触地,起吊方法如图 7-43 和图 7-44 所示。

　　PC 板吊入槽孔后,要准确定位,将其固定在孔口设置的托架上 (图 7-45)。

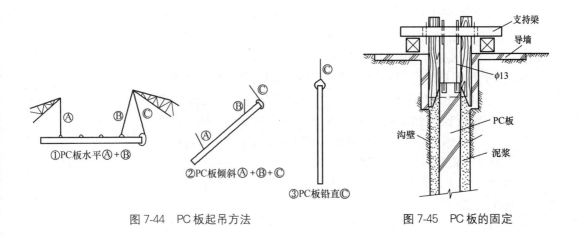

图 7-44　PC 板起吊方法　　　　　　　图 7-45　PC 板的固定

习题

1. 单项选择题

[1] 某场地开挖深基坑，采用地下连续墙加内支撑支护。场地土为饱和黏性土，坑边地面无超载，基坑开挖后坑壁发生向坑内的位移，此时坑壁附近土层中超静孔隙水压力最可能是下列哪种情况？（　　）

A. 为正　　　　　　B. 为负　　　　　　C. 为零　　　　　　D. 不确定

[2] 图为在均匀黏性土地基中采用明挖施工，平面上为弯段的某地铁线路。采用分段开槽浇筑的地下连续墙加内支撑支护，没有设置连续腰梁，结果开挖到全段接近设计坑底高程时，支护结构破坏，基坑失稳。在按平面应变条件设计的情况下，判断最可能发生的情况是下列哪一选项？（　　）

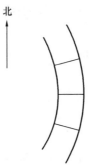

A. 东侧连续墙先破坏　　　　　　　　B. 西侧连续墙先破坏

C. 两侧发生相同的位移，同时破坏　　D. 无法判断

[3] 某基坑拟采用排桩或地下连续墙悬臂支护结构，地下水位在基坑底以下，支护结构嵌入深度设计最主要由下列哪个选项控制？（　　）

A. 抗倾覆　　　　　　　　　　　　　B. 抗水平滑移

C. 抗整体稳定　　　　　　　　　　　D. 抗坑底隆起

[4] 设计时对地下连续墙墙身结构质量检测，宜优先采用下列哪种方法？（　　）

A. 高应变动测法　　　　　　　　　　B. 声波透射法

C. 低应变动测法   D. 钻芯法

[5] 在其他条件相同时，悬臂式钢板桩和悬臂式混凝土地下连续墙所受基坑外侧，压力的实测结果应该是下列哪一种情况？（   ）

A. 由于混凝土模量比钢材小，所以混凝土墙上的土压力更大

B. 由于混凝土墙的变形（位移）小，所以混凝土墙上土压力更大

C. 由于钢板桩的变形（位移）大，所以钢板桩上的土压力更大

D. 由于钢材强度高于混凝土强度，所以钢板桩上的土压力更大

[6] 在某中粗砂场地开挖基坑，用插入不透水层的地下连续墙截水，当场地墙后地下水位上升时，墙背上受到的主动土压力（前者）和水土总压力（后者）各自的变化规律符合下列哪个选项？（   ）

A. 前者变大，后者变小   B. 前者变小，后者变大

C. 前者变小，后者变小   D. 两者均没有变化

2. 多项选择题

[1] 下列哪些选项属于地下连续墙的柔性槽段接头？（   ）

A. 圆形锁口管接头   B. 工字形钢结构

C. 楔形接头   D. 十字形穿孔钢板结构

[2] 采用"两墙合一"的地下连续墙作为开挖阶段的挡土、挡水结构，也兼作地下室结构外墙，下列哪些选项的措施可增强地下连续墙接头处的防渗效果？（   ）

A. 采用圆形锁口管等柔性接头代替十字钢板接头箱等刚性接头

B. 增加地下连续墙成槽施工过程中泥浆浓度

C. 在地下连续墙接头处靠基坑外侧采用旋喷桩加固

D. 在地下连续墙接头处靠基坑内侧设置扶壁柱

[3] 由地下连续墙支护的软土地基基坑工程，在开挖过程中，发现坑底土体隆起，基坑周围地表水平变形和沉降速率急剧加大，基坑有失稳趋势。此时，应采取下列哪些抢险措施？（   ）

A. 在基坑外侧壁土体中注浆加固

B. 在基坑侧壁上部四周卸载

C. 加快开挖速度，尽快达到设计坑底标高

D. 在基坑内墙前快速堆土

[4] 关于深基坑地下连续墙上的土压力，下列哪些选项的描述是正确的？（   ）

A. 墙后主动土压力状态比墙前坑底以下的被动土压力状态容易达到

B. 对相同开挖深度和支护墙体，黏性土土层中产生主动土压力所需墙顶位移量比砂土的大

C. 在开挖过程中，墙前坑底以下土层作用在墙上的土压力总是被动土压力，墙后土压力总是主动土压力

D. 墙体上的土压力分布与墙体的刚度有关

[5] 在其他条件相同的情况下，对于如图所示地下连续墙支护的 A、B、C、D 四种平面形状基坑，如它们长边尺寸都相等，哪些选项平面形状的基坑安全性较差，需采取加强措施？（   ）

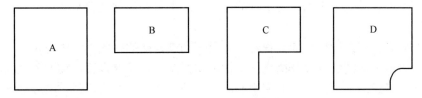

A. 正方形基坑　　　　　　　　　B. 长方形基坑
C. 有阳角的方形基坑　　　　　　D. 有局部外凸的方形基础

3. 案例分析题

［1］一个采用地下连续墙支护的基坑的土层分布情况如图所示：砂土与黏土的天然重度都是 20kN/m³。砂层厚 10m，黏土隔水层厚 1m，在黏土隔水层以下砾石层中有承压水，承压水头 8m。没有采用降水措施，为了保证抗突涌的渗透稳定安全系数不小于 1.1，该基坑的最大开挖深度 H 不能超过多少米？

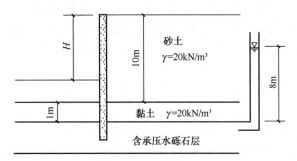

［2］在密实砂土地基中进行地下连续墙的开槽施工，地下水位与地面齐平，砂土的饱和重度 $\gamma_{sat}=20.2kN/m^3$，内摩擦角 $\varphi=38°$，黏聚力 $c=0$，采用水下泥浆护壁施工，槽内的泥浆与地面齐平，形成一层不透水的泥皮，为了使泥浆压力能平衡地基砂土的主动土压力，使槽壁保持稳定，泥浆相对密度至少应达到何值？

［3］在饱和软黏土地基中开槽建造地下连续墙，槽深 8.0m，槽中采用泥浆护壁，已知软黏土的饱和重度为 16.8kN/m³，$c_u=12kPa$，$\varphi_u=0°$。对于图示的滑裂面，问保证槽壁稳定的最小泥浆密度最接近于何值？

［4］紧靠某长 200m 大型地下结构中部的位置新开挖一个深 9m 的基坑，基坑长 20m，宽 10m。新开挖基坑采用地下连续墙支护，在长边的中部设支撑一层，支撑一端支于已有地下结构中板位置，支撑截面为高 0.8m，宽 0.6m，平面位置如图虚线所示，采用 C30 钢筋混凝土，设其弹性模量 $E=30GPa$，采用弹性支点法计算连续墙的受力，取单位米宽度作计算单元，支撑的支点刚度系数应为多少？

答案详解

1. 单项选择题

【1】B

超静孔隙水压力多由外部荷载引起，但是扰动、振动、土中地下水位的升降都可以引起超静孔隙水压力，可以归结为由外部作用和边界条件变化引起。基坑开挖后坑壁发生向内的位移会使饱和黏性土中水位有上升的趋势，产生负的超静孔隙水压力。

【2】B

当开挖到全段接近设计坑底高程时，在所开沟槽外凸的一侧，土压力作用下将产生纵向拉力，由于地下连续墙分段开槽浇筑后加内支撑支护，没有设置连续腰梁，因此在纵向拉力作用下，墙线沿水平面上的曲率中心向外移动，引起拉应力增长，南墙接点和北墙接点依次开裂破坏。

【3】A

【4】B

混凝土墙体结构的检测一般要求无损检测，首选声波法。

【5】B

混凝土墙体的厚度大，变形较小，因此混凝土墙上的土压力更大。

【6】B

中粗砂场地的土压力应采用水土分算。此题也是分别计算其变化规律，水位上升后，土压力采用有效重度计算，要比未上升前减小，则土压力减小。水位上升，水压力的作用面积增大，水土总压力增大。

2. 多项选择题

【1】A、B、C

【2】C、D

地下连续墙作为地下结构主体外墙时，宜采用刚性接头，A错误；成槽泥浆浓度主要用来平衡水土压力，保持槽壁稳定，泥浆浓度过大（即泥浆中黏粒浓度太大），黏度过大，其稳定性、槽壁性能劣化，难以形成稳定而防渗能力好的泥膜，不利于增强地下连续墙接头处的防渗效果，B错误；基坑外侧做旋喷桩可以起到止水帷幕的作用，提高接头处的防渗效果，C正确；D正确。

【3】B、D

基坑抢险最有效的措施就是卸坡顶土，坡脚堆土。卸坡顶土，滑动力矩减小，坑外土重减小，整体稳定安全系数及抗隆起安全系数均增大。坡脚堆土，抗滑动力矩增大，坑内土重增大，整体稳定安全系数及抗隆起安全系数均增大。

【4】A、B、D

地下连续墙侧向变形很小，坑底以下基本无位移，因此，墙后土压力状态比坑底要容易达到。黏性土因其有黏聚力，可抵消侧向位移，位移量相对较大。随着开挖和入土深度不同，坑底下的土压力是交替出现的。墙体刚度越大，越接近静止土压力。

【5】C、D

不利情况：阳角（易引起应力集中）、长边（易变形）。

3. 案例分析题

【1】根据公式：

$$\frac{D\gamma}{h_w\gamma_w} = \frac{(10+1-H)\times 20}{8\times 10} = 1.1，得 H = 6.6m。$$

【2】饱和砂土主动土压力系数：

$$K_a = \tan^2\left(45° - \frac{\varphi}{2}\right) = \tan^2\left(45° - \frac{38°}{2}\right) = 0.238$$

水泥浆不同深度处水压力大小为 P_{gh}。

槽壁稳定时，$P_{gh} = \gamma' h K_a + \gamma_w h$

$$\rho = \frac{\gamma' K_a}{g} + \frac{\gamma_w}{g} = \frac{10.2 \times 0.238}{10} + \frac{10}{10} = 1.243 \mathrm{g/cm^3}$$

【3】根据三角形楔体的静力平衡来计算泥浆压力 P。

$$W = \frac{1}{2} \times 16.8 \times 8^2 = 537.6 \mathrm{kN/m}$$

$$C = 12 \times 8\sqrt{2} = 135.7 \mathrm{kN/m}$$

下三角形的斜边：$W_2 = \sqrt{2}C = 192 \mathrm{kN/m}$

上三角形直角边：$W_1 = 537.6 - 192 = 345.6 \mathrm{kN/m}$

$P = W_1 = 345.6 \mathrm{kN/m}$；$P = \frac{1}{2}\rho \times 10 \times 8^2 = 345.6 \mathrm{kN/m}$；$\rho = 1.08 \mathrm{g/cm^3}$；图解如下：

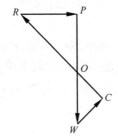

【4】$k_R = \dfrac{\alpha_R E A b_a}{\lambda l_0 s} = \dfrac{1.0 \times 30 \times 10^3 \times 0.8 \times 0.6 \times 1.0}{1.0 \times 10 \times 10} = 144 \mathrm{MN/m}$

第8章 板桩、排桩和内支撑

8.1 灌注桩排桩围护墙

8.1.1 概述

排桩围护体是利用常规的各种桩体，例如钻孔灌注桩、挖孔桩、预制桩及混合式桩等并排连续起来形成的地下挡土结构。

按照单个桩体成桩工艺的不同，排桩围护体桩型大致有以下几种：钻孔灌注桩，预混凝土桩、挖孔桩、压浆桩，SMW 工法（型钢水泥土搅拌桩）等，这些单个桩体可在平面布置上采取不同的排列形式形成挡土结构，来支挡不同地质和施工条件下基坑开挖时的侧向水土压力。

8.1.2 灌注排桩围护墙的特点

排桩围护体与地下连续墙相比，其优点在于施工工艺简单，成本低，平面布置灵活，缺点是防渗和整体性较差，一般适用于中等深度（6~10m）的基坑围护，但近年来也应用于开挖深度20m以内的基坑。其中，压浆桩适用的开挖深度一般在 6m 以下，在深基坑工程中，有时与钻孔灌注桩结合，作为防水抗渗措施，采用分离式、交错式、排列式布桩以及双排桩，当需要隔离地下水时，需要另行设置截水帷幕，这是排桩围护体的一个重要特点，在这种情况下，截水帷幕防水效果的好坏，直接关系基坑工程的成败，须认真对待。

非打入式排桩围护体与预制式板桩围护相比，有无噪声、无振害、无挤土等许多优点，从而日益成为国内城区软弱地层中中等深度基坑（6~15m）围护的主要形式。

8.1.3 灌注排桩围护墙施工

1. 柱列式灌注桩围护体的施工

（1）钻孔灌注桩干作业成孔施工

钻孔灌注桩干作业成孔的主要方法有螺旋钻孔机成孔、机动洛阳铲挖孔机成孔及旋挖钻机成孔等方法。

（2）钻孔灌注桩湿作业成孔施工

1）成孔方法

钻孔灌注桩湿作业成孔的主要方法有冲击成孔、潜水电钻机成孔、工程地质回转钻机成孔及旋挖钻机成孔等。

潜水电钻机特点是将电机、变速机构加以密封，并同底部钻头连接在一起，组成一个专用钻具，可潜入孔内作业，多以正循环方式排泥。

潜水电钻体积小、重量轻、机器结构轻便简单、机动灵活、成孔速度较快，宜用于地下水位高的轻硬地层，如淤泥质土、黏性土以及砂质土等，其常用钻头为笼式钻头。

工程水文地质回转钻机由机械动力传动，配以笼式钻头，可多挡调速或液压无级调速，以泵吸或气举的反循环方式进行钻进，有移动装置，设置性能可靠，噪声和振动小，钻进效率高，钻孔质量好。上海地区近几年已有数千根灌注桩采用它来施工，它适用于松散土层、黏土层、砂砾层、软硬岩层等多种地质条件。用作围护的灌注桩施工前必须试成孔，数量不得少于 2 个，以便核对地质资料，检验所选的设备、机具、施工工艺以及技术要求是否适宜，如孔径、垂直度、孔壁稳定和沉淤等检测指标不能满足设计要求时，应拟定补救技术措施，或重新选择施工工艺。成孔须一次完成，中间不要间断。成孔完毕至灌注混凝土的间隔时间不宜大于 24h。为保证孔壁的稳定，应根据地质情况和成孔工艺配制不同的泥浆。成孔到设计深度后，应进行孔深、孔径、垂直度、沉浆浓度、沉渣深度等测试检查，确认符合要求后，方可进行下一道工序施工，根据出渣方式的不同，成孔作业可分成正循环成孔和反循环成孔两种。

安全技术：

① 钻机施工作业前应对钻机进行检查，各部件验收合格后方能使用，确保钻头和钻杆连接螺纹良好，钻头焊接牢固，不得有裂纹。

② 冲击成孔前以及过程中应经常检查钢丝绳、卡扣及转向装置，冲击时应控制钢丝绳放松量。

③ 钻机钻架基础应夯实、整平，并满足地基承载能力，作业范围内地下无管线及其他地下障碍物，作业现场与架空输电线路的安全距离符合规定。

④ 钻进中，应随时观察钻机的运转情况，当发生异响、吊索具破损、漏气、漏渣以及其他不正常情况时，应立即停机检查，排除故障后，方可继续开工。

⑤ 桩孔净间距过小或采用多台钻机同时施工时，相邻桩应间隔施工，完成浇筑混凝土的桩与邻桩间距不应小于 4 倍桩径，或间隔施工时间宜大于 36h。

⑥ 泥浆护壁成孔时发生斜孔、塌孔或沿护筒周围冒浆以及地面沉陷等情况时应停止钻进，经采取措施后方可继续施工。

⑦ 采用气举反循环时，其喷浆口应遮拦，并应固定管端。

2）清孔

完成成孔后，在灌注混凝土之前，应进行清孔，通常清孔应分两次进行。第一次清孔在成孔完毕后立即进行；第二次在下放钢筋笼和混凝土导管安装完毕后进行。

常用的清孔方式有正循环清孔、泵吸反循环清孔和空气升液反循环清孔，通常随成孔时采用的循环方式而定。清孔时先是钻头稍作提升，然后通过不同的循环方式排除孔底沉淤，与此同时，不断注入洁净的泥浆水，用以降低桩孔泥浆水中的泥渣含量。清孔过程中应测定沉浆指标。清孔后的泥浆相对密度应小于 1.15，清孔结束时应测定孔底沉淤，孔底沉淤厚度一般应小于 30cm。

第二次清孔结束后孔内应保持水头高度，并应于 30min 内灌注混凝土。若超过30min，灌注混凝土应重新测定孔底沉淤厚度。

3）钢筋笼施工

钢筋笼宜分段制作。分段长度应按钢筋笼的整体刚度、来料钢的长度及起重设备的有效高度等因素确定。钢筋笼在起吊、运输和安装中应采取措施防止变形。

4）水下混凝土施工

配制混凝土必须保证能满足设计强度以及施工工艺要求。混凝土是确保成桩质量的关键工序，灌注前应做好一切准备工作，保证混凝土灌注连续紧凑地进行。

钻孔灌注桩柱列式排桩采用湿作业法成孔时，要特别注意孔壁护壁问题。当桩距较小时，由于通常采用跳孔法施工，当桩孔出现坍塌或扩径较大时，会导致两根已经施工的桩之间插入后施工的桩时发生成孔困难，必须把该根桩向排桩轴线外移才能成孔。一般而言，柱列式排桩的净距不宜小于200mm。

混凝土浇筑完毕后，应及时在桩孔位置回填土方或加盖盖板。

2. 截水帷幕与灌注桩重合围护体的施工

当可供基坑围护桩和截水帷幕设置、施工的场地狭小时，可考虑将排桩与截水帷幕设置在同一轴线上，形成挡土、截水合一的排桩—截水帷幕结合体。

截水帷幕与灌注桩重合围护体施工的关键与咬合桩施工类似，即注意相邻的搅拌桩与混凝土桩施工的时间安排和搅拌桩成桩的垂直度，一般而言，搅拌桩施工结束的48h内施工灌注桩时易发生坍孔、扩径严重等现象，因此不宜施工灌注桩。但时间超过7d后，由于搅拌桩强度的增加，施工灌注桩的阻力较大，也要特别注意避免因已施工完成的搅拌桩垂直度偏差较大而造成与钢筋混凝土桩搭接效果不好的情况，甚至出现基坑漏水。

3. 人工挖孔桩围护体的施工

人工挖孔桩是采用人工挖掘桩身土方，随着孔洞的下挖，逐段浇筑钢筋混凝土护壁。直到设计所需深度。土层好时，也可不用护壁，一次挖至设计标高，最后在护壁内一次浇筑完成混凝土桩身的桩。挖孔桩作为基坑支护结构，与钻孔灌注桩相似，是由多个桩组成桩墙而起挡土作用，它有如下优点：大量的挖孔桩可分批挖孔，使用机具较少、无噪声、无振动、无环境污染；适应建筑物、构筑物拥挤的地区，对邻近结构和地下设施的影响小，场地干净，造价较经济。

应当指出，选用挖孔桩作支护结构，除了对挖孔桩的施工工艺和技术要有足够的经验外，还应注意在有流动性淤泥、流砂和地下水较丰富的地区不宜采用。

人工挖孔桩在浇筑完成以后，即具有一定的防渗能力和支承水平土压力的能力，把挖孔桩逐个相连，即形成一个能承受较大水平压力的挡墙，从而起到支护结构防水、挡土等作用。

人工挖孔桩支护原理与钻孔灌注桩挡墙或地下连续墙相类似。人工挖孔桩直径较大，属于刚性支护，设计时应考虑桩身刚度较大对土压力分布及变形的影响。

挖孔桩选作基坑支护结构时，桩径一般为100～120cm。桩身等设计参数，应根据地质情况和基坑开挖深度计算确定，在实践中，也有工程采用挖孔桩与锚杆相结合的支护方案。

人工挖孔桩施工应采取下列安全措施：

（1）孔内必须设置应急软爬梯供人员上下；使用的捯链、吊笼等应安全可靠，并配有自动卡紧保险装置，不得使用麻绳和尼龙绳吊挂或脚踏井壁凸缘上下；捯链宜用按钮式开关，使用前必须检验其安全起吊能力。

（2）每日开工前必须检测井下的有毒、有害气体，并应有相应的安全防范措施；当桩孔开挖深度超过 10m 时，应有专门向井下送风的装备，风量不宜小于 25L/s。

（3）孔口四周必须设置护栏，护栏高度宜为 0.8m。

（4）挖出的土石方应及时运离孔口，不得堆放在孔口周边 1m 范围内，机动车辆的通行不得对井壁的安全造成影响。

（5）施工现场的一切电源，电路的安装和拆除必须遵守行业标准《施工现场临时用电安全技术规范》JGJ 46—2005 的规定。

4. 钻孔压浆桩护体的施工

钻孔压浆桩又称树根桩，钻孔压浆桩施工工艺与钻孔灌注桩的施工工艺类似，与钻孔灌注桩相比，钻孔压浆桩孔径较小（<400mm）。桩身混凝土采用先下细石面后注浆成桩的工艺，该桩具有以下特点：

（1）水泥浆的泵送设备比水下混凝土浇制简单方便。

（2）石子的清洗在钻孔中同时进行。

（3）压浆减少了泥浆水的护壁时间，不易坍孔。

为了使成孔工作顺利，在钻孔之前应预先开挖沟槽和集水坑。钻孔在沟槽内进行，钻出的泥浆从沟槽流入集水坑。施工结束后，沟槽可作为压浆桩柱帽的土模。

钻孔压浆桩钻孔通常用长螺旋钻机，也可用地质钻机改装而成。钻孔直径为 400mm 左右，孔深按设计要求，但受钻机起吊能力的限制，钻孔垂直精度小于 1/200，由此定出相邻两桩之间的净间距为 $0.005H$（H 为桩深），在钻孔过程中，如遇到黏性较好的黏土，可将钻杆反复上下扫孔，使其与清水混合成泥浆而后排出。

桩体采用的石料由直径 10～30mm 的石子组成，进场石料要求含泥量小于 2%，石子倒下完毕后，即开泵注清水，清水通过注浆管从孔底注出，达到清洗石子的目的。要求注水直到孔口由冒出泥浆水变为冒出清水为止。然后，可压注水泥浆形成钢筋混凝土桩体。

5. 咬合桩围护体的施工

钻孔咬合桩是采用全套管灌注桩机施工形成的桩与桩之间相互咬合排列的一种基坑支护结构。施工时，通常采用全混凝土桩排列（俗称全荤桩）及混凝土与素混凝土交叉排列（俗称荤素搭配桩）两种形式，其中荤素搭配桩的应用较为普遍。素桩采用超缓凝型混凝土先期浇筑；在素桩混凝土初凝前利用套管钻机的切割能力切割掉相邻素混凝土桩相交部分的混凝土，然后浇筑荤桩，实现相邻桩的咬合，如图 8-1 所示。

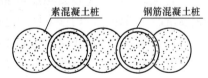

图 8-1 咬合桩施工示意图

单根咬合桩施工工艺流程如下：

（1）护筒钻机就位：当定位导墙有足够的强度后，用起重机移动钻机就位，并使主机抱管器中心对应定位于导墙孔位中心。

（2）单桩成孔：步骤为随着第一节护筒的压入（深度为 1.5～2.5m），冲抓斗随之从护筒内取土，一边抓土一边继续下压护筒，待第一节全部压入后（一般地面上留 1～2m，以便于接筒）检测垂直度，合格后，接第二节护筒，如此循环至压到设计桩底标高。

（3）吊放钢筋笼：对于 B 桩，成孔检查合格后进行安放钢筋笼的工作，此时应保证钢筋笼标高正确。

（4）灌注混凝土：如孔内有水，需采用水下混凝土灌注法施工；如孔内无水，则采用干孔灌注法施工并注意振捣。

（5）拔筒成桩：一边浇筑混凝土一边拔护筒，应注意保持护筒底低于混凝土面不小于
2.5m。排桩施工工艺流程如图 8-2 所示，对一排咬合桩，其施工流程为 A1→A2→B1→
A3→B2→A4→B3，如此类推。

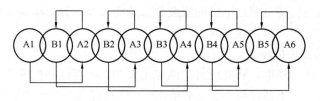

图 8-2　排桩施工工艺流程

A 桩混凝土缓凝时间（*T*）的确定需要在测定出 A、B 桩单桩成桩所需时间后，根据
式（8-1）计算：

$$T = 3t + K \tag{8-1}$$

式中　　*K*——储备时间，一般取 1.5*t*。

在 B 桩成孔过程中，由于 A 桩混凝土未完全凝固，还处于流动状态，因此其有可能
从 A、B 桩相交处涌入 B 桩孔内，形成"管涌"。克服措施有：

（1）控制 A 桩坍落度小于 14cm。

（2）护筒应超前孔底至少 1.5m。

（3）实时观察 A 桩混凝土顶面是否下陷，若发现下陷应立即停止 B 桩开挖，并一边
将护筒尽量下压，一边向 B 桩内填土或注水（平衡 A 桩混凝土压力），直至制止住"管
涌"为止。

当遇地下障碍物时，由于咬合桩采用的是钢护筒，所以可吊放作业人员下孔内清除障
碍物。

在向上拔出护筒时，有可能带起放好的钢筋笼，预防措施是可选择减小 B 桩混凝土
骨料粒径或者可在钢筋笼底部焊上一块比其自身略小的薄钢板以增加其抗浮能力。

咬合桩在施工时不仅要考虑素混凝土桩混凝土的缓凝时间控制，注意相邻的素混凝土
和钢筋混凝土施工的时间安排，还需要控制好成桩的垂直度，防止因素混凝土桩强度增
长过快而造成钢筋混凝土桩无法施工，或因已施工完成的素混凝土桩垂直度偏差较大而造
成与钢筋混凝土桩搭接效果不好的情况，甚至出现基坑漏水、无法止水而失败的情况、因
此，对于咬合桩施工应该进行合理安排，做好施工记录，方便施工顺利进行。

8.2　钢板桩围护墙

8.2.1　概述

钢板桩支护结构属板式支护结构之一，适用于地下工程施工因受场地等条件的限制，
基坑或基槽不能采用放坡开挖而必须进行垂直土方开挖及地下工程施工时采用。钢板桩支
护结构在国内外的建筑、市政、港口、铁路等领域都有悠久的使用历史。

钢板桩是一种带锁口或钳口的热轧（或冷弯）型钢，靠锁口或钳口相互连接咬合，形成连续的钢板桩墙，用来挡土和挡水，具有高强、轻型、施工快捷、环保、美观、可循环利用等优点。

钢板桩断面形式很多，英、法、德、美、日本、卢森堡、印度等国的钢铁集团都制定了各自的规格标准。常用的钢板桩截面形式有 U 形、Z 形、直线形及组合型等，如图 8-3 所示。

近年来钢板桩朝着宽、深、薄的方向发展，使得钢板桩的效率（截面模量/质量）不断提高，此外还可采用高强度钢材代替传统的低碳钢或是采用大截面模量的组合型钢板桩，这都极大地拓展了钢板桩的应用领域。

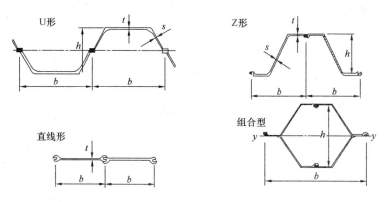

图 8-3　常用钢板桩截面形式

8.2.2　钢板桩围护墙施工

1. 沉桩方法

钢板桩沉桩方法分为陆上沉桩和水上沉桩两种。沉桩方法的选择应综合考虑场地地质条件、是否能达到需要的平整度和垂直度以及沉桩设备的可靠性、造价等各种因素。

陆上打桩，导向装置设置方便，设备材料容易进入，打桩精度容易控制。应尽量争取这种方法施工。在水中水深较浅时，也可回填后进行陆上施工，但需考虑水受污染及河流流域面积减少等因素。但水深很大，靠回填经济上不合理时，需用船施工，船上施工的桩架高度比陆上施工低，作业范围广，但是材料运输不方便，作业受风浪影响大，精度不易控制，对导向装置要求较高，为解决此类不足，也可在水上搭设打桩平台，用陆上的打桩架进行施工，这样对精度控制较有力，但打桩平台的搭设在技术和经济上要求均较高。

2. 沉桩的布置方式

钢板桩沉桩时第一根桩的施工较为重要，应该保证其在水平向和竖直向平面内的垂直度，同时需注意后沉的钢板桩应与先沉入桩的锁口可靠连接，沉桩的布置方式一般有 3 种，即：插打式、屏风式及错列式。

插打式打桩法即将钢板桩一根根地打入土中，这种施工法速度快，桩架高度相对可低一些，一般适用于松软土质和短桩，由于锁口易松动，板桩容易倾斜，对此可在一根桩打入后，把它与前一根焊牢，既防止倾斜又可避免被后打的桩带入土中。

屏风式打桩法即将多根板桩插入土中一定深度，使桩机来回锤击，并使两端 1～2 根桩先打到要求深度再将中间部分的板桩顺次打入，这种屏风施工法可防止板桩的倾斜与转动，对要求闭合的围护结构，常采用此法。此外，还能更好地控制沉桩长度。其缺点是施工速度比单桩施工法慢且桩架较高。

错列式打桩法即每隔一根桩进行打入，然后再打击中间的桩。这样可以改善桩列的线形，避免了倾斜问题。如图8-4所示，这种施工方法一般采取1、3、5桩先打，2、4桩后打。

在进行组合钢板桩沉桩时，常用错列式沉桩法，一般先沉截面模量较大的主桩，后沉中间较小截面的板桩。

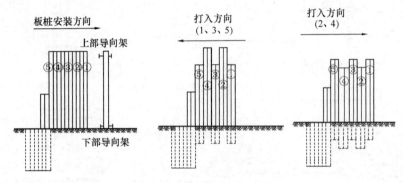

图8-4　错列式打桩法操作步骤

屏风式打桩法有利于钢板桩的封闭，工程规模较小时可考虑将所有钢板桩安装成板桩墙后再进行沉桩，用插打法沉桩时为了有利于钢板桩的封闭，一般需从离基坑角点约5对钢板桩的距离开始沉桩，然后在与角点约5对钢板桩距离的地方停止，封闭时通过调整墙体走向来保证尺度要求，且在封闭前需要校正钢板柱的倾斜，有必要的时候补桩封闭。对于圆形支撑结构，若尺度较小可安装好所有板桩后沉桩；直径较小的支撑结构只通过领口转动不能达到预期效果，可使用预弯成型的板桩封闭；尺度较大时需要严格控制板桩的垂直度，否则可能需要调整板桩的走向，但会增加或减小结构直径，因此亦可使用预弯成型的钢板桩。

3. 辅助沉桩措施

在用以上方法沉桩困难时，可能需要采取一定的辅助沉桩措施，如：水冲法、预钻孔法、爆破法等。

水冲法：包括空气压力法、低压水冲法、高压水冲法等。原理均是通过在板桩底部设置喷射口，并通过管道连接至压力源，通过喷射松散土体利于沉桩，但水冲法大量的水可能引起副作用，如沉降问题等。高压水冲水量比低压水冲要小，因此更为有利，而且低压水冲可能会影响土体性质，应慎用，表8-1为常用水冲参数表。

预钻孔法：通过预钻孔降低土体的抵抗力利于沉桩，但若钻孔太大需回填土体。一般直径为150～250mm，该方法甚至可用于含有硬岩层土的钢板桩沉桩，在没有土壤覆盖底岩的海洋环境中特别有效。

爆破法：主要有常规爆破或振动爆破。常规爆破先将炸药放进钻孔内然后覆上土点燃，这样在沉桩中心线上可以形成V形沟槽，振动爆破则是用低能炸药将坚硬岩石炸成细颗粒材料，这种方法对岩石的影响较小，而后板桩应尽快打入以获得最佳沉桩时机。

常用水冲参数表 表 8-1

水冲法	管径（mm）	管嘴（mm）	供给压力（bar）	供给量	适用土类
空气压力	25	5～10	5～10	4.5～6m³/min	黏性土
低压水冲	20～40	5～10	10～20	200～500L/min	密实颗粒状土
高压水冲	30	1.2～3.0	250～500	20～60L/min	非常密实颗粒状土

4. 钢板桩沉桩施工安全控制

鉴于打桩作业中断桩、倒桩等事故都有可能发生，桩施工作业区内应无高压线路，作业支护结构施工区应有明显标志或围栏。桩锤在施打过程中，操作人员必须在距离桩锤中心 5m 以外监视。

板桩围护施工过程中，应加强周边地下水位以及孔原水压力的监测。当板桩围护墙基坑邻近建（构）筑物及地下管线时，应采用静力压桩法施工，并应根据环境状况控制压桩施工速率，静力压桩作业时，应有统一指挥，压桩人员和吊装人员密切联系，相互配合。

采用振动桩锤作业时，悬挂振动桩锤的起重机，其吊钩上必须有防松脱的保护装置，振动桩锤悬挂钢架的耳环上应加装保险钢丝绳。

严禁吊桩、吊锤、回转或行走等动作同时进行，打桩机带锤行走时，应将桩锤放至最低位，打桩机在吊有桩和锤的情况下，操作人员不得离开岗位。

当打桩机停机时间较长时，应将桩锤落下垫好，机械检修时不得悬吊桩锤，作业后应将打桩机停放在坚实平整的地面上，将桩锤落下垫实，并切断动力电源。

8.2.3 钢板桩拔除

1. 拔桩方法

钢板桩运用较早，拔桩方法也较成熟。不论何种方法都是从克服板桩的阻力着眼，据所用机械的不同，拔桩方法分为静力拔桩、振动拔桩、冲击拔桩、液压拔桩等。

静力拔桩：所用的设备较简单，主要为卷扬机或液压千斤顶，受设备及能力所限，这种方法往往效率较低，有时不能将桩顺利拔出，但成本较低。

振动拔桩：利用机械的振动，激起钢板桩的振动，以克服板桩的阻力，将桩拔出，这种方法的效率较高，由于大功率振动拔桩机的出现，使多根板桩一起拔出有了可能。

冲击拔桩：是以蒸汽、高压空气为动力，利用打桩机的原理，给予板桩向上的冲击力，同时利用卷扬机将板桩拔出。这类机械国内不多，工程中不常运用。

液压拔桩：采用与液压静力沉桩相反的步骤，从相邻板桩获得反力。液压拔桩操作简单，环境影响较小，但施工速度稍慢。此处不再详细介绍，主要介绍静力拔桩和振动拔桩。

2. 拔桩施工

钢板桩拔除的难易，多数场合取决于打入时顺利与否，如果在硬土或密实砂土中打入板桩，则板桩拔除时也很困难，尤其是当一些板桩的咬口在打入时产生变形或者垂直度很差，在拔桩时会碰到很大的阻力。此外，在基础开挖时，支撑不及时，使板桩变形很大拔除也很困难，这些因素必须予以充分重视。在软土地层中，拔桩引起地层损失和扰动，会使基坑内已施工的结构或管道发生沉陷，并引起地面沉陷而严重影响附近建筑和设施的安全，对此必须采取有效措施，对拔桩造成的地层空隙要及时填实，灌砂填充法往往效果较差，因此在控制地层位移有较高要求时必须采取在拔桩时跟踪注浆等新的填充法。

（1）拔桩要点

1）作业开始时的注意事项：

① 作业前必须对土质及板桩打入情况、基坑开挖深度及支护方法、开挖过程中遇到的问题等作详细调查，依此判断拔桩作业的难易程度，做到事先有充分的准备。

② 基坑内的土建施工结束后，回填必须有具体要求，尽量使板桩两侧土压平衡，有利于拔桩作业。

③ 由于拔桩设备的重量及拔桩时对地基的反力，会使板桩受到侧向压力，为此需使板桩设备同拔桩保持一定距离，当荷载较大时，甚至要搭临时脚手架，减少对板桩的侧压。

④ 作业时地面荷载较大，必要时要在拔桩设备下放置路基箱或垫木，确保设备不发生倾斜。

⑤ 作业范围内的高压电线或重要管道要注意观察与保护。

⑥ 作业前，对设备要认真检查，确认无误后方可作业，对操作说明书要充分掌握。

⑦ 有关噪声与振动等公害，需征得有关部门认可。

2）作业中需注意事项：

① 作业过程中必须保持机械设备处于良好的工作状态。

② 加强受力钢索等的检查，避免突然断裂。

③ 为防止邻近板桩同时拔出，可将邻近板桩临时焊死或在其上加配重。

④ 板桩拔出时会形成孔隙，必须及时填充，否则极易造成邻近建筑或地表沉降，可采用膨润土浆液填充，也可跟踪注水泥浆填充。

（2）作业结束后的注意事项

① 对孔隙填充的情况要及时检查，发现问题随时采取措施弥补。

② 拔出的板桩应及时清除土砂，涂以油脂。变形较大的板桩需调直后运出工地，堆置在平整的场地上。

（3）钢板桩拔不出时的对策

① 将钢板桩用振动锤或柴油锤等再复打一次，可克服其上的黏着力或将板桩上的铁锈等消除。

② 要按与打板桩顺序相反的次序拔桩。

③ 板桩承受土压一侧的土较密实，可在其附近并列地打入另一块板桩，也可使原来的板桩顺利拔出。

④ 也可在板桩两侧开槽，放入膨润土浆液，拔桩时可减少阻力。

8.2.4　钢板桩施工对环境的影响

1. 噪声

噪声对人体的危害，已经越来越得到人们的重视。各国政府对噪声的管理都有相关的控制标准，钢板桩施工产生的噪声随着施工设备的不同而有所不同。若采用下落锤，则产生有规律脉冲式的噪声。而柴油锤、液压锤、空气锤虽然锤击速度较快，但产生的噪声也是脉冲式的。振动锤虽然噪声较低，但有间歇性，仍表现为脉冲式的噪声，而静压桩产生的有限噪声则是稳定的或几乎没有噪声，一般高脉冲式的噪声比稳定的噪声更让人们难受。

噪声有专门的等级测定方法，噪声等级与声源强度、距离、风速、温度、建筑物反射等因素有关，一般声音随着距离的增加而衰减。距离沉桩机械约 7m 处，冲击沉桩设备产生声音约 90～115dB，蒸汽/空气锤约 85～110dB，振动锤约 70～90dB。压入锤约 60～75dB，而嘈杂的街道为 85dB，人正常说话一般为 55～63dB，因此，为了降低噪声，特别是在对噪声控制较为严格的地区，在选择沉桩或拔桩设备时应该考虑噪声及环境保护的要求，虽然可以采用隔声屏、防声罩等措施，但最好降低声源强度，选择产生噪声较低的施工设备，或者采用如水冲等辅助沉桩或拔桩措施来松动土体，降低钢板桩施工难度以降低噪声。

2. 振动

钢板桩引起的振动可能引起地基的变形（沉降、陷落、裂缝等），从而影响周边建筑物、管道等设施的正常运用，引起精密仪器工作性能上的损害，国内尚无振动控制标准，表 8-2 给出了建筑物的允许振动参数。

振动拔桩机的作业范围表　　　　　　　　　　表 8-2

类别	极限值（mm/s）	类别	极限值（mm/s）
1. 住宅、房屋和类似结构	8	3. 1、2 类以外和受保护的建筑	4
2. 重型构件和高刚度骨架的建筑物	30		

打桩引起的振动以体波和面波的形式向外传播，随着距离的增加而衰减，为应对钢板桩沉桩引起的振动，可采取如下措施：

（1）采用桩垫或缓冲器沉桩，选用低振动和高施工频率的桩锤，采用辅助施工措施如水冲、钻孔等，合理安排施工顺序等。

（2）设置减振壁，在需要保护的设施附近设置减振壁以吸收传播过来的振动，一般减振壁为 60～80cm 宽，4～5m 深，当软土层较厚时宜深一些。壁距离打桩区 5～10m，其形式有空沟型（为保持壁体稳定，可充填泥浆等松散料）、沥青壁型、发泡塑料壁型、混凝土壁型，亦可用一定间距的钻孔替代。

（3）对原有建筑进行加固，或拆除危险部件，精密设备工作时避开桩基施工等。

3. 拔桩对环境的影响

除了上述噪声、振动外，若钢板桩靠近建筑物、地下管线时，钢板桩的回收拔除容易造成附近建筑物的下沉和裂缝、管道损坏等。这主要是由于拔桩易形成空隙。导致板桩附近土体强度降低，因此，在进行钢板桩拔除施工时，应充分评估拔桩可能引起的地层位移，制订相应的对策，如在钢板表面涂抹沥青等润滑剂降低桩土之间的摩擦作用；优化拔桩顺序；在桩倒一定范围内注浆，增加土体的强度，增加土颗粒的移动阻力，减少拔桩对土体的破坏作用；即时注浆等，具体参见拔桩施工要点。

4. 其他

钢板桩沉桩过程中可能产生其他环境污染，如：柴油锤在锤击时常有油烟产生，燃烧不充分时，可产生大量黑色烟雾，可以设置隔离罩或是围拦施工区域。当然施工人员的认真操作也是重要的积极因素。

此外，在水上施工时，可能造成对水、海洋的污染，用施工船水上打桩时也可能影响航道通航等。

总之，钢板桩的施工应该重视其对周边环境的影响，优先选用低噪声、低振动的施工设备和施工工艺，充分预估对环境的影响，制订相应的计划和对策。

8.3　型钢水泥土搅拌墙

8.3.1　概述

型钢水泥土搅拌墙，通常称为 SMW 工法（Soil Mixed Wall），如图 8-5 所示，是一种在连续套接的三轴水泥土搅拌桩内插入型钢形成的复合挡土截水结构，即利用三拌桩钻机在原地层中切削土体，同时钻机前端低压注入水泥浆液，与切碎土体充分搅拌成截水性较高的水泥土柱列式挡墙，在水泥土浆液尚未硬化前插入型钢的一种地下工程施工技术。

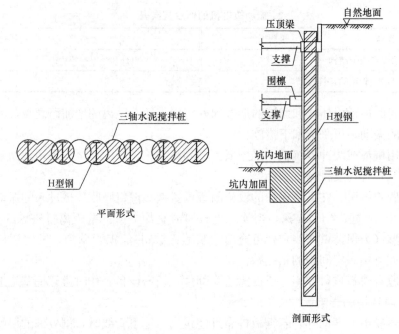

图 8-5　型钢水泥土搅拌墙

型钢水泥土搅拌墙源于基坑工程，随着对于该工法认识的深入和施工工艺的成熟，型钢水泥土搅拌墙也逐渐应用于地基加固、地下坝加固、垃圾填埋场的护墙等领域。本章所探讨的型钢水泥土搅拌墙仅限定于基坑围护工程的范畴。

型钢水泥土搅拌墙是基于深层搅拌桩施工工艺发展起来的，这种结构充分发挥了水泥土混合体和型钢的力学特性，具有经济、工期短、高截水性、对周围环境影响小等特点。型钢水泥土搅拌墙围护结构在地下室施工完成后，可以将 H 型钢从水泥土搅拌桩中拔除达到回收和再次利用的目的。因此，该工法与常规的围护形式相比不仅工期短，施工过程无污染，场地整洁干净、噪声小，而且可以节约社会资源、避免围护体在地下室施工完毕后永久遗留于地下，成为地下障碍物。在提倡建设节约型社会，实现了可持续发展的今天，推广应用该工法更加具有现实意义。

目前，工程上广为采用的水泥土搅拌桩主要分为双轴和三轴两种，双轴水泥土搅拌桩相对于三轴水泥土搅拌桩具有以下缺点：

（1）双轴水泥土搅拌桩成桩质量和均匀性较差，成桩的垂直精度也较难保证；

（2）施工中很难保持相邻桩之间的完全搭接，尤其是在搅拌桩施工深度较深的情况下；

（3）施工过程中一旦遇到障碍物，钻杆易发生弯曲，影响搅拌桩的截水效果；

（4）在硬质粉土或砂性土中搅拌较困难，成桩质量较差。

考虑型钢水泥土搅拌墙中的搅拌桩不仅起到基坑的截水帷幕作用，更重要的是还承担着对型钢的包裹嵌固作用，因此规定型钢水泥土搅拌墙中的搅拌桩应采用三轴水泥土搅拌桩，以确保施工质量和围护结构较好的截水封闭性。

8.3.2 型钢水泥土搅拌墙的特点

型钢水泥土搅拌墙是一种由水泥土搅拌桩柱列式挡墙和型钢（一般采用 H 型钢）组成的复合围护结构，同时具有截水和承担水土侧压力的功能，型钢水泥土搅拌墙与基坑围护设计中经常采用的钻孔灌注桩排桩相比，具有下面几方面的不同。

首先，型钢水泥土搅拌墙由 H 型钢和水泥土组成，一种是力学特性复杂的水泥土，另一种是近似线弹性材料的型钢，二者相互作用，工作机理非常复杂；其次，针对这种复合围护结构，从经济角度考虑，H 型钢在地下室施工完成后可以回收利用是该工法的一个特色，从变形控制的角度看，H 型钢可以通过跳插、密插调整围护体刚度，是该工法的另一特色；再次，在地下水水位较高的软土地区钻孔灌注桩围护结构尚需在外侧施工一排截水帷幕，截水帷幕可以采用双轴水泥土搅拌桩，也可以采用三轴水泥土搅拌桩。当基坑开挖较深，搅拌桩入土深度较深时（一般超过 18m），为保证截水效果，常常采用三轴水泥土搅拌桩截水。而型钢水泥土搅拌墙是在三轴水泥土搅拌桩中内插 H 型钢，本身就已经具有较好的截水效果，不需额外施工截水帷幕，因此造价一般相对于钻孔灌注桩要经济。

与其他围护形式相比，型钢水泥土搅拌墙还具有以下特点。

1. 对周围环境影响小

型钢水泥土搅拌墙施工采用三轴水泥土搅拌桩机就地切削土体，使土体与水泥浆液充分搅拌混合形成水泥土，并用低压持续注入的水泥浆液置换处于流动状态的水泥土，保持地下水泥土总量平衡。该工法无须开槽或钻孔，不存在横（孔）壁坍塌现象，从而可以减少对邻近土体的扰动，降低对邻近地面、道路、建筑物、地下设施的危害。

2. 防渗性能好

由于搅拌桩采用套接一孔施工，实现了相邻桩体完全无缝衔接。钻削与搅拌反复进行，使浆液与土体得以充分混合形成较为均匀的水泥土，与传统的围护形式相比具有更好的截水性，水泥土渗透系数很小，一般可以达到 $10^{-8} \sim 10^{-7} \mathrm{cm/s}$。

3. 环保节能

三轴水泥土搅拌桩施工过程中无须回收处理泥浆，少量水泥土浮浆可以存放至事先设置的基槽中，限制其溢流污染，待自然固结后运出场外。将其处理后还可以用于敷设场地道路，达到降低造价、消除建筑垃圾公害的目的。型钢在地下室施工完毕后可以回收利用，避免遗留在地下形成永久障碍物，是一种绿色工法。

4. 适用土层范围广

三轴水泥土搅拌桩施工时采用三轴螺旋钻机，适用土层范围较广，包括填土、淤泥质土、黏性土、粉土、砂性土、饱和黄土等，如果采用预钻孔工艺，还可以用于较硬质地层。

5. 工期短，投资省

型钢水泥土搅拌墙与地下连续墙、钻孔灌注桩等围护形式相比，工艺简单、成桩速度快，工期缩短近一半。在一般入土深度 20~25m 的情况下，日平均施工长度 8~10m，最高可达 12m；造价方面，除特殊情况由于受到周边环境条件的限制，型钢在地下室施工完毕后不能拔除外，绝大多数情况下内插型钢可以拔除，实现型钢的重复利用，降低工程造价。型钢水泥土搅拌墙如果考虑型钢回收，当租赁期在半年以内时，围护结构本身成本约为钻孔灌注桩的 70%~80%，约为地下连续墙的 50%~60%。

8.3.3　型钢水泥土搅拌墙施工

1. 型钢水泥土搅拌墙施工顺序

三轴水泥土搅拌桩应采用套接一孔施工，为保证搅拌桩质量，在土性较差或者周边环境较复杂的工程中，搅拌桩底部采用复搅施工。

搅拌桩的施工顺序一般分为以下三种。

（1）跳槽式双孔全套打复搅式连接方式

跳槽式双孔全套打复搅式连接是常规情况下采用的连续方式，一般适用于 N 值 50 以下的土层。施工时先施工第 1 单元，然后施工第 2 单元。第 3 单元的 A 轴及 C 轴分别插入到第 1 单元的 C 轴孔及第 2 单元的 A 轴孔中，完全套接施工。依次类推，施工第 4 单元和套接的第 5 单元，形成连续的水泥土搅拌墙体，如图 8-6（a）所示。

（2）单侧挤压式连接方式

单侧挤压式连接方式适用于 N 值 50 以下的土层，一般在施工受限制时采用，如：在围护墙体转角处，密插型钢或施工间断的情况下。施工顺序如图 8-6（b）所示，先施工第 1 单元，第 2 单元的 A 轴插入第 1 单元的 C 轴中，边孔套接施工，依次类推施工完成水泥土搅拌墙体。

（3）先行钻孔套打方式

先行钻孔套打方式适用于 N 值 50 以上非常密实的土层，以及 N 值 50 以下，但混有 $\phi100mm$ 以上的卵石块的砂卵砾石层或软岩，施工时，用装备有大功率减速机的螺旋钻孔机，先行施工如图 8-6（c）、（d）所示的 a_1、a_2、a_3 等孔，局部疏松和捣碎地层，然后用三轴水泥土搅拌机以跳槽式双孔全套打复搅连接方式或单侧挤压式连接方式施工完水泥土搅拌墙体。

2. 型钢水泥土搅拌墙施工工艺流程

型钢水泥土搅拌墙的施工工艺是由三轴钻孔搅拌机,将一定深度范围内的地基土和由钻头处喷出的水泥浆液、压缩空气进行原位均匀搅拌,在各施工单元间采取套接一孔法施工,然后在水泥土未结硬之前插入 H 型钢,形成一道有一定强度和刚度、连续完整的地下连续墙复合挡土截水结构,施工工艺流程图如图 8-7 所示。

3. 型钢水泥土搅拌墙施工要点

(1) 试成桩

水泥土搅拌墙应按施工组织设计要求,进行试成桩,确定实际采用的各项技术参数、成桩工艺和施工步骤,包括:浆液的水灰比、下沉(提升)速度、浆泵的压送能力、每米桩长或每幅桩的注浆量。土性差异大的地层,要确定分层技术参数。水泥土搅拌墙的成桩工艺应保证水泥土强度和型钢较易插入,水泥土能够充分搅拌,搅拌机下沉和提升速度、水灰比和注浆量对水泥土搅拌桩的强度及截水性起着关键作用,施工时要严格控制。

(2) 工艺要求

根据施工工艺要求,采用三轴搅拌机设备施工时,应保证型钢水泥土搅拌墙的连续性和接头的施工质量,桩体搭接长度满足设计要求,以达到截水作用。一般情况下,搅拌桩施工必须连续不间断地进行。如因特殊原因造成搅拌桩不能连续

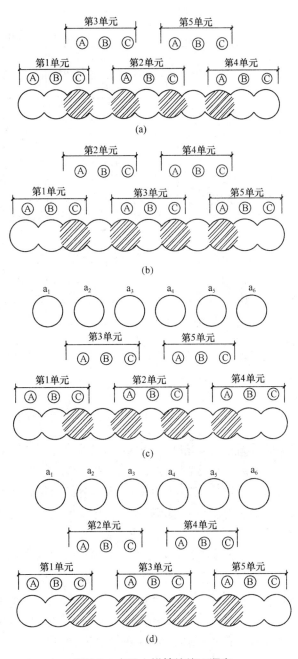

图 8-6　水泥土搅拌墙施工顺序

施工,时间超过 24h 的必须在其接头处外侧采取补做搅拌桩或旋喷桩的技术措施,以保证截水效果。对浅部不良地质现象应做事先处理,以免中途停工延续工期及影响质量。施工中,如遇地下障碍物、暗浜或其他勘察报告未述及的不良地质现象,应及时采取相应的处理措施。

(3) 桩机就位、校正

桩机移位结束后,应认真检查定位情况并及时纠正,保持桩机底盘的水平和立柱导

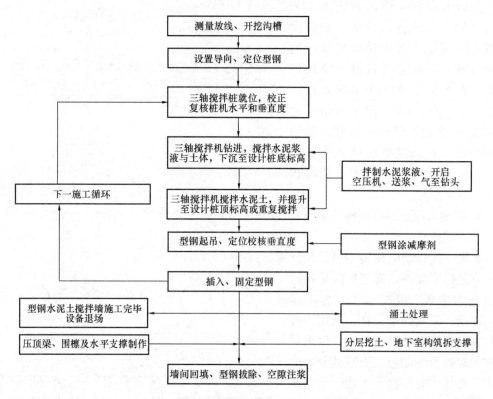

图 8-7　型钢水泥土搅拌墙施工工艺流程图

向架的垂直，并调整桩架垂直度偏差小于 1/250，具体做法是在桩架上焊接一半径为 4cm 的铁圈，10m 高处悬挂一铅锤，利用经纬仪校直钻杆垂直度，使铅锤正好通过铁圈中心，每次施工前必须适当调节钻杆，使铅锤位于铁圈内，即把钻杆垂直度误差控制在 0.4% 内，桩位偏差不得大于 50mm。螺旋钻头及螺旋钻杆的直径应符合设计要求。

（4）三轴搅拌机钻杆下沉（提升）及注浆控制

三轴搅拌机就位后，主轴正转喷浆搅拌下沉，反转喷浆复搅提升，完成一组搅拌桩的施工，对于不易匀速钻进下沉的地层，可增加搅拌次数，完成一组搅拌桩的施工，下沉速度应保持在 0.5~1.0m/min，提升速度应保持在 1.0~2.0m/min 范围内，在桩底部分适当持续搅拌注浆，并尽可能做到匀速下沉和匀速提升，使水泥浆和原地基土充分搅拌，具体适用的速度值应根据地层的可钻性、水灰比、注浆泵的工作流量、成桩工艺计算确定。

注浆泵流量控制应与三轴搅拌机下沉（提升）速度相匹配，一般下沉时喷浆量控制在每幅桩总浆量的 70%~80%，提升时喷浆量控制在 20%~30%，确保每幅桩体的用浆量。提升搅拌时喷浆对可能产生的水泥土体空隙进行充填，对于饱和疏松的土体具有特别意义，三轴搅拌机采用二轴注浆，中间轴注压缩空气进行辅助成桩时应考虑压缩空气对水泥土强度的影响。施工时如因故停浆，应在恢复压浆前，将搅拌机提升或下沉 0.5m 后，注浆搅拌施工，确保搅拌墙的连续性。

（5）施工工艺参数的控制

严格按设计要求控制配制浆液的水灰比及水泥掺入量，水泥浆液的配合比与拌浆质量可用比重计检测。控制水泥进货数量及质量，控制每桶浆所需用的水泥量，并由专人做记录。水泥土搅拌过程中置换涌土的数量是判断土层性状和调整施工参数的重要标志，对于黏性土特别是标贯 N 值和内聚力高的地层，土体遇水湿胀、置换涌土多、螺旋钻头易形成泥塞，不易匀速钻进下沉，此时可调整搅拌翼的形式，增加下沉、提升复搅次数，适当增大送气量，水灰比控制在 1.5～2.0；对于透水性强的砂土地层，土体湿胀性小，置换涌土少，此时水灰比宜调整在 1.2～1.5，控制下沉、提升速度和送气量，必要时在水泥浆液中掺 5% 左右的膨润土，堵塞渗漏通道，保持孔壁稳定，又可以用膨润土的保水性，增加水泥土的变形能力，提高墙体抗渗性（表 8-3）。

日本 SMW 协会提供的不同土质三轴搅拌机置换涌土发生率　　　　　表 8-3

土质	置换涌土发生率
砾质土	60%
砂质土	70%
粉土	90%
黏性土（含砂质黏土、粉质黏土、粉土）	90%～100%
固结黏土（固结粉土）	比黏性土增加 20%～25%

（6）减少三轴搅拌桩施工对城市周围环境影响的措施

① 控制日成桩数量，并采用跳打，即隔五打一，以减少对地铁隧道的叠加变形。

② 与地铁监护部门和监测单位密切配合，根据变形情况，安排或调整施工计划。

③ 合理地调整水灰比，控制下沉速度和注浆泵换挡时间。

④ 施工前应对施工场地的地层情况有比较细致的了解，针对不同地层采取不同的工艺规程和成桩参数。尽可能减少提升搅拌时，孔内产生负压，造成周边环境的沉降。

4. 型钢插入和拔除

（1）型钢的表面处理

① 型钢表面应进行清灰除锈，并在干燥条件下，涂抹经过加热融化的减摩剂。

② 浇筑压顶圈梁时，埋设在圈梁中的型钢部分必须用油毡等材料将其与混凝土隔开，以利于型钢的起拔回收。

（2）型钢插入

① 型钢吊装过程中，应避免型钢拖地，防止型钢产生变形；起重机械回转半径内不应有障碍物，吊臂下严禁站人。

② 型钢的插入宜在搅拌桩施工结束后 30min 内进行，插入前必须检查其直线度、接头焊缝质量，并确保满足设计要求。

③ 型钢的插入必须采用牢固的定位导向架，如图 8-8、图 8-9 所示，用起重机起吊型钢，必要时可采用经纬仪校核型钢插入时的垂直度，型钢插入到位后，用悬挂物件控制型钢顶标高。

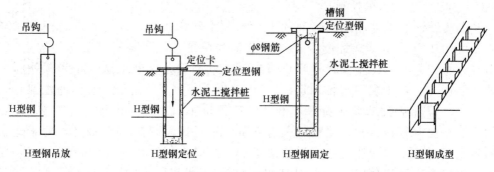

图8-8　定位型钢示意图

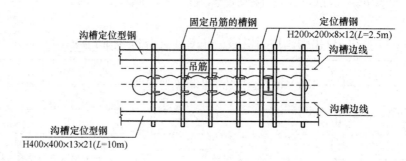

图8-9　内插H型钢定位示意图

④ 型钢宜依靠自重插入，也可借助带有液压钳的振动锤等辅助手段下沉到位，严禁采用多次重复起吊型钢，并松钩下落的插入方法，若采用振动锤下沉工艺时，不得影响周围环境。

⑤ 当型钢插入到设计标高时，用吊筋将型钢固定，溢出的水泥土必须进行处理，控制到一定标高以便进行下道工序施工。

⑥ 待水泥土搅拌桩硬化到一定程度后，将吊筋与槽沟定位型钢撤除。

（3）型钢拔除

型钢回收过程中，不论采取何种方式来减少对周边环境的影响，影响还是存在的。因此，对周边环境保护要求高以及特殊地质条件等工程，以不拔为宜。

① 型钢回收应在主体地下结构施工完成，地下室外墙与搅拌墙之间回填密实后方可进行，在拆除支撑和腰梁时应将型钢表面留有的腰梁限位或支撑抗滑构件、电焊等清除干净。

② 型钢拔除通过液压千斤顶配以起重机进行，对于起重机无法够到的部位由塔式起重机配合吊运或采取其他措施，液压千斤顶顶升原理：通过专用液压夹具夹紧型钢腹板，构成顶升反力支座，咬合型钢受力后，使夹具与型钢一体共同提升，两只200t的千斤顶分别放置在型钢两侧，坐落在混凝土压冠梁上，型钢套在液压夹具内，两边液压夹板咬合，顶紧型钢腹板。

③ 型钢拔除回收时，应根据环境保护要求采用跳拔、限制日拔除型钢数量等措施，并及时对型钢拔除后形成的空隙进行注浆充填。

8.4　支撑

8.4.1　概述

深基坑工程中的支护结构一般有两种形式，分别为围护墙结合内支撑系统的形式和围护墙结合锚杆的形式，作用在围护墙上的水土压力可以由内支撑有效地传递和平衡，也可以由坑外设置的土层锚杆平衡。

内支撑系统由水平支撑和竖向支承两部分组成，深基坑开挖中采用内支撑系统的围护方式已得到广泛的应用，特别对于软土地区基坑面积大、开挖深度深的情况，内支撑系统由于具有无需占用基坑外侧地下空间资源、可提高整个围护体系的整体强度和刚度以及可有效控制基坑变形的特点而得到了大量的应用。

8.4.2　内支撑体系的构成

围檩、水平支撑、钢立柱和立柱桩是内支撑体系的基本构件，典型的内支撑系统如图 8-10 所示。

围檩是协调支撑和围护墙结构间受力与变形的重要受力构件，其可加强围护墙的整体性，并将其所受的水平力传递给支撑构件，因此要求具有较好的自身刚度和较小的垂直位移。首道支撑的围檩应尽量兼作为围护墙的圈梁，必要时可将围护墙墙顶标高落低，如首道支撑体系的围檩不能兼作为圈梁时，应另外设置围护墙顶圈梁。圈梁可将离散的钻孔灌注围护桩、地下连续墙等围护墙连接起来，加强了围护墙的整体性，对减少围护墙顶部位移有利。

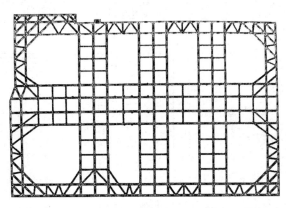

图 8-10　内支撑系统示意图

水平支撑是平衡围护墙外侧水平作用力的主要构件，要求传力直接、平面刚度好而且分布均匀。

钢立柱及立柱桩的作用是保证水平支撑的纵向稳定，加强支撑体系的空间刚度和承受水平支撑传来的竖向荷载，要求具有较好的自身刚度和较小的垂直位移。

8.4.3　内支撑的形式及材料

1. 内支撑的形式

支撑体系常用形式有单层或多层平面支撑体系和竖向斜撑体系，在实际工程中，根据具体情况也可以采用类似的其他形式。

平面支撑体系可以直接平衡支撑两端围护墙上所受到的侧压力，其构造简单，受力明确，适用范围广，但当支撑长度较大时，应考虑支撑自身的弹性压缩以及温度应力等因素对基坑位移的影响，如图 8-11 所示。

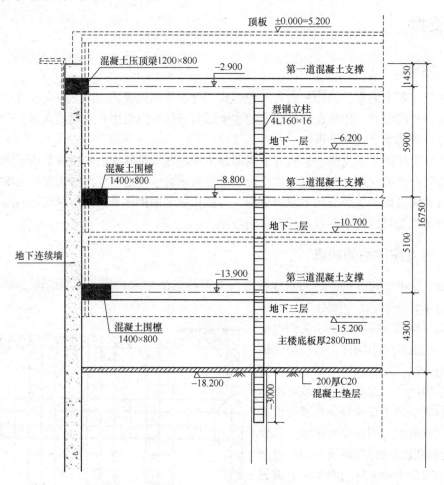

图 8-11　多层平面支撑体系

　　竖向斜撑体系的作用是将围护墙所受的水平力通过斜撑传到基坑中部先浇筑好的斜撑基础上。其施工流程是：围护墙完成后，先对基坑中部的土方采用放坡开挖，其后完成中部的斜撑基础，并安装斜撑，在斜撑的支挡作用下，再挖除基坑周边留下的土坡，并完成基坑周边的主体结构。对于平面尺寸较大，形状不很规则的基坑，采用斜支撑体系施工比较方便，也可大幅节省支撑材料。但墙体位移受到基坑周边土坡变形、斜撑弹性压缩以及斜撑基础变形等多种因素的影响，在设计计算时应给予合理考虑。此外，土方施工和支撑安装应保证对称性，如图 8-12 所示。

　　2. 内支撑的材料

　　支撑材料可以采用钢或混凝土，也可以根据实际情况采用钢和混凝土组合的支撑形式。

　　钢结构支撑除了自重轻、安装和拆除方便、施工速度快以及可以重复使用等优点外，安装后能立即发挥支撑作用，对减少由于时间效应而增加的基坑位移，是十分有效的，因此如有条件应优先采用钢结构支撑，但是钢支撑的节点构造和安装相对比较复杂，如处理不当，会由于节点的变形或节点传力的不直接而引起基坑过大的位移。因此，提高节点的

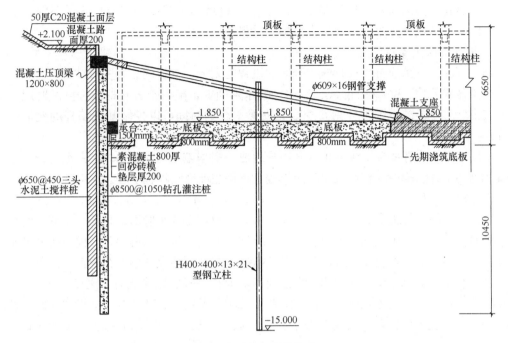

图 8-12　竖向斜撑体系

整体性和施工技术水平是至关重要的。

现浇混凝土支撑由于其刚度大，整体性好，可以采取灵活的布置方式适应于不同形状的基坑，而且不会因节点松动而引起基坑的位移，施工质量相对容易得到保证，所以使用面也较广。但是混凝土支撑在现场需要较长的制作和养护时间，制作后不能立即发挥支撑作用，需要达到一定的强度后，才能进行其下土方作业，施工周期相对较长。同时，混凝土支撑采用爆破方法拆除时，对周围环境（包括振动、噪声和城市交通等）也有一定的影响，爆破后的清理工作量也很大，支撑材料不能重复利用。

8.4.4　内支撑体系施工

1. 支撑施工总体原则

无论何种支撑，其总体施工原则都是相同的，土方开挖的顺序、方法必须与设计工况一致，并遵循"先撑后挖、限时支撑、分层开挖、严禁超挖"的原则进行施工，尽量减小基坑无支撑的暴露时间和空间。同时，应根据基坑工程安全等级、支撑形式、场内条件等因素，确定基坑开挖的分区及其顺序，宜先开挖周边环境要求较低的一侧土方，并及时设置支撑。环境要求较高一侧的土方开挖，宜采用抽条对称开挖、限时完成支撑或垫层的方式。

基坑开挖应按支护结构设计，降排水要求等确定开挖方案，开挖过程中应分段、分层、随挖随撑、按规定时限完成支撑的施工，做好基坑排水，减少基坑暴露时间。基坑开挖过程中，应采取措施防止碰撞支护结构、工程桩或扰动原状土。支撑的拆除过程中，必须遵循"先换撑、后拆除"的原则进行施工。

支撑结构上不应堆放材料和运行施工机械，当必须利用支撑构件兼作施工平台或栈桥时，需要进行专门的设计，应满足施工平台或栈桥结构的强度和变形要求，确保安全施工。未经专门的设计支撑上不允许堆放施工材料和运行施工机械。

2. 钢筋混凝土支撑施工

钢筋混凝土支撑应首先进行施工分区和流程的划分，支撑的分区一般结合土方开挖方案，按照盆式开挖、"分区、分块、对称"的原则确定，随着土方开挖的进度及时跟进支撑的施工，尽可能减少围护体制开挖段无支撑暴露的时间，以控制基坑工程的变形和稳定性。

钢筋混凝土支撑的施工由多项分部工程组成，根据施工的先后顺序，一般可分为施工测量、钢筋工程、模板工程以及混凝土工程。下面主要介绍模板工程。

（1）模板工程

模板工程的目标为支撑混凝土表面颜色基本一致，无蜂窝麻面、露筋、夹渣、锈斑和明显气泡存在，结构阳角部位无缺棱掉角，梁柱、墙梁的接头平滑方正，模板拼缝基本无明显痕迹，表面平整，线条顺直，几何尺寸准确，外观尺寸允许偏差在规范允许范围内。

钢筋混凝土支撑底模一般采用土模法施工，即在挖好的原状土面上浇捣 10cm 左右厚的素混凝土垫层。垫层施工应紧跟挖土进行，及时分段铺设，其宽度为支撑宽度两边各卸200mm，为避免支撑钢筋混凝土与垫层黏在一起，造成施工时清除困难，在垫层面上用油毛毡作隔离层。隔离层采用一层油毛毡，宽度与支撑宽等同。油毛毡铺设尽量减少接缝，接缝处应用胶带纸贴紧，以防止漏浆。垫层在支撑以下土方开挖时及时清理干净，否则附着的底模在基坑后续施工过程中一旦脱落，可能造成人员伤亡事故。

模板拆除时间以同条件养护试块强度为准。模板拆除注意事项：

① 在支撑以下土方开挖时，必须清理掉支撑底模，防止底模附着在支撑上，在以后的施工过程中坠落。特别是在大型钢筋混凝土支撑节点处，若不清理干净，附着的底模可能比较大，极易引起安全隐患。

② 拆模时不要用力太猛，如发现有影响结构安全问题时，应立即停止拆除，经处理或采取有效措施后方可继续拆除。

③ 拆模时严禁使用大锤，应使用撬棍等工具，模板拆除时，不得随意乱放，防止模板变形或受损。

（2）支撑拆除

1）钢筋混凝土支撑拆除要点

拆除支撑施工前，必须对施工作业人员进行书面安全技术交底，施工中加强安全检查。钢筋混凝土支撑拆除时，应严格按设计工况进行支撑拆除，遵循先换撑、后拆除的原则。采用爆破法拆除作业时应遵守当地政府的相关规定。内支撑的拆除要点主要为：

① 换撑工况应满足设计工况要求，支撑应在梁板柱结构及换撑结构达到设计要求的强度后拆除，并应对称拆除。

若基坑面较大，混凝土支撑拆除除满足设计工况要求外，尚应根据地下结构分区施工的先后顺序确定分区拆除的顺序。在现场场地狭小条件下拆除基坑第一道支撑时，若地下室顶板尚未施工，该阶段的施工平面布置可能极为困难，故应结合实际情况，选择合理的分区拆除流程，以满足平面布置要求。

② 支撑拆除时应设置安全可靠的防护措施和作业空间，需要利用永久结构底板或楼

板作为支撑拆除平台，应采取有效的加固及保护措施，并征得主体结构设计单位同意后方可实施。

③ 钢支撑拆除时避免瞬间预加应力释放过大而导致支护结构局部变形、开裂，应采用分步卸载钢支撑预应力的方法对其进行拆除。

支撑拆除过程是利用已衬砌结构换撑的过程，拆除时要特别注意保证轴力的安全卸载，避免应力突变对围护、结构产生负面影响。钢支撑施工安装时由于施加了预应力，在拆除过程中，应采用千斤顶支顶并适当加力顶紧，然后切开活络头钢管、补焊板的焊缝千斤顶逐步卸力，停置一段时间后继续卸力，直至结束，防止预应力释放过大，对支护结构造成不利影响。

④ 内支撑拆除应小心操作，不得损伤主体结构。在拆除下层内支撑时，支撑立柱及支护结构在一定时期内还处于工作状态，必须小心断开支撑与立柱，支撑与支护桩的节点，使其不受损伤。

⑤ 支撑拆除施工过程中应加强对支撑轴力、支护结构位移以及周边环境的监测。变化较大时，加密监测点，加强监测频率，并及时统计、分析上报，必要时停止施工、加强支撑。

⑥ 栈桥拆除施工过程中，栈桥上严禁堆载，并限制施工机械的超载，合理制订拆除的顺序，根据支护结构变形情况调整拆除长度，确保栈桥剩余部分结构的稳定性。

⑦ 拆撑作业施工范围内非操作人员严禁入内，切割焊和吊运过程中工作区严禁过人。拆除的零部件严禁随意抛落，避免伤人。

2）钢筋混凝土支撑拆除方法

目前，钢筋混凝土的支撑拆除方法一般有人工拆除法、机械拆除法和爆破拆除法，以下为三种拆除方法的简要说明：

人工拆除法，即组织一定数量的工人，用大锤和风镐等机械设备人工拆除支撑梁，该方法的优点在于施工方法简单、所需的机械和设备简单、容易组织，缺点是由于需人工操作，施工效率低，工期长；施工安全性较差；施工时，锤击与风镐噪声大，粉尘较多，其周围环境有一定污染。

人工拆除作业时，作业人员应站在稳定的结构或脚手架上操作，支撑构件应采取有效的下坠控制措施，方可切断两端的支撑，被拆除的构件应有安全的放置场所。

机械拆除法施工应按照施工组织设计选定的机械设备及吊装方案进行，严禁超载作业或任意扩大拆除范围，作业中机械不得同时回转、行走。

对较大尺寸的构件或沉重的材料，必须采用起重机具及时吊下，拆卸下来的各种材料应及时清理，分类堆放在指定场所，供机械设备使用和堆放拆卸下来的各种材料的场地地基应满足承载力要求。

爆破拆除法，应根据支撑结构特点制订爆破拆除顺序，在钢筋混凝土支撑施工时预警爆破孔，装入炸药和毫秒电雷管，起爆后将支撑梁拆除，该办法的优点在于施工的技术含量较高；爆破效率较高，工期短；施工安全；成本适中，造价介于上述二者之间，其缺点是爆破时产生爆破振动和爆破飞石，还会产生声响，对周围环境有一定程度的影响。

爆破拆除工程应根据周围环境作业条件、拆除对象、建筑类别、爆破规模，按照《爆破安全规程》GB 6722—2014 分级，采取相应的安全技术措施，爆破拆除工程应作出安全评估并经当地有关部门审核批准后方可实施。

为了对永久结构进行保护，减小对周边环境的影响，钢筋混凝土支撑爆破拆除时，应先切断支撑与围檩的连接，然后进行分区爆破拆除支撑和围檩。并应在支撑顶面和底部设置保护层，防止支撑爆破时混凝土碎块飞溅及坠落。

3. 钢支撑施工

钢支撑架设和拆除速度快，架设完毕后不需达到强度即可直接开挖下层土方，而且支撑材料可循环使用的特点，对节省基坑工程造价和加快工期具有显著优势，适用于开挖深度一般、平面形状规则、狭长形的基坑工程，但与钢筋混凝土结构支撑相比，变形较大，比较敏感，且由于圆钢管和型钢的承载能力不如钢筋混凝土结构支撑的承载能力大，因而支撑水平向的间距不能很大，相对来说机械挖土不太方便。在大城市建筑物密集地区开挖深基坑，支护结构多以变形控制，在减少变形方面钢结构支撑不如钢筋混凝土结构支撑。如能根据变形发展，分阶段多次施加预应力，亦能控制变形量。

钢支撑体系施工时，根据围护墙结构形式及基坑挖土的施工方法不同，围护墙上的围檩形式也有所区别。一般情况下采用钻孔灌注桩、SMW、钢板桩等围护墙时，必须设置围檩，一般首道支撑设置钢筋混凝土围檩、下道支撑设置型钢围檩。混凝土围檩刚度大，承载能力高，可增大支撑的间距。钢围檩施工方便，钢围檩与围护墙间的空隙，宜用细石混凝土填实。

钢支撑的施工根据流程安排一般可分为测量定位、起吊、安装、施加预应力以及拆撑等施工步骤，以下分别对各个施工步骤进行说明。

（1）测量定位

钢支撑施工之前应做好测量定位工作，测量定位工作基本上与混凝土支撑的施工相一致，包含平面坐标系内轴线控制网的布设和场区高程控制网的布设两个方面的工作。

钢支撑定位必须精确控制其平直度，以保证钢支撑能轴心受压，一般要求在钢支撑安装时采用测量仪器（卷尺、水准仪、塔尺等）进行精确定位，安装之前应在围护体上做好控制点，然后分别向围护体上的支撑埋件上引测，将钢支撑的安装高度、水平位置分别认真用红漆标出。

（2）钢支撑的吊装

从受力可靠角度，纵横向钢支撑一般不采用重叠连接，而采用平面刚度较大的同一标高连接，以下针对后者对钢支撑的起吊施工进行说明。

第一层钢支撑的起吊与第二及以下层支撑的起吊作业有所不同，第一层钢支撑施工时，空间上无遮拦相对有利，如支撑长度一般时，可将某一方向（纵向或者横向）的支撑在基坑外按设计长度拼接形成整体，其后以 1~2 台起重机采用多点起吊的方式将支撑运至设计位置和标高，进行某一方向的整体安装，但另一方面，支撑需根据支撑的跨度进行分节吊装，分节吊装至设计位置之后，再采用螺栓连接或者焊接连接等方式与先行安装好的另一方向的支撑连接成整体。

第二及以下层钢支撑在施工时，由于已经形成第一道支撑系统，已无条件将某一方向的支撑在基坑外拼接成整体之后再吊装至设计位置。因此，当钢支撑长度较长，需采用多节钢管拼接时，应按"先中间后两头"的原则进行吊装，并尽快将各节支撑连起来，法兰盘的螺栓必须拧紧，快速形成支撑，对于长度较小的斜撑，在就位前，钢支撑先在地面预拼装到设计长度，拼装连接。

钢支撑吊装就位时，起重机及钢支撑下方禁止有人员站立，现场做好防下坠措施。钢支撑吊装过程中应缓慢移动，操作人员应监视周围环境，避免钢支撑刮碰坑壁、冠梁，上部钢支撑等。

（3）预加轴力

钢支撑安放到位后，起重机将液压千斤顶放入活络端顶压位置，接通油管后开泵，按设计要求逐级施加预应力。预应力施加到位后，再固定活络端，并烧焊牢固，防止支撑预应力损失后钢楔块掉落伤人，预应力施加应在每根支撑安装完以后立即进行，支撑施加预应力时，由于支撑长度较长，有的支撑施加预应力很大，安装的误差难以保证支撑完全平直，所以施加预应力的时候为了确保支撑的安全性，预应力分阶段施加，并应随时检查支撑节点和基坑监测数据，并通过与支撑轴力数据的分析比较，判断设计与现场工况的相符性，必要时采取合理的加固措施。

基坑采用钢支撑施工时，最大的问题是支撑预应力损失问题，特别是深基坑工程采用多道钢支撑作为基坑支护结构时，钢支撑预应力往往容易损失，对在周边环境施工要求较高的地区施工、变形控制的深基坑很不利，造成支撑预应力损失的原因很多，一般有以下几点：①施工工期较长，钢支撑的活络端松动；②钢支撑安装过程中钢管间连接不紧密；③基坑围护体系的变形；④下道支撑预应力施加时，基坑可能产生向坑外的反向变形，造成上道钢支撑预应力损失；⑤换撑过程中应力重分布。

因此，在基坑施工过程中，应加强对钢支撑应力的检查，通过支撑轴力监测数据的反馈，采取有效的措施，对支撑进行预应力复加，其复加位置应主要针对正在施加预应力的支撑之上的一道支撑及暴露时间过长的支撑，复加应力时注意每一幅连续墙上的支撑应同时复加，复加应力的值应控制在预加应力值的110％之内，防止单维支撑复加应力影响其周边支撑。

预应力复加通常按预应力施加的方式，通过在活络头上使用液压油泵进行顶升，采用支撑轴力施加的方式进行复加，施工时极其不方便，往往难以实现动态复加。目前，国内外也可设置专用预应力复加装置，一般有螺杆式及液压式两种动态轴力复加装置、采用专用预应力复加装置后，可以实现对钢支撑的动态监控及动态复加，确保了支撑受力及基坑的安全性。

对支撑的平直度、连接螺栓松紧、法兰盘的连接、支撑牛腿的焊接支撑等进行一次全面检查，确保钢支撑各节接管螺栓紧固、无松动，且焊缝饱满。

（4）支撑的拆除

按照设计的施工流程拆除基坑内的钢支撑，支撑拆除前，先解除预应力。

（5）钢支撑施工的安全要求

钢支撑吊装就位时，起重机及钢支撑下方禁止有人员站立，现场做好防下坠措施。钢支撑吊装过程中应缓慢移动，操作人员应监视周围环境，避免钢支撑刮碰坑壁、冠梁、上部钢支撑等。

应根据支撑平面布置、支撑安装精度、设计预应力值、土方开挖流程、周边环境保护要求等合理确定钢支撑预应力施加的流程。

由于设计与现场施工可能存在偏差，在分级施加预应力时，应随时检查支撑节点和基坑监测数据，并通过与支撑轴力数据的分析比较，判断设计与现场工况的相符性，并采取合理的加固措施。

支撑杆件预应力施加后以及基坑开挖过程中，会产生一定的预应力损失，为保证预应力达到设计要求，当预应力损失达到一定程度后，应及时进行补充、复加预应力。在周边环境保护要求较高时，宜采用钢支撑预应力自动补偿系统。

4. 支撑竖向支承体系

（1）立柱桩的施工

立柱桩施工前应对其单桩承载力进行验算，竖向荷载应按最不利工况取值、立柱在基坑开挖阶段应考虑支撑与立柱的自重、支撑构件上的施工荷载等的作用。

立柱与支撑可采用铰接连接。在节点处应根据承受的荷载大小，通过计算设置抗剪钢筋或钢牛腿等抗剪措施。立柱穿过主体结构底板以及支撑结构穿越主体结构地下室外墙的部位应采取止水构造措施。

立柱桩桩孔直径大于立柱截面尺寸，立柱周围与土体之间存在较大空隙，其悬臂高度（跨度）将大于设计计算跨度，为保证立柱在各种工况条件下的稳定，立柱周边空隙应采用砂石等材料，均匀、对称地回填密实。

另外，基坑回弹是开挖土方以后发生的弹性变形，一部分是由于开挖后的卸载引起的回弹量；另一部分是基坑周围土体在自重作用下使坑底土向上隆起。基坑的回弹是不可避免的，但较大的回弹变形会引起立柱桩上浮，施工单位在土方开挖过程中应加强监测，合理安排土方开挖顺序，优化施工工艺，尽量减小基坑回弹的影响。

（2）钢格构柱施工

内支撑体系的钢立柱目前用得最多的形式为角钢格构柱，即每根柱由四根等边角钢组成柱的四个主肢，四个主肢间用缀板或者缀条进行连接，共同构成钢格构柱。

钢格构柱一般均在工厂进行制作，考虑运输条件的限制，一般均分段制作，单段长度一般最长不超过15m，运至现场之后再组成整体进行吊装。钢格构柱现场安装一般采用"地面拼接、整体吊装"的施工方法，首先将工厂里制作好运至现场的分段钢立柱在地面拼接成整体，其后根据单根钢立柱的长度采用两台或多台起重机抬吊的方式将钢格构柱吊装至安装孔口上方，调整钢格构柱的转向满足设计要求之后，和钢筋笼连接成一体后就位，调整垂直度和标高，固定后进行立柱桩混凝土的浇筑施工。

钢格构柱作为基坑实施阶段重要的竖向受力支承结构，其垂直度至关重要，将直接影响钢立柱的竖向承载力，因此施工时必须采取措施控制其各项指标的偏差度在设计要求的范围之内，钢格构柱垂直度的控制，首先应特别注意提高立柱桩的施工精度，立柱桩根据不同的种类，需要采用专门的定位措施或定位器械，其次钢立柱的施工必须采用专门的定位调垂设备对其进行定位和调垂。目前，钢立柱的调垂方法基本分为气囊法、机械调垂架法和导向套筒法三大类，其中，机械调垂调法是几种调垂方法中最经济实用的，因此大量应用于内支撑体系中的钢立柱施工中，当钢立柱沉放至设计标高后，在钻孔灌注桩孔口位置设置H型钢支架，在支架的每个面设置两套调节丝杆，一套用于调节钢格构柱的垂直度，另一套用于调节钢格构柱的轴线位置，同时对钢格构柱进行固定。

具体操作流程为：钢格构柱吊装就位后，将斜向调节丝杆和钢柱连接，调整钢格构柱安装标高在误差范围内，然后调整支架上的水平调节丝杆，调整钢柱轴线位置，使钢格构柱四个面的轴向中心线对准地面（或支撑架 H 型钢上表面）测放好的柱轴线，使其符合设计及规范要求，将水平调节丝杆拧紧。调整斜向调节丝杆，用经纬仪测量钢柱的垂直度，使钢立柱柱顶四个面的中心线对准地面测放出的柱轴线，控制其垂直度偏差在设计要求范围内。

钢格构立柱的拆除应在土方开挖到基坑底并浇筑混凝土底板以后，随钢筋混凝土支撑或钢支撑逐层拆除后，方可逐层拆除钢格构立柱。

8.5 支护结构与主体结构相结合及逆作法

8.5.1 概述

支护结构与主体结构相结合是指采用主体地下结构的一部分构件（如地下室外墙、水平梁板、中间支承柱和桩）或全部构件作为基坑开挖阶段的支护结构，不设置或仅设置部分临时支护结构的一种设计和施工方法。而逆作法一般是先沿建筑物地下室轴线施工地下连续墙或沿基坑的周围施工其他临时围护墙，同时在建筑物内部的有关位置浇筑或打下中间支承桩和柱。

作为施工期间在底板封底之前承受上部结构自重和施工荷载的支承应以施工地面一层的梁板结构，作为地下连续墙或其他围护墙的水平支撑，随后逐层向下开挖土方和浇筑各层地下结构，直至底板封底；同时，由于地面一层的楼面结构已经完成，为上部结构的施工创造了条件，因此可以同时向上逐层进行地上结构的施工；如此地面上、下同时进行施工，直至工程结束。逆作法可以分为全逆作法、半逆作法及部分逆作法。

逆作法必然是采用支护结构与主体结构相结合，对施工地下结构而言，逆作法仅仅是一种自上而下的施工方法。相对而言，支护结构与主体结构相结合的范畴更广，它包括周边地下连续墙"两墙合一"结合坑内临时支撑系统采用顺作法施工、周边临时围护体结合坑内水平梁板体系替代支撑采用逆作法施工，以及支护结构与主体结构全面相结合采用逆作法施工，即支护结构与主体结构相结合既有可能采用顺作法施工也有可能采用逆作法施工。

与常规的临时支撑方法相比，采用支护结构与主体结构相结合施工高层和超高层建筑的深基坑和地下结构具有诸多的优点，如由于可同时向地上和地下施工因而可以缩短工程的施工工期；水平梁板支撑刚度大，挡土安全性高，围护结构和土体的变形小，对周围的环境影响小；采用封闭逆作施工，施工现场文明；已完成之地面层可充分利用，地面层先行完成，无需架设栈桥，可作为材料堆置场或施工作业场，避免了采用临时支撑的浪费现象，工程的经济效益显著，有利于实现基坑工程的可持续发展等。

支护结构与主体结构相结合适用于如下基坑工程：

（1）大面积的地下工程，一般边长大于 100m 的大基坑更为合适；

（2）大深度的地下工程，一般大于或等于 2 层的地下室工程更为合理；

（3）复杂形状的地下工程；

（4）周边状况苛刻，对环境要求很高的地下工程；

（5）作业空间较小和上部结构工期要求紧迫的地下工程。

8.5.2　支护结构与主体结构相结合的设计

基坑工程中的支护结构包括围护结构、水平支撑体系和竖向支承系统。从构件相结合的角度而言，支护结构与主体结构相结合包括三种类型，即地下室外墙与围护墙体相结合、结构水平梁板构件与水平支撑体系相结合、结构竖向构件与支护结构竖向支承系统相结合。根据支护结构与主体结构相结合的程度，可以分为三大类型，即周边地下连续墙"两墙合一"结合坑内临时支撑系统采用顺作法施工、周边临时围护体结合坑内水平梁板体系替代支撑采用逆作法施工、支护结构与主体结构全面相结合采用逆作法施工。

1. 支护结构与主体结构的构件相结合设计

（1）墙体相结合的设计

通常采用地下连续墙作为主体地下室外墙与围护墙的结合，即两墙合一。两墙合一地下连续墙施工噪声和振动低、刚度大、整体性好、抗渗能力良好；在使用阶段可直接承受使用阶段主体结构的垂直荷载，充分发挥其垂直承载能力，减小基础底面地基附加应力；可节省常规地下室外墙的工程量；可减少直接土方开挖量，且无需再施工换撑板带和进行填土工作，经济效益明显。两墙合一的墙体通常采用现浇地下连续墙，由于采用现场浇筑，墙体的深度以及槽段的分幅灵活、适用性强，除槽段分缝外，在竖向无水平施工缝。

（2）"两墙合一"结合方式

当采用地下连续墙与主体地下结构外墙相结合时，其设计方法因地下连续墙布置方式，即与主体结构的结合方式不同而有差别。地下连续墙与主体结构地下室外墙的结合方式主要有四种：单一墙、分离墙、重合墙和混合墙，如图 8-13 所示。

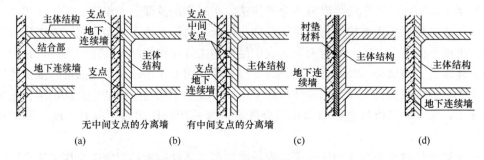

图 8-13　地下连续墙的结合方式

(a) 单一墙；(b) 分离墙；(c) 重合墙；(d) 混合墙

在水平支撑方面，其形式和间距可根据变形控制要求进行计算确定，但应尽量遵循水平支撑中心对应内部结构梁中心的原则。如不能满足该原则，支撑作用点也可作用在内部结构周边设置的边环梁上，但需验算边环梁的弯、剪、扭截面承载力。临时围护体与首层及地下一层主体结构的连接的平面图分别如图 8-14 和图 8-15 所示。临时围护体与首层及地下一层主体结构的连接的剖面图分别如图 8-16 和图 8-17 所示。

边跨结构存在二次浇筑的工序要求，二次浇筑随之带来接缝位置的止水问题，主要体现在逆作阶段先施工的边梁与后浇筑的边跨结构接缝处止水。接缝防水技术目前已经比较成熟，而且在实际工程中也得到大量的应用。一般情况下，可先凿毛边梁与后浇筑顶板的接缝面，然后嵌固一条通长布置的遇水膨胀止水条。如结构防水要求较高，还可在接缝位置增设注浆管，待结构达到强度后进行注浆充填接缝处的微小缝隙，可达到很好的防水效果。

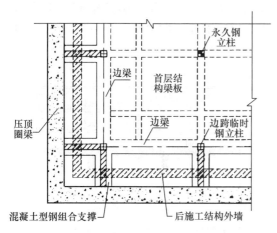

图 8-14 临时围护体与首层结构连接平面

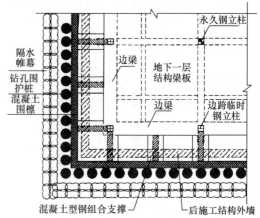

图 8-15 临时围护体与地下一层结构连接平面

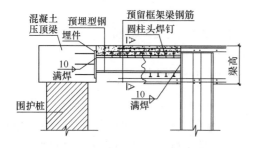

图 8-16 维护体与顶层结构连接剖面

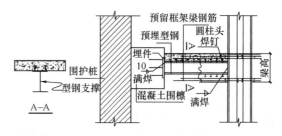

图 8-17 维护体与地下一层结构连接剖面

周边设置的支撑系统待临时围护体与结构外墙之间密实回填后方可进行割除，由此将存在支撑穿结构外墙的止水问题。不同的支撑材料其穿结构外墙的止水处理方式也不尽相同，当支撑为 H 型钢支撑时，可在 H 型钢穿外墙板位置焊接一圈一定高度的止水钢板，止水钢板的作用是隔断地下水沿型钢渗入结构内部的渗透路径。

当支撑为钢管支撑时，可将穿外墙板段钢管支撑代替为 H 型钢，以满足防水节点处理要求；当支撑为混凝土支撑时，可在混凝土支撑穿外墙板位置设置一圈遇水膨胀止水条，或可在结构外墙上留洞，洞口四周设置刚性止水片，待混凝土支撑凿除后再封闭该部分的结构外墙。

2. 支护结构与主体结构相结合的类型

(1) 周边地下连续墙"两墙合一"结合坑内临时支撑系统采用顺作法施工

周边地下连续墙"两墙合一"结合坑内临时支撑系统是高层和超高层建筑深基础或多层地下室的传统施工方法，在深基坑工程中得到了广泛的应用。其一般流程是：先沿建筑物地下室边线施工地下连续墙，作为地下室的外墙和基坑的围护结构。同时在建筑物内部的有关位置浇筑或打下临时支承立柱及立柱桩，一般立柱桩应尽量利用工程桩，当不能利用工程桩时需另外加设。施工中采用自上而下分层开挖，并依次设置临时水平支撑系统。

开挖至坑底后,再由下而上施工主体地下结构的基础底板、竖向墙、柱构件及水平楼板构件,并依次自下而上拆除临时水平支撑系统,进而完成地下结构的施工。周边地下连续墙"两墙合一"结合坑内临时支撑系统采用顺作施工方法,主体结构的梁板与地下连续墙直接连接并不再另外设置地下室外墙。图8-18为周边地下连续墙"两墙合一"结合坑内临时支撑系统的基坑在开挖至坑底和地下室施工完成时的情形。

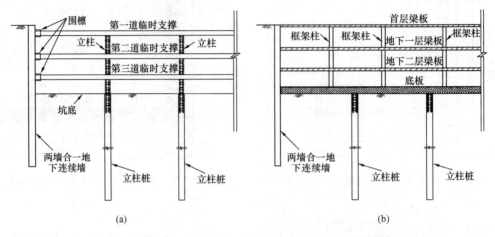

(a)   (b)

图8-18 周边地下连续墙"两墙合一"结合坑内临时支撑系统的
基坑在开挖至坑底和地下室施工完成时的情形
(a)开挖至坑底时的情形;(b)地下室施工完成时的情形

周边地下连续墙"两墙合一"结合坑内临时支撑系统的结构体系包括三部分,即采用"两墙合一"连续墙的围护结构、采用杆系结构的临时水平支撑体系和竖向支承系统。"两墙合一"地下连续墙刚度大、强度高、整体性好、止水效果好、目前的施工工艺已非常成熟且其经济效益显著。两墙合一的地下连续墙设计需根据工程的具体情况选择合适的结构形式及与主体结构外墙的结合方式,在构造上选择合适的接头形式,并妥善地解决与主体结构的连接、后浇带、沉降缝和有关防渗的构造措施。

临时水平支撑体系一般采用钢筋混凝土支撑或钢支撑。钢支撑一般适合于形状简单、受力明确的基坑,而钢筋混凝土支撑适合于形状复杂或有特殊要求的基坑。相对而言,钢支撑由于可以回收利用因而造价较低,在施加预应力的条件下其控制变形的能力不低于钢筋混凝土支撑;但钢筋混凝土支撑的整体性和稳定性高于钢支撑。连续墙上一般设置圈梁和围檩,并与水平支撑系统建立可靠的连接,通过圈梁和围檩均匀地将连续墙上传来的水土压力传给水平支撑。

竖向支承系统承受水平支撑体系的自重和有关的竖向施工荷载,一般采用临时钢立柱及其下的立柱桩。立柱桩的布置应尽量利用主体工程的工程桩,当不能利用工程桩时需施设临时立柱桩。立柱的布置需避开主体结构的梁、柱及承重墙的位置。临时立柱和立柱桩根据竖向荷载的大小选择合适的结构形式和间距。在拆除第一道临时支撑后方可割除临时立柱。

(2)周边临时围护体结合坑内水平梁板体系替代支撑采用逆作法施工

周边临时围护体结合坑内水平梁板体系替代支撑总体而言采用逆作法施工,适用于面积较大、地下室为两层、挖深为 10m 左右的超高层建筑的深基坑工程，且采用地下连续墙围护方案相对于采用临时围护并另设地下室外墙的方案在经济上并不具有优势。以盆式开挖为例，其一般流程是：首先施工主体工程桩和立柱桩，期间可同时施工周边的临时围护体；然后周边留土、基坑中部开挖第一层土，之后进行地下首层结构的施工，并在首层水平支撑梁板与临时围护体之间设置型钢换撑；然后进行地下二层土的开挖，进而施工地下一层结构，并在地下一层水平支撑梁板与临时围护体之间设置型钢换撑，期间可根据工程工期的需要同时施工地上一层结构；开挖基坑中部土体至坑底并浇筑基坑中部的底板；开挖基坑周边的留土并浇筑周边底板，期间可同时施工地上的二层结构；最后施工地下室周边的外墙，并填实地下室外墙与临时围护体之间的空隙，同时完成地下室范围内的外包混凝土施工，至此即完成了地下室工程的施工。图 8-19 为周边临时围护体结合坑内水平梁板体系替代支撑的基坑在开挖至坑底和地下室施工完成时的情形。

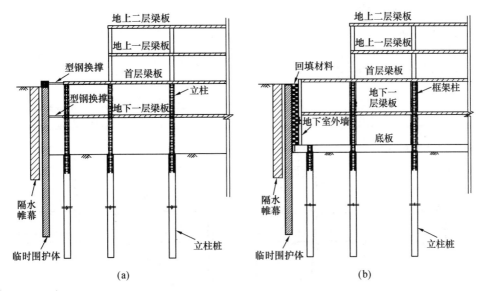

图 8-19　周边临时围护体结合坑内水平梁板体系替代支撑的基坑在开挖至坑底和地下室施工完成时的情形
（a）基坑开挖至坑底时的情形；（b）地下室施工完成时的情形

周边临时围护体结合坑内水平梁板体系替代支撑的结构体系包括临时围护体、水平梁板支撑和竖向支承系统。临时围护体可以采用钢筋混凝土钻孔灌注桩、型钢水泥土搅拌墙和咬合桩等。作为周边的临时围护结构，需满足变形、强度和良好的止水性能要求。具体采用何种临时围护体，需根据基坑的开挖深度、基坑的形状、施工条件、周边环境变形控制要求等多个因素确定。

该类型的水平支撑与主体地下结构的水平梁板相结合。由于采用了临时围护体，需考虑主体水平梁板结构与临时围护体之间的传力问题。需指出的是，围护桩与内部水平梁板结构之间设置的临时支撑主要作为传递水平力的用途，因此，在支撑设计中，在确保水平力传递可靠性的基础上，弱化水平支撑与结构的竖向连接刚度，可缓解由于围护桩与立柱桩之间差异沉降过大，引发的边跨结构次应力，严重还将导致结构开裂等不利后果。

该类型的竖向支承系统与主体结构相结合。立柱和立柱桩的位置和数量根据地下室的结构布置和制定的施工方案经计算确定。由于边跨结构需从结构外墙朝内退一定距离，该距离的控制可根据具体情况调整，但尽量退至与结构外墙相邻柱跨，以便利用一柱一桩作为边跨结构的竖向支承结构；当局部位置需内退距离过大时，可选择增设边跨临时立柱的处理方案。

（3）支护结构与主体结构全面相结合采用逆作法施工

支护结构与主体结构全面相结合，即围护结构采用"两墙合一"的地下连续墙，既作为基坑的围护结构又作为地下室的外墙；地下结构的水平梁板体系替代水平支撑；结构的立柱和立柱桩作为竖向支承系统。支护结构与主体结构全面相结合一般采用逆作法施工，以盆式开挖为例，其一般流程为：首先施工地下连续墙、立柱和工程桩；然后周边留土、基坑中部开挖第一层土；之后进行地下首层结构的施工；开挖第二层土，并施工地下一层结构的梁板，同时可根据工期上的安排接高柱子和墙板施工地上一层结构；开挖第三层土，并施工地下二层结构，同时施工地上二层结构；基坑中部开挖至底并浇筑底板，基坑周边开挖到底并施工底板，同时施工地上三层结构；施工立柱的外包混凝土及其他地下结构，完成地下结构的施工。图 8-20 为支护结构与主体结构全面相结合的基坑在开挖至坑底和地下室施工完成时的情形。

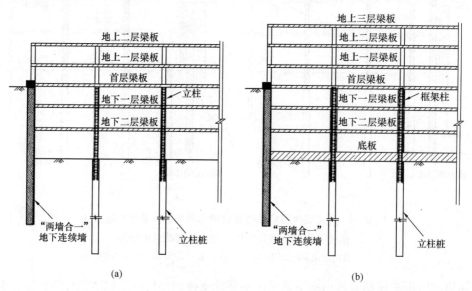

(a)   (b)

图 8-20   支护结构与主体结构全面相结合的基坑在开挖至坑底和地下室施工完成时的情形
(a) 基坑开挖至坑底时的情形；(b) 地下室施工完成时的情形

支护结构与主体结构全面相结合适合于大面积的基坑工程、开挖深度大的基坑工程、复杂形状的基坑工程、上部结构施工工期要求紧迫的基坑工程，尤其是周边建筑物和地下管线较多、环境保护极其严格的基坑工程。

8.5.3   逆作法施工

1. 逆作结构施工

（1）逆作水平结构施工技术

由于逆作法施工，其地下室的结构节点形式与常规施工法有着较大的区别。根据逆作法的施工特点，地下室结构不论是哪种结构形式都是由上往下分层浇筑的。地下室结构的浇筑方法有 3 种：

1）利用土模浇筑梁板

对于首层结构梁板及地下各层梁板，开挖至其设计标高后，将土面整平夯实，浇筑一层厚约 50mm 的素混凝土（如果土质好则抹一层砂浆亦可），然后刷一层隔离层，即成楼板的模板。对于梁模板，如土质好可用土胎模，按梁断面挖出沟槽即可；如土质较差，可用模板搭设梁模板。图 8-21 为逆作施工时土模的示意图。

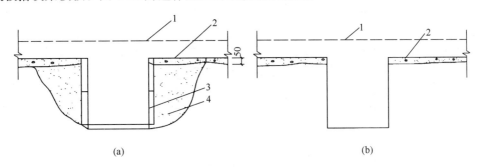

图 8-21　逆作施工时的梁、板模板
(a) 用钢模板组成梁模；(b) 梁模用土胎模
1—楼面板；2—素混凝土层与隔离层；3—钢模板；4—填土

至于柱头模板，施工时先把柱头处的土挖出至梁底以下 500mm 处，设置柱子的施工缝模板，为使下部柱子易于浇筑，该模板宜呈斜面安装，柱子钢筋通穿模板向下伸出接头长度，在施工缝模板上面组立柱头模板与梁板连接。如土质好柱头可用土胎模，否则就用模板搭设。柱头下部的柱子在挖出后再搭设模板进行浇筑，如图 8-22 所示。

2）利用支模方式浇筑梁板

用此法施工时，先挖去地下结构一层高的土层，然后按常规方法搭设梁板模板，浇筑梁板混凝土，再向下延伸竖向结构（柱或墙板）。为此，需解决两个问题，一个是设法减少梁板支承的沉降和结构的变形；另一个是解决竖向构件的上、下连接和混凝土浇筑。

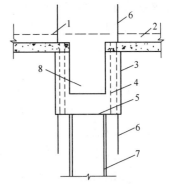

图 8-22　柱头模板与施工缝
1—楼面板；2—素混凝土层与隔离层；3—柱头模板；4—预留浇筑孔；5—施工缝；6—柱筋；7—H 型钢；8—梁

为了减少楼板支承的沉降和结构变形，施工时需对土层采取措施进行临时加固。加固的方法有两种：一种方法是浇筑一层素混凝土，以提高土层的承载能力和减少沉降，待墙、梁浇筑完毕，开挖下层土方时随土一同挖除，这就要额外耗费一些混凝土；另一种方法是铺设砂垫层，上铺枕木以扩大支承面积，这样上层柱子或墙板的钢筋可插入砂垫层，以便与下层后浇筑结构的钢筋连接。

有时还可用吊模板的措施来解决模板的支承问题。在这种方法中，梁、平台板采用木模，排架采用 φ48 钢管。柱、剪力墙、楼梯模板亦可采用木模。由于采用盆式开挖，因此使得模板排架可以周转循环使用。在盆式开挖区域，各层水平楼板施工时，排架立杆在挖土盆顶和盆底均采用一根通长钢管。挖土边坡为台阶式，即排架立杆搭设在台阶上，台阶宽度大于1000mm，上下级台阶高差300mm左右。台阶上的立杆为两根钢管搭接，搭接长度不小于1000mm。排架沿每1500mm高度设置一道水平牵杠，离地200mm设置扫地杆（挖土盆顶部位只考虑水平牵杠，高度根据盆顶与结构底标高的净空距离而定）。排架每隔四排立杆设置一道纵向剪刀撑，由底至顶连续设置。排架模板支承如图8-23所示。

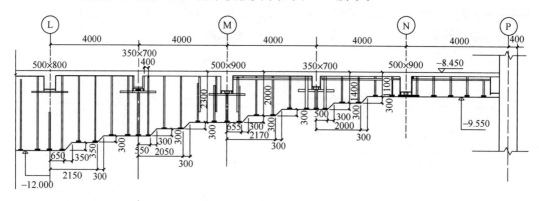

图8-23 排架模板支承示意图

水平构件施工时，竖向构件采用在板面和板底预留插筋，在竖向构件施工时进行连接。

至于逆作法施工时混凝土的浇筑方法，由于混凝土是从顶部的侧面入仓，为便于浇筑和保证连接处的密实性，除对竖向钢筋间距适当调整外，构件顶部的模板需做成喇叭形。

由于上、下层构件的结合面在上层构件的底部，再加上地面上沉降和刚浇筑混凝土的收缩，在结合面处易出现缝隙。为此，宜在结合面处的模板上预留若干注浆孔，以便用压力灌浆消除缝隙，保证构件连接处的密实性。

3）无排吊模施工方法

采用无排吊模施工工艺时，挖土深度基本同土模施工。对于地面梁板或地下各层梁板，挖至其设计标高后，将土面整平夯实，浇筑一层厚约50mm的素混凝土（若土质好抹一层砂浆亦可），然后在垫层上铺设模板，模板预留吊筋，在下一层土方开挖时用于固定模板。图8-24为无排吊模施工示意图。

（2）逆作竖向结构施工

1）中间支承柱及剪力墙施工

结构柱和板墙的主筋与水平构件中预留插筋进行连接，板面钢筋接头采用电渣压力焊连接，板底钢筋采用电焊连接。

"一柱一桩"格构柱混凝土逆作施工时，分两次支模，第一次支模高度为柱高减去预留柱帽的高度，主要为方便格构柱振捣混凝土，第二次支模到顶，顶部形成柱帽的形式。应根据图纸要求弹出模板的控制线，施工人员严格按照控制线来进行格构柱模板的安装。模板使用前，涂刷脱模剂，以提高模板的使用寿命，同时也易保证拆模时不损坏混凝土表面。图8-25为逆作立柱模板支撑示意图。

柱子施工缝处的浇筑方法，常用的方法有三种，即直接法、充填法和注浆法，如图8-26所示。直接法即在施工缝下部继续浇筑混凝土时，仍然浇筑相同的混凝土，有时

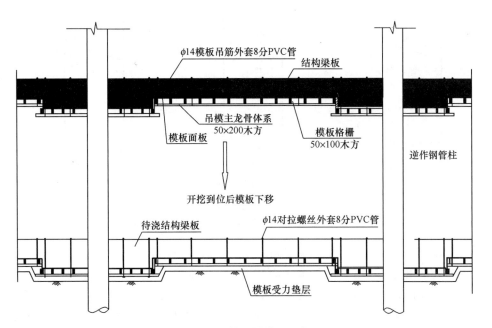

图 8-24　无排吊模施工示意图

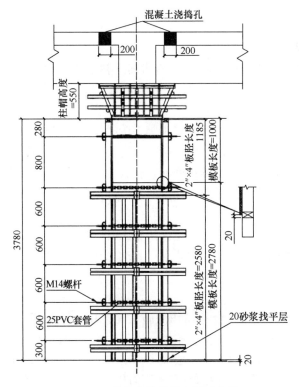

图 8-25　逆作立柱模板支撑示意图

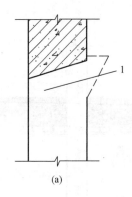 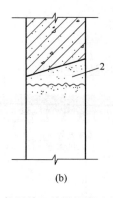 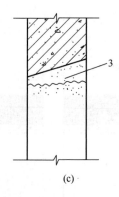

(a) (b) (c)

图 8-26　柱子施工缝处混凝土的浇筑方法

(a) 直接法；(b) 充填法；(c) 注浆法

1—浇筑混凝土；2—填充无浮浆混凝土；3—压入水泥浆

添加一些铝粉以减少收缩。为浇筑密实可做出一个假牛腿，混凝土硬化后可凿去。充填法即在施工缝处留出充填接缝，待混凝土面处理后，再于接缝处充填膨胀混凝土或无浮浆混凝土。注浆法即在施工缝处留出缝隙，待后浇混凝土硬化后用压力压入水泥浆充填。在上述三种方法中，直接法施工最简单，成本亦最低。施工时可对接缝处混凝土进行二次振捣，以进一步排除混凝土中的气泡，确保混凝土密实和减少收缩。

当剪力墙也采用逆作法施工时，施工方法与格构柱相似，顶部也形成开口形的类似柱帽的形式。

2）内衬墙施工

逆作内衬墙的施工流程为：衬墙面分格弹线→凿出地下连续墙→立筋衬墙螺杆焊接→放线→搭设脚手排架→衬墙与地下连续墙的堵漏→衬墙外排钢筋绑扎→衬墙内侧钢筋绑扎→拉杆焊接衬墙钢筋→隐蔽验收支衬墙→模板→支板底模绑扎板钢筋→板钢筋验收→板、衬墙和梁混凝土浇筑→混凝土养护。

施工内衬墙结构，内部结构施工时采用脚手管搭排架，模板采用九夹板，内部结构施工时要严格控制内衬墙的轴线，保证内衬墙的厚度，并要对地下连续墙墙面进行清洗凿毛处理，地下连续墙接缝有渗漏必须进行修补，验收合格后方可进行结构施工。在衬墙混凝土浇筑前应对纵横向施工缝进行凿毛和接口防水处理。

2. 逆作土方开挖技术

支护结构与主体结构相结合在采用逆作法施工时，土体开挖首先要满足"两墙合一"、地下连续墙以及结构楼板的变形及受力要求，其次，在确保已完成结构满足受力要求的情况下尽可能地提高挖土效率。

（1）取土口的设置

在支护结构与主体结构相结合的逆作法施工工艺中，除顶板施工阶段采用明挖法以外，其余地下结构的土方均采用暗挖法施工。逆作法施工中，为了满足结构受力以及有效传递水平力的要求，常规取土口大小一般在 150m² 左右，布置时需满足以下几个原则：

① 大小满足结构受力要求，特别是在土压力作用下必须能够有效传递水平力；

② 水平间距一是要满足挖土机最多二次翻土的要求，避免多次翻土引起土体过分扰动；二是在暗挖阶段，尽量满足自然通风的要求；

③ 取土口数量应满足在底板抽条开挖时的出土要求；

④ 地下各层楼板与顶板洞口位置应相对应。

地下自然通风有效距离一般在 15m 左右，挖土机有效半径在 7~8m 左右，土方需要驳运时，一般最多翻驳二次为宜。综合考虑通风和土方翻驳要求，并经过多个工程实践，对于取土口净距的设置可以量化如下指标：一是取土口之间的净距离，可考虑在 30~35m；二是取土口的大小，在满足结构受力情况下，尽可能采用大开口，目前比较成熟的大取土口的面积通常可达到 600m² 左右。取土口布置时在考虑上述原则时，可充分利用结构原有洞口，或主楼筒体等部位。

（2）土方开挖形式

对于土方及混凝土结构量大的情况，无论是基坑开挖还是结构施工形成支撑体系，相应工期均较长，无形中增大了基坑风险。为了有效控制基坑变形，基坑土方开挖和结构施工时可通过划分施工块并采取分块开挖与施工的方法。施工块划分的原则是：

① 按照"时空效应"原理，采取"分层、分块、平衡对称、限时支撑"的施工方法；

② 综合考虑基坑立体施工交叉流水的要求；

③ 合理设置结构施工缝。

结合上述原则，在土方开挖时，可采取以下有效措施：

1）合理划分各层分块的大小

由于一般情况下顶板为明挖法施工，挖土速度比较快，相对应的基坑暴露时间短，故第一层土的开挖可相应划分得大一些；地下各层的挖土是在顶板完成的情况下进行的，属于逆作暗挖，速度比较慢，为减少每块开挖的基坑暴露时间，顶板以下各层土方开挖和结构施工的分块面积可相对小些，这样可以缩短每块的挖土和结构施工时间，从而使围护结构的变形减小，地下结构分块时需考虑每个分块挖土时能够有较为方便的出土口。

2）采用盆式开挖方式

通常情况下，逆作区顶板施工前，先大面积开挖土方至板底下约 150mm 处，然后利用土模进行顶板结构施工。采用土模施工明挖土方量很少，大量的土方将在后期进行逆作暗挖，挖土效率将大大降低；同时由于顶板下的模板体系无法在挖土前进行拆除，大量的模板将会因为无法实现周转而造成浪费。针对大面积深基坑的首层土开挖，为兼顾基坑变形及土方开挖的效率，可采用盆式开挖的方式，周边留土，明挖中间大部分土方，一方面控制基坑变形，另一方面增加明挖工作量从而增加了出土效率。对于顶板以下各层土方的开挖，也可采用盆式开挖的方式，起到控制基坑变形的作用。

3）采用抽条开挖方式

逆作底板土方开挖时，一般来说底板厚度较大，支撑到挖土面的净空较大，这对控制基坑的变形不利。此时可采取中心岛施工的方式，即基坑中部底板达到一定强度后，按一定间距抽条开挖周边土方，并分块浇捣基础底板，每块底板土方开挖至混凝土浇捣完毕，宜控制在 72h 以内。

4）楼板结构局部加强代替挖土栈桥

支护结构与主体结构相结合的基坑，由于顶板先于大量土方开挖施工，因此可以将栈桥的设计和水平梁板的永久结构设计结合起来，并充分利用永久结构的工程桩，对楼板局部节点进行加强，作为逆作挖土的施工栈桥，满足工程挖土施工的需要。

（3）土方开挖设备

采用逆作法施工工艺时，需在结构楼板下进行大量土方的暗挖作业，开挖时通风照明条件较差，施工作业环境较差，因此选择有效的施工作业机械对于提高挖土工效具有重要意义。目前逆作挖土施工一般在坑内采用小型挖机进行作业，地面采用吊机、长臂挖机、滑臂挖机、取土架等设备进行作业。

根据各种挖机设备的施工性能，其挖土作业深度亦有所不同，一般长臂挖机作业深度为 7～14m，滑臂挖机作业深度一般为 7～19m，吊机及取土架作业深度则可超过 30m。

习题

1. 单项选择题

[1] 下列哪一项不是影响单桩水平承载力的因素？（　　　）

A. 桩侧土性　　　　　　　　　　　　B. 桩端土性

C. 桩的材料强度　　　　　　　　　　D. 桩端入土深度

[2] 在正常工作条件下，刚性较大的基础下刚性桩复合地基的桩土应力比随着荷载增大的变化符合下述哪个选项？（　　　）

A. 减小　　　　　　B. 增大　　　　　　C. 没有规律　　　　　　D. 不变

[3] 下列关于咬合排桩施工顺序正确的选项是哪个？（　　　）

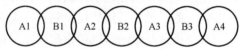

A. B1→B2→B3→A1→A2→A3→A4

B. A1→B1→A2→B2→A3→B3→A4

C. A1→A2→B1→B2→A3→A4→B3

D. A1→A2→B1→A3→B2→A4→B3

[4] 在其他条件相同时，悬臂式钢板桩和悬臂式混凝土地下连续墙所受基坑外侧土压力的实测结果应该是下列哪一种情况？（　　　）

A. 由于混凝土模量比钢材小，所以混凝土墙上的土压力更大

B. 由于混凝土墙的变形（位移）小，所以混凝土墙上土压力更大

C. 由于钢板桩的变形（位移）大，所以钢板桩上的土压力更大

D. 由于钢材强度高于混凝土强度，所以钢板桩上的土压力更大

2. 多项选择题

为预防泥浆护壁成孔灌注桩的断桩事故，应采取以下哪些措施？（　　　）

A. 在配制混凝土时，按规范要求控制坍落度及粗骨料

B. 控制泥浆相对密度，保持孔壁稳定

C. 控制好导管埋深

D. 控制好泥浆中的含砂量

3. 思考题

[1] 型钢水泥土搅拌桩的施工顺序具体分为哪几种？

[2] 简述逆作法的优点及施工过程。

答案详解

1. 单项选择题

【1】B，可以通过增大桩径、加固上部桩间土体来提高单桩水平承载力。

【2】B，随着荷载增大，刚性桩和土体承担的力都会变大，刚性桩相对于土体而言，刚度大、变形小，力就会更多地传到刚性桩上。

【3】D，通常咬合桩是采用素混凝土桩（A桩）与钢筋混凝土桩（B桩）相互搭接，由配有钢筋的桩承受土压力荷载，素混凝土桩只起截水作用的一种基坑围护组合结构，兼具有挡土和止水作用的连续桩墙，正确的施工顺序为 A1→A2→B1→A3→B2→A4→B3。

【4】B，混凝土墙体的厚度大，变形较小，因此混凝土墙上的土压力更大。

2. 多项选择题

ABC，相对密度、含砂量和黏度是影响混凝土灌注质量的主要指标。其中含砂量的多少直接影响孔内沉渣的厚度，与断桩关系不大。控制相对密度，可保持孔壁稳定，可有效防止断桩。要控制混凝土的坍落度及粗骨料，坍落度过小，流动不了，形成拱效应，产生断桩。

3. 思考题

【1】跳槽式双孔全套打复搅式连接方式、单侧挤压式连接方式、先行钻孔套打方式。

【2】与常规的临时支护方法相比，采用支护结构与主体结构相结合施工高层和超高层建筑的深基坑和地下结构具有诸多的优点，如由于可同时向地上和地下施工因而可以缩短工程的施工工期；水平梁板支撑刚度大，挡土安全性高，围护结构和土体的变形小，对周围的环境影响小；采用封闭逆作施工，施工现场文明；已完成之地面层可充分利用，地面层先行完成，无需架设栈桥，可作为材料堆置场或施工作业场；避免了采用临时支撑的浪费现象，工程的经济效益显著，有利于实现基坑工程的可持续发展等。

支护结构与主体结构相结合适用于如下基坑工程：

（1）大面积的地下工程，一般边长大于 100m 的大基坑更为合适；

（2）大深度的地下工程，一般大于或等于 2 层的地下室工程更为合理；

（3）复杂形状的地下工程；

（4）周边状况苛刻，对环境要求很高的地下工程；

（5）作业空间较小和上部结构工期要求紧迫的地下工程。

第9章　考虑时空效应的设计与施工

9.1　概述

9.1.1　时空效应理论产生的工程背景

城市基坑工程通常处于房屋和生命线工程的密集地区，随着经济建设的发展，市政地下工程建设项目的数量和规模迅速增大，许多在市中心区建设的项目，如高层建筑物基坑、大型管道的深沟槽、越江隧道的暗埋矩形段及地铁工程中的地下车站深基坑等，都在不同程度上遇到了对周围环境影响的控制问题。特别是在闹市区，地下管线和构筑物相当复杂，有时候甚至在地下构筑物附近或上面进行深基坑施工，这样，如何在设计和施工中考虑控制土体位移以保护建筑物、地下管线和构筑物便成为亟待研究和解决的问题。

也就是说不但要求基坑支护结构具有足够强度以及基坑整体稳定，而且对于变形也提出了严格限制，尤其是在软土地区的基坑工程中，很多情况下变形控制往往起决定性作用。在新加坡、日本和美国等国家的软土地区的一些邻近建筑物基坑工程中，为控制地层位移和保护基坑周边环境，有的在基坑开挖前采用高压旋喷注浆法满堂加固坑底 2～4.5m 厚的土体，有的在开挖工程中施加密集的大规格型钢支撑。如果按照这样的做法，为了达到控制变形的目的，一般基坑至少要增加数百万元以上的地基加固费用，施工周期还要延长 2～4 个月，这显然不符合经济合理的原则。为此，刘建航、刘国彬等总结和研究了基坑中的时间和空间作用特点后，提出了基坑工程中的时空效应规律。多年实践表明，时空效应理论是进行基坑变形控制和预测的一种行之有效的方法。

9.1.2　时空效应规律产生的理论基础

从 Terzaghi、Peck、Clough、Davision、Bgerrum、Tsui 等在 1940、1960、1969、1972、1974、1977 等年份中所公布的该方面的研究成果中可以发现，这些土力学前辈在科学研究和工程实践中已经觉察到，土的工程性质跟时间和空间的确是有联系的。1960年以前，Terzaghi、Peck 等在关于有支护深基坑的稳定性分析、坑底隆起分析中，提出了深基坑开挖因卸载而引起土体移动的机理。Peck、Flamand、Bgerrum 对深基坑开挖引起周围土体位移的数值分析，揭示了基坑空间尺寸与周围地层应力应变变异的相关性。

1974 年 Tsui 阐述了基坑在开挖卸载过程中的应力路径及土的破坏特征，发现过去确定土的强度和刚度的方法在基坑设计中需要予以修改。1973 年 Bgerrum 在室内试验中发现在软黏土无支护基坑稳定性评价中不符合实际的问题，指出过去稳定性分析计算法中未考虑黏性土的应力应变与时间效应的密切关系，这是由于试验室的试验时间很短，无法模拟时间效应。1977 年 Clough 与 Davision 在研究中发现基坑开挖长度与宽度之比与稳定性密切相关，这与 1974 年 Tait 与 Taylor 在研究海湾黏土层中深基坑中心岛式开挖和支撑的顺序中所提出的围护墙体随开挖和支撑的步步进展而增加位移的图表分析，共同显示了时空效应对基坑稳定和变形的影响。

1977 年 Clough 与 Denby 通过有限元分析，提出了抗隆起稳定性安全系数与基坑围护墙体水平位移的关系曲线。从 1940 年到 1977 年的 37 年中，国外在关于软黏土深基坑稳定性和变形分析的研究过程中，逐步地发现基坑开挖空间尺寸、开挖顺序及开挖时间与软黏土层中深基坑的稳定性及变形性状和大小具有内在联系，而抗隆起稳定性又与围护墙体水平位移和坑侧地面沉降有一定的相关性。前人的研究成果，没有形成一套系统的理论，也没有形成解决工程问题的定量分析方法，但其中软黏土基坑稳定和变形与开挖施工中时空效应相关的概念，却成为我们考虑施工中时空效应，研究黏土层深基坑工程技术的可贵依据。

同时，在岩石隧道力学中的"新奥法"指出，可以通过适时支护、柔性支护、随挖随衬等方法充分调动围岩自身的强度，从而减少很多支护。结合土力学前辈们的思路，又从"新奥法"联想到土既是一种荷载，又是一种介质，于是也可以通过调整开挖顺序和开挖方式，把土体本身的强度发挥到极致。

借鉴了国外研究成果，在吸取前人正反面经验的基础上进行研究后，总结出一套符合实际条件的时空效应理论：在软土基坑开挖中，适当减小每步开挖土方的空间尺寸，并减少每步开挖所暴露的部分基坑挡墙的未支撑前的暴露时间，是考虑时空效应、科学地利用土体自身的控制地层位移的潜力、解决软土深基坑稳定和变形问题的基本对策。以此为指导思想，形成基坑工程的设计和施工方法。这种方法的主要特点是设计与施工密切结合，在设计和施工中，定量地计算及考虑时空效应的基坑开挖和支撑的施工因素对基坑在开挖中内力和变形的实际影响，并以科学的施工工艺，有效地减小地层流变性对基坑受力变形的不利影响。

9.2　时空效应规律

9.2.1　基坑开挖的时间效应

在软土地区，土的强度低、含水量高，有很大的流变性，所以在此地层上的基坑工程中所受的土体流变性影响很大，如果要达到控制变形的目的必须研究土的流变性——土体的应力和变形随着时间而不断变化的特性。经过长期的研究发现，土体流变性的影响主要表现在：

1. 土体应力松弛的影响

在基坑工程施工中由于土体的应力松弛会引起挡墙主动区土压力随时间不断增加，向静止土压力方向发展，而随着墙体位移变形，土压力又不断减小，当前者占优势时（施工中搁置较长时间），作用在墙体上的土压力会不断增加，将大于主动土压力，同时挡墙被动区土压力由于土体的应力松弛会不断减小，在常规计算中墙体主动区土压力均采用主动土压力，而被动区土压力采用被动土压力，因而在施工拖延周期较长时基坑的安全性会逐渐降低。图 9-1 是国内某一基坑工程的实测土压力图，从中可看出墙体主、被动区土压力

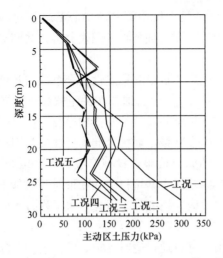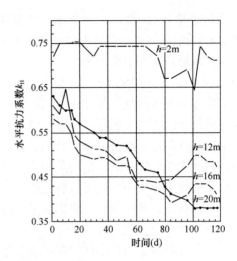

图 9-1　某工程实测土压力变化图

的变化情况。

2. 土体蠕变性的影响

土体应力和变形与时间有关的这种特性称为土的流变性，在应力水平不变的条件下，应变随时间增长的特性称为土的蠕变性，它是土的重要工程性质之一。上海地区的软土具有明显的蠕变特性，典型的淤泥质黏土的三轴剪切试验结果如图 9-2 所示，由试验可知：

（1）在土体主应力较小时（$\sigma_1 \leqslant 0.025\mathrm{MPa}$）蠕变变形很小，主要是弹性蠕变。

（2）不排水土体的流变性要比排水土体的流变性显著，当 $\sigma_1 = 0.15\mathrm{MPa}$ 时（此应力约相当于 14～15m 的深基坑挡墙被动区土体的压应力），不排水的土样蠕变到最后会发生破坏，即呈破坏型；而排水土样蠕变则呈衰减型，蠕变是收敛和稳定的。

（3）当土体主应力达到或超过发生不收敛蠕变的极限应力水平时，从开始蠕变到蠕变速率急剧增大而发生破坏只有几天的时间，这说明在应力水平高的情况下，土体会在一定的承载时间内，以不易察觉的蠕变速度发生破坏。

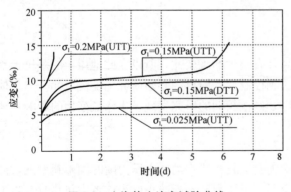

图 9-2　上海软土流变试验曲线

从上述试验结果的分析中可知，在处于具有流变地层的深基坑中，土的流变特性不仅会影响基坑的稳定，而且对于基坑的变形控制也至关重要，这在控制基坑变形要求高的基坑工程中尤为突出。同时，在流变特性的分析中，可以取得有关控制软土深基坑变形的几点重要启示：

（1）分层分块开挖能够有效地调动地层的空间效应，以降低应力水平、控制流变位移。

（2）减少每步开挖到支撑完毕的时间，即无支撑暴露时间，可明显控制挡墙的流变位移，这在无支撑暴露时间小于 24h 时效果尤其明显。

（3）解决软土深基坑变形控制问题的出路在于规范施工步序和参数，并将其作为实现设计要求的保证。

9.2.2　基坑开挖的空间效应

基坑土体的空间作用，早在太沙基时代已被重视，发展到齐法特时已知道用分层开挖减少基坑底部的弹性隆起。众所周知，由于基坑开挖会引起基坑周围地层的移动，这清楚地表明基坑开挖是一个同周围土体密切相关的空间问题。在宝钢最大的铁皮坑工程中，由于采用圆形地下连续墙施工，从而大大减小了基坑底部的隆起和周围地层的移动，实践表明，基坑的形状、深度、大小等对于基坑支护结构及周围土体的变形影响也是很显著的。基坑支护结构和周围土体的空间作用有利于减小支护结构的变形和内力，增加基坑整体稳定性。人们对于基坑的空间作用对基坑支护结构和周围地层位移的影响方面研究较少，而在基坑的空间作用对基坑稳定影响方面国内外都做了较深入的研究。Eide 等曾对长条形、方形和长宽比为 2 的矩形基坑的抗隆起进行研究，最后提出如下抗隆起安全系数计算公式，即抗隆起安全系数为：

$$F_S = \frac{S_u N_c}{\gamma H + q} \tag{9-1}$$

式中　S_u——不排水抗剪强度（kN/m²）；

　　　γ——土体重度（kN/m³）；

　　　H——开挖深度（m）；

　　　N_c——从图 9-3 中查出；

　　　q——地面超载（kN/m²）。

从式（9-1）可知，同样地质的基坑中 $F_S \infty N_c$，对 $H/B = 1$ 及 $B/L \rightarrow 0$ 的条形基坑，从图 9-3 中可知：

$$N_{c0} = 6.4, \quad F_{S0} = \frac{S_u \times 6.4}{\gamma H}$$

对 $H/B = 1$ 及 $B/L = 1$ 的方形基坑，从图 9-3 中可知：

$$N_{c1} = 7.7, \quad F_{S1} = \frac{S_u \times 7.7}{\gamma H}$$

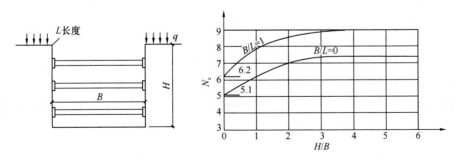

图 9-3　基坑长、宽、深尺寸与 N_c 关系曲线

从中可知：$F_{S1} / F_{S0} = 7.7/6.4 = 1.20$，$H/B = 1$ 的方形基坑（$B/L = 1$）的抗隆起安

全系数，比 $H/B=1$ 的长条形基坑（$B/L\rightarrow0$）大 21%。参照上述算法，可以认为长条形深基坑按限定长度（不超过基坑宽度）进行分段开挖，基坑抗隆起安全系数必有一定的增加，增加比例约为 20%。根据上海地区经验，当某长条形深基坑抗隆起安全系数为 1.5 时，如不分段开挖，墙体最大水平位移，为 1‰×H，这属于大的墙体位移，则相应的地面最大沉降 $S_V=1$‰×H，地面沉降范围大于等于 $2H$。如分段开挖，抗隆起安全系数增加 20%，$K_S=1.5\times(1+20\%)=1.8$，墙体最大水平位移 δ_h 为 0.6‰×H，这属于小的墙体位移，则相应的地面最大沉降 $S_V=\delta_h/1.4=0.43$‰×H，地面沉降范围小于 $2H$。由此可清楚地看到：将长条形的基坑按比较短的段分段开挖，对减少地面沉降、墙体位移及地层水平位移是有效的措施。同样，将大基坑分块开挖亦具有相同的作用。

此外，基坑开挖时土坡坡度对基坑外侧地面纵向沉降形式非常重要。根据工程监测资料，深基坑两端附近的沉降曲线曲率与开挖土坡的坡度密切相关。土坡平坦些沉降曲线的曲率可减小，有利于保护平行于基坑的地下管线，也说明利用不同土坡的空间作用的差别，可以用来达到控制变形的目的。

9.3 考虑时空效应原理的基坑开挖及支护设计

把施工工序和施工参数作为必需的设计依据，并以切实执行施工工艺和施工参数作为实现设计要求的保证，这是考虑时空效应原理进行基坑设计施工的主要特点。合理可靠地选取施工工序和施工参数，就能在设计中科学定量地考虑以时空效应为主要特征的施工因素，就能合理规则地施工，使坑周土体应力路径和土体应力状态的变化由复杂莫测变为有一定规律。这是考虑时空效应规律控制基坑变形的核心所在。

9.3.1 考虑时空效应原理的基坑设计要点

合理的基坑支护及开挖设计，保证基坑稳定性和达到控制变形的要求，这是施工成功的前提。在地质和环境条件复杂的深大基坑中，往往控制变形是设计的重点。控制变形的基坑支护及开挖设计要点是：

（1）首先按基坑周围环境条件允许的变形限度，确定基坑围护墙允许的水平位移值，以作为基坑控制变形的设计标准。

（2）根据时空效应原理，按控制变形要求试提出基坑围护墙、支撑结构及基坑中地基加固方案，并提出基坑开挖支撑施工程序及每开挖的空间尺寸和每步开挖和支撑所需时间等主要施工参数。在明确加固要求和主要施工参数后，可从工程经验资料中得知软土地层考虑土体流变性及开挖支撑施工中时空效应的围护墙被动区的加固土体基床系数 k_H。

（3）按上述的支护结构力学特性、地基加固强度和刚度，以及在一定地质和施工条件下的围护墙被动区土体基床系数 k_H，验算围护墙及支撑内力和变形。验算围护墙变形时，要同时验算基坑抗隆起安全系数 K_S 及基坑围护墙的最大位移 δ_h，K_S 与 δ_h 都要符合一定环境保护所需要的标准值。

（4）通过优化设计，以经济的设计方案使 K_S 与 δ_h 达到要求的标准，至此可确定基坑施工设计，并确定基坑开挖支护施工组织设计所依据的主要施工参数。

设计过程如图 9-4 所示。

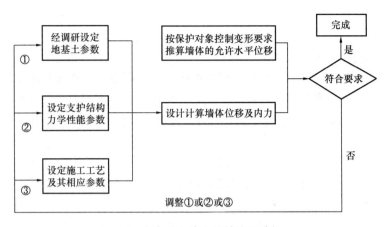

图 9-4　考虑时空效应的基坑设计框图

9.3.2　考虑时空效应的开挖及支护设计

1. 基本要求

根据设计规定的技术标准、地质资料，以及周围建筑物和地下管线等翔实资料，严密地做好深基坑施工组织设计和施工操作规程。根据基坑的形状，依据对称、平衡原则分块、分层，然后再确定各单元的施工参数：每步开挖的空间尺寸、开挖时限、支撑时限、支撑预应力。主要的技术要点："沿规定的开挖次序逐段开挖；在每个开挖段中分层、分小段开挖、随挖随撑、按规定时限施加预应力，做好基坑排水，减少基坑暴露时间"。

2. 三类典型基坑的开挖步序和参数

(1) 对撑的长条形深基坑：必须按设计要求分段开挖和浇筑底板，每段开挖中又分层、分小段，并限时完成每小段开挖和支撑，如图 9-5 所示。

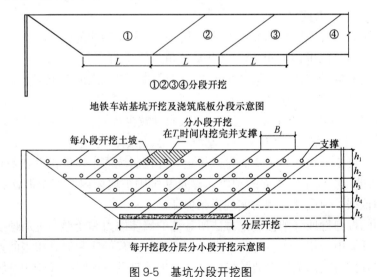

图 9-5　基坑分段开挖图

开挖参数应有设计规定，通常取值范围为：

分段长度：$L \leqslant 25\mathrm{m}$；

分小段宽度：$B_i = 3 \sim 6\text{m}$；

每层厚度：$h_i = 3 \sim 4\text{m}$；

每小段开挖支撑时限：$T_r = 8 \sim 24\text{h}$；

L、B_i、h_i、T_r 在施工时可根据监测数据进行适当调整，但必须经过设计同意。

（2）大宽度、不规则基坑：应分层开挖，每层的开挖步骤应符合图 9-6 的顺序。

① 在有保护对象侧预留土堤，挖出中间部分和无保护对象侧的土方，并及时安装其间支撑。

② 当支撑一侧有保护对象时，应将预留土堤限时分段开挖并架设支撑；当支撑两侧有保护对象时，应依次将每根支撑两端的土堤限时、对称挖除并架设支撑。

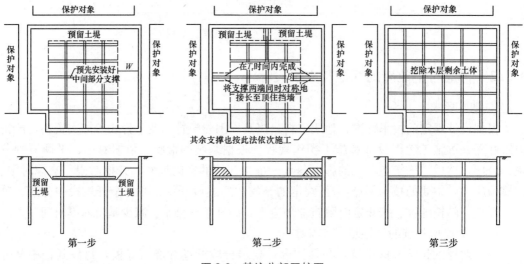

图 9-6　基坑分部开挖图

③ 将该层剩余土方挖出。

（3）车端头井：首先撑好标准股内的 2 根对撑，再挖斜撑范围内的土方，最后挖除坑内的其余土方。斜撑范围内的土方，应自基坑角点沿垂直于斜撑方向向基坑内分层、分段、限时地开挖并架设支撑。对长度大于 20m 的斜撑，应先挖中间再挖两端。

规定的施工顺序及施工速度，以及以 T_r 为主的施工参数，是为达到如下要求：

① 减少开挖过程中的土体扰动范围，最大限度减少坑周土体位移量和差异位移量。

② 在每一步开挖及支撑的工况下，基坑中已施加的部分支撑体系及围护墙体内侧被动区支承土堤，可使基坑受力平衡而得以稳定，并控制坑周土体位移量和差异位移量。

③ 为准确进行坑周土体位移的预测，以及基坑围护墙体内力和变形计算，提供了考虑施工因素的依据，使设计预测的实现得到保证。

目前惯用的按弹性或弹塑性理论方法所计算的墙体内力和变形、坑周地层位移等计算值，以及设计计算中采用的参数与流变性地层中基坑工程的实测值有相当的差异，考虑时空效应的基坑开挖与支撑施工参数的确定，定量地计算及考虑时空效应的基坑开挖和支撑的施工因素对基坑在开挖中内力和变形的实际影响。

9.4 考虑时空效应的设计计算方法

考虑提高土体抗变形能力的软土基坑工程设计方法的主要特点是：从工程实用性和可靠性出发，在基坑支护结构（挡墙、支撑及挡墙被动区加固土体）的内力及变形计算中采用目前假设挡墙为弹性体计算法所用的较简单的力学模型和设计参数项，但对其中反映基坑变形总体效应的最主要的综合参数——基坑挡墙被动区的水平基床系数，按一定的地质和施工条件，做出经验性的修正。此综合参数是土的力学指标和每一步基坑挖土的空间尺寸及暴露时间的函数，其数值是根据在一定施工条件下基坑开挖中所测出的基坑变形数据，经过分析而得出的一个考虑了开挖时空效应的等效水平基床系数。因此，基坑工程设计之初，在选定基坑变形控制标准的同时，要合理选定施工程序及施工参数，以完善设计依据并提供实现设计的保证，从而有效解决流变性地层中深大基坑的控制变形设计不符合实际的问题。

9.4.1 计算方法

基坑工程的设计应从强度控制设计转变为变形控制设计，按变形控制来设计基坑的内力与变形。基坑支护结构的内力变形计算的方法很多，如古典法、解析法、连续介质有限元法及弹性地基杆系有限元法等。

杆系有限元法作为一种计算方法具有概念清晰、计算简单、计算参数较少的优点，从而受到基坑工程设计人员的青睐。但其计算结果与实际差别较大，计算结果不稳定且精度很低，不能满足工程设计的要求，特别是不能满足对变形要求较严格的大型复杂基坑工程的设计要求。

总之，时空效应规律对支护结构的内力、变形是有影响的，而这种影响主要体现在土体的流变性对计算参数（即主动土压力和被动抗力）的作用上。因此，基坑工程的内力与变形设计应该考虑时空效应规律对计算参数的影响。

考虑时空效应的深基坑开挖与支撑技术的计算方法与杆系有限元法相似，但实质内容不同。传统的杆系有限元方法的基本思想是把挡土结构理想化、离散化为单位宽度的各种杆系单元（如两端嵌固的梁单元、弹性地基梁单元、弹性支承单元等）。对每个单元列出单元刚度矩阵 $[k]_e$，然后形成总刚度 $[K]$，即可列出基本平衡方程：

$$[K]\{\delta\} = \{R\} \qquad (9-2)$$

通过上式可求得节点位移，进而求单元内力。

在杆系有限元法计算中，只要给定土压力和被动抗力系数，就可以求解出挡土结构的内力与变形。图 9-7 为传统弹性杆系有限元法计算简图。

杆系有限元法有几个假设，即地层假设线弹

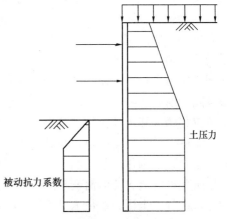

图 9-7 传统弹性杆系有限元法计算简图

性，后架设的支撑不考虑墙体位移的影响，土压力不变等。但事实上，土体（特别是软土）是黏弹塑性体，架设支撑以前墙体已有明显的变形，土压力不仅随工况变化，而且随开挖支撑的时间和空间变化，如果计算中不考虑这些因素，计算结果的可信度难以保证。

在采用传统有限元法计算中发现，计算的墙体变形与实测的墙体变形差别较大，一般相差一倍以上。按变形控制设计基坑的基本思路就是考虑了时空效应规律对计算参数的影响（即主动土压力与被动抗力），按基坑的变形控制要求来动态设计基坑工程。即每一计算工况下的主动土压力与被动抗力是变化的。而且，主动土压力是结合基坑的保护等级、施工工况来取值；被动抗力则在被动抗力标准值的基础上，考虑时间（无支撑暴露时间和撑好后的放置时间）、空间（无支撑暴露面积、开挖土体的宽度和高度等）、开挖面深度以及地基加固（包括降水）和土层的性质对其的影响，因此被动抗力沿深度的分布不是按梯形取值的，而是按与实际十分接近的曲线来取值的。主动土压力亦随土层及各种因素而变化，为折线近似表示的曲线，动态设计的思路如图9-8所示。

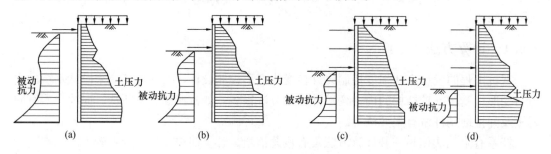

图9-8　动态设计示意图
(a) 工况1；(b) 工况2；(c) 工况3；(d) 工况4

9.4.2　计算参数的确定

1. 主动区土压力取值

从大型建筑物深基坑与地铁车站深基坑的实测资料分析可以得出，围护结构后的主土压力的变化规律。在基坑开挖过程中，一方面由于坑内卸载，导致支护结构向坑内方向的位移，从而导致主动区的土压力下降；另一方面，由于软土有较大的流变性，因而在开挖过程中，即使在同一工况下，土压力也是随时间而变化的。

实测资料表明，主动区深层的土压力下降的幅度较大，而浅层的土压力无明显的变化，主动区的流变主要发生在深层，这是因为深层土体单元处在较高的应力水平，土体所受的剪力值较大。图9-9列出了中央公园与陆家嘴地铁车站基坑，以及上海期货大厦基坑实测土压力所包围的面积随时间的变化图。由图可以看出，实测土压力所包围的面积均明显地随着时间而减小。这就是由于上述两种因素（卸载使地下墙的位移增大、流变导致地下墙位移增大和主动土压力减小）相互作用的结果。

墙后主动土压力的取值与其基坑的保护等级是相关联的。若基坑开挖中假定围护结构不产生位移，则作用其上的土压力可以认为是静止土压力。因此，保护等级要求越高，地下墙所允许的最大变形值就越小，相应的土压力取值就越大；反之，土压力取值就越小。因此，设计中土压力系数 K 取值应该与其基坑的保护等级相联系。同时 K 的取值还要考虑土性、土层的 K_0 值及土层的应力历史等因素。

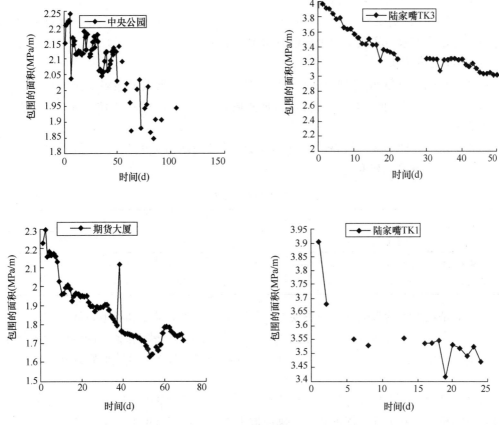

图 9-9　实测土压力所包围面积随时间变化图

　　而且，在某一保护等级下，主动土压力系数 K 的取值也是变化的，即当开挖深度较浅时，K 接近上限值；当开挖深度较深时，K 接近下限值。每层土的主动土压力系数的取值均按图 9-10 取值。

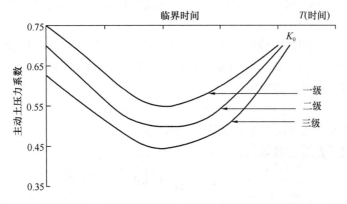

图 9-10　主动土压力系数与基坑保护等级之间的关系

2. 地基水平被动抗力系数 k_H

　　被动抗力的取值是考虑了时空效应规律的影响以及其他许多因素，是在被动抗力标准值的基础上考虑了各种因素的修正。

经过修正的 k_H 实质上是一个反映时间、空间效应和土性等的一个综合等效参数，本节介绍两种取值方法，实质上两种取值方法本质上是一样的。

（1）β 系数取值法

水平被动抗力系数 k_H（即土体水平向基床系数）前人已做了很多工作，对一般的土都有一个较稳定的 k_H 值。k_H 分布有很多种假设，例如，常数法、k 法、m 法、c 值法和梯形法等。

在软土地区，梯形法是最为常用的，梯形法的理论取值见表 9-1，三角形的高度一般为 3~5m，土体越好，高度越小。

水平向基床系数 k_H　　　　　　　　　　　　　表 9-1

地基土分类	黏性土和粉性土				砂性土			
	淤泥质	软土	中等	硬	极松	松	中等	密实
水平向基床系数 (kN/m³)	3000~15000	15000~30000	30000~150000	150000 以上	3000~15000	15000~30000	30000~100000	100000 以上

流变对基坑工程的影响的一个重要方面是被动区土体的蠕变和松弛，从而使地下墙的坑内侧移增大，被动抗力减小，k_H 值下降，因此如何确定反映 k_H 值下降的经验系数 β 显得尤为重要。根据大量原始数据的分析整理发现，采用面积等效代换原则计算的结果较为合理。

通过大量的实测资料及分析，可以发现 k_H 的经验系数 $\beta=0.4\sim1.0$。一般来说，基坑暴露时间越长，基坑开挖深度越深，则应取下限值。由于 β 值通过实测值反算而来，所以 β 值实质上是一个综合考虑时空效应影响的系数，是考虑土体开挖深度、土体流变性、被动区土体含水量及应力水平，开挖支撑施工中地下连续墙自由暴露时间等因素经同类地区工程测试而选定的。

（2）直接取值法

经大量基坑工程案例的实测反分析，k_H 建议采用如下取值原则：等效 k_H 值法、经验公式法。

k_H 可直接通过实测挡墙位移、内力、土压力等反分析获得，经过大量的实测反分析，可以得到 k_H 与开挖工况、时间、分块尺寸、位置等一系列的关系。

① 流变影响系数的计算函数：

$$\alpha_r = \exp[(12.0 - T_j)/T_j] \tag{9-3}$$

式中　T_j——每步基坑开挖的无支撑暴露时间（h）。

② 空间影响系数的计算函数：

$$\alpha_s = \frac{8}{B_j} + 0.1 \tag{9-4}$$

③ 土体强度影响系数的计算函数：

$$\alpha_c = \frac{\gamma_i \tan^2\left(\dfrac{\pi}{4} + \dfrac{\varphi_i}{2}\right) + 4c_i \tan\left(\dfrac{\pi}{4} + \dfrac{\varphi_i}{2}\right)}{1.42\gamma_i + 47.6} \tag{9-5}$$

式中 γ_i——第 i 层土的天然重度；

       c_i——第 i 层土的黏聚力；

       φ_i——第 i 层土的内摩擦角。

④ 地基加固影响系数计算公式：

$$\alpha_p = 29.34 + 1431.9p_s \tag{9-6}$$

式中 p_s——比贯入阻力（MPa）。

⑤ 开挖面所处的深度 h_i 及所要计算点的土体所处的深度 h_j（图 9-11）均对等效被动抗力系数有显著影响。深度修正系数：

$$\alpha_d = \left(1 - \frac{h_j}{h_i}\right) \times \left\{ 1 - \frac{2\gamma'\left[1 - \left(1 - \dfrac{h_j}{h_i}\right)^{0.36}\right]\tan\varphi_{cq}}{\gamma + 2\gamma'_i \tan\varphi_{cq}} \right\} \tag{9-7}$$

式中 φ_{cq}——要计算点 h_i 处的强度指标；

       h_j——当前开挖面所处的深度；

       h_i——要计算点所处深度，如图 9-11 中

           M 点；

       γ'_i——第 i 层土的浮重度。

根据以上各因数对 k_H 的影响，k_H 值计算模型如下：

⑥ 对于非地基加固部分：$k_{Hi} = 635\alpha_r\alpha_c\alpha_s\alpha_d$，即：

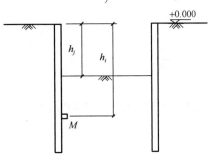

图 9-11 基坑示意图

$$k_{Hi} = 635 \times \frac{\gamma_i\tan^2\left(\dfrac{\pi}{4} + \dfrac{\varphi}{2}\right) + 4c_i\tan^2\left(\dfrac{\pi}{4} + \dfrac{\varphi}{2}\right)}{1.42\gamma_i + 47.6}\exp\left(\frac{12.0 - T_j}{T_j}\right) \times$$

$$\left(\frac{8}{B_j} + 0.1\right) \times \left(1 - \frac{h_j}{h_i}\right) \times \left\{ 1 - \frac{2\gamma'\left[1 - \left(1 - \dfrac{h_j}{h_i}\right)^{0.36}\right]\tan\varphi_{cq}}{\gamma + 2\gamma'\tan\varphi_{cq}} \right\} \tag{9-8}$$

⑦ 对于地基加固部分：$k_{Hi} = \alpha_p\alpha_r\alpha_s\alpha_d$，即

$$k_{Hi} = (29.34 + 1431.9p_s)\exp\left(\frac{12.0 - T_j}{T_j}\right) \times \left(\frac{8}{B_j} + 0.1\right) \times \left(1 - \frac{h_j}{h_i}\right) \times$$

$$\left\{ 1 - \frac{2\gamma'\left[1 - \left(1 - \dfrac{h_j}{h_i}\right)^{0.36}\right]\tan\varphi_{cq}}{\gamma + 2\gamma'\tan\varphi_{cq}} \right\} \tag{9-9}$$

9.5 考虑时空效应的施工技术要点

9.5.1 时空效应施工流程

考虑时空效应的开挖与支撑施工工艺流程如图 9-12 所示，施工方案的主要特点是：

根据基坑规模、几何尺寸、围护墙体及支撑结构体系的布置、基坑地基加固和施工条件，选择基坑分层、分步、对称、平衡开挖和支撑的顺序，并确定各工序的时限。

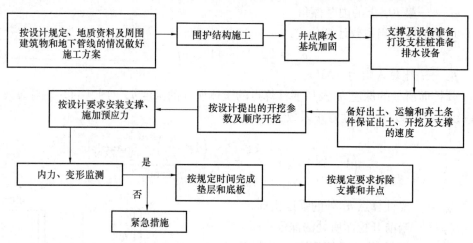

图 9-12　开挖与支撑施工工艺流程

9.5.2　时空效应施工技术要点

1. 关于技术准备工作

（1）制订施工组织设计和施工操作规程

按设计规定的技术标准、地质资料，以及周围建筑物和地下管线等翔实资料，严格做好深基坑施工组织设计（包括保护周围环境的监控措施）和施工操作规程。通过技术交底，使全体施工人员认识到：深基坑开挖支撑施工必须依循技术标准所设计的施工程序及施工参数。施工参数是对开挖分步和每步开挖的空间尺寸、开挖时限、支撑时限、支撑预应力等各道工序的定量施工管理指标。开挖与支撑施工技术的主要要点是："沿纵向按限定长度的开挖段逐段开挖；在每个开挖段中分层、分小段开挖，随挖随撑，按规定时限施加支撑预应力，做好基坑排水，减少基坑暴露时间"。在顺筑法和逆筑法施工中，在楼板或底板浇筑前的基坑开挖中，沿纵向的分段坑底长度 L，取小于等于 25m，而在每开挖段每开挖层中，又分成 $L_t = 6m$ 长一小段，挖好一小段，即直接在地下墙的规定位置，撑 2 根支撑。

（2）基坑开挖前进行必要的基坑土体加固

加固内容及要求按设计而定，一般有：①在地下墙底下因清孔不好土体很软时，进行地下墙墙底注浆加固，以防止开挖时引起地下墙沉降和墙外侧土体松动沉降；②确保开挖土坡稳定的土体加固；③地下墙内侧被动土压力区，以注浆法或其他方法加固；④在具有夹薄层粉砂的黏性土或黏性土与砂性土互层中，对基坑内自地面下至基坑底以下一定厚度的土体，用超前降水法加固土体。

（3）井点降水加固土体的技术措施

采用井点降水法加固土体时，降水深度需在设计基坑底面以下一定深度，以满足被动区土体抗力要求并防止降水引起地下墙外侧地面沉降。按此要求布置井点滤管深度及水位观测孔。降水要在开挖前 20d 开始，以使土体要开挖时已经受到相当程度的排水固结。降水开始后，要定期地对预先设置在基坑内外的水位观测孔的水位进行观测，以检查水位降落，此降落值要小于 2m，否则要考虑用回灌水法或隔水法以防止降水对周围环境的有害影响。

(4) 备齐合格的支撑设备

开挖前需先备齐合格的带有活络接头的支撑、支撑配件、施加支撑预应力的油泵装置（带有观测预应力值的仪表）等安装支撑所必需的器材。对保护环境要求要达到特级标准时，需有复加预应力的技术装置。严防需要安装支撑时，因缺少支撑条件而延搁支撑时间。

(5) 搭设稳定支撑的支柱桩

桩深度要能控制桩体隆沉；桩与支撑连接构造要具有对支撑的三维约束作用又不影响支撑加预应力。

(6) 充分备好排除基坑积水的排水设备

为保证基坑开挖面不浸水，并确保查清和排干基坑开挖范围的贮水体，以及废旧水管等的积水，必须事先备好排水设备以严防开挖土坡被暗藏积水冲坍，乃至冲断基坑横向支撑，从而造成地下墙大幅度变形和地面大量沉陷的严重后果。

(7) 切实备好出土、运输和弃土条件

保证基坑开挖中连续高效率地出土，加速开挖支撑的速度，减少地层移动，确保达到规定的施工管理指标。

(8) 地下管线的监控与保护

根据平行于基坑地下墙外侧地下管道的管材、接头形式、埋深等条件，在开挖前应设计并敷设好地下墙外侧管道地基土不均匀沉降观测点和调整管道地基沉降量的跟踪注浆管、测点及注浆装置。开挖前备好所有注浆材料和设备，以在管道沉降量和各相邻测量线段（约 5m）沉降差大于控制值时，及时跟踪注浆，调整管道地基沉降曲线。

对一级保护的基坑，需在垂直于基坑侧墙的几个断面上布置地面沉降观测点和建筑物或设施的位移观测点，并敷设保护建筑物、构筑物或公用设施的控制地基沉降的跟踪注浆技术装备。这里要特别注意：凡需要在地下墙后面采用跟踪注浆时，需将此处支护结构的外荷乘以 1.2 倍超载系数，并规定压浆程序及压力。

2. 开挖施工的合理程序及关键性细节

(1) 严格执行开挖程序

在顺作法施工中，每个限定长度的开挖段，按开挖程序进行开挖。每一层开挖底面标高不低于该层支撑的底面。第一层开挖后，按一小段（最长不超过 12m）在 16h 内开挖后，即于 16h 内安装支撑，并施加大于 50%设计支撑轴向力的预应力，不能拖延第一道支撑的安装，以防止地下墙顶部在悬臂受力状态下产生较大墙顶水平位移和附近地面开裂。应注意上部两道支撑（尤其是第一道支撑）端部与地下墙接触面上的压力，在基坑开挖深度较大后，压力会消减，还会出现空隙，故应采取可靠措施，防止支撑端部移动脱落。

所有支撑端部支托和连系构造都要能防止因碰撞而移动脱落。第二层及以下各层开挖每小段长度小于等于 6m。在逆作法施工中，在顶板以下楼板以上及楼板以下至底板以上的土层，开挖也按顺作法中所规定的挖土和支撑程序及施工参数，为利用顶板、楼板对地下墙的约束作用和运用时空效应规律，将上道支撑逐根随下面土层逐条开挖拆下并安装于下道支撑。开挖某一层（约2.5～3.5m厚）小段（约6m长）的土方，要在16h内完成，即在8h内安设2根支撑并施加预应力。

（2）在开挖中及时测定支撑安装点，以确保支撑端部中心位置误差小于等于30mm

在开挖每一层的每小段的过程中，当开挖出一道支撑的位置时，即按设计要求在地下墙两侧墙面上测定出该道支撑两端与地下墙的接触点，以保证支撑与墙面垂直且位置准确，对这些接触点要整平表面，画出标志，并量出两个相对应的接触点间的支撑长度，以使地面上预先按量出长度配置支撑，并备支撑端头配件以便于快速装配。

（3）在地面按数量及质量要求配置支撑

地面上有专人负责检查和及时提供开挖面上所需的支撑及其配件，试装配支撑，以保证支撑长度适当、支撑轴线偏差小于等于2cm并保证支撑、土体及接头的承载能力符合设计要求的安全度。

（4）准确施加支撑预应力

安装第二道及其下面各道支撑时，在要挖好一小段土方后即在8h内安装好2根支撑并按设计支撑轴向力的80％施加预应力，考虑所加预应力损失10％。对施加预应力的油泵装置要经常检查，以使之运行正常，所量出预应力值准确。每根支撑施加的预应力值要记录备查。在环境保护要求要达到特级标准时要在第一次加预应力后12h内观测预应力损失及墙体水平位移并复加预应力。

（5）端头井斜撑处的加固

对端头井斜撑的端部支托钢构件必须按设计要求牢固地焊接于地下墙上的合格预埋构件。当各斜撑作用在端头井两侧墙上的平行墙面的分力，可能引起端头井突出于车站标准段侧墙的转角结构发生转动时，必须按设计要求对转角处被动压力区进行可靠加固。

（6）控制开挖段两头的土坡坡度

对开挖段两头的土坡，要按土质特性，经边坡稳定性分析，定出安全坡度，开挖过程中务必使土坡坡度不大于安全坡度，并且要时时注意及时排除流出土坡的水流，以防止滑坡，同时还要注意土坡较陡时，会使开挖段两端地下墙外侧的纵向地表沉降曲线的曲率增大，而使该处地下管线不易保护。每一小段的土方开挖中，严禁挖成3～4m高的垂直土壁或陡坡，以免坍方伤人，也可避免坍方而导致的横向支撑失稳。

（7）封堵水土流失缝隙

开挖过程中，对地下墙接缝或墙体上出现水土流失现象，要及时封堵，严防小股流砂冲破地下墙中存在的充填泥土的孔洞，以致发展成急剧涌砂，这不仅将引起大量地面沉陷，还会导致地下墙支护结构失稳，造成严重灾害性事故。

（8）检查支撑桩的回弹及降水效果

在开挖过程中，要严格检查观测井降水深度，定时测量用于稳定支撑立柱的回弹，并及时调节连接柱与支撑拉紧装置上的木楔。松除桩回弹后施加于支撑中点的向上顶力。

（9）坑底开挖与修整

开挖最下一道支撑上面土层时，在地面沉降控制要求很高时，应按当时施工监测数据采取掏槽开挖或挖一条槽安装一根支撑的方法。开挖最下一道支撑下面的土方时，也按每6m或3m一小段分段开挖，16h以内挖好。为做到坑底平正，防止局部超挖，在设计坑底标高以上 30cm 的土方，要用人工开挖修平，对局部开挖的洼坑要用砂填实，绝不能用烂泥回填，同时必须要设集水坑以便用泵排除坑底积水。

（10）测定合适的基坑超挖量

人工挖至设计坑底标高后，立即量测最下一道支撑中间底面到基坑底面的高度，并且仔细测出此高度随时间变化的情况，此高度变化即为挖到坑底后的土体回弹过程情况，从中可判断为保证浇筑底板达到标高而需要的基坑超挖量。

（11）按限定时间做好混凝土垫层及钢筋混凝土底板

开挖最下道支撑下方时，应在逐小段开挖后，在 8～16h 内浇筑混凝土垫层（包括混凝土垫层以下的砂垫层或倒滤层）。要预先将砂垫层、倒滤层、混凝土垫层及浇筑钢筋混凝土底板的材料、设备、人力等施工准备工作全部做好，以便在基坑挖好后即进行各道工序，务求在坑底挖好后第五天以前做好钢筋混凝土底板。

（12）按规定要求拆除支撑及井点

钢筋混凝土底板必须达到所需要的强度，才可准许按设计的工序拆除最下一道支撑。其余各道支撑的拆除，务必按设计要求进行。基坑井点排水至少要在中楼板浇好并达到必要强度后才能停止。

（13）实行信息化施工

在一个基坑面开挖段整个开挖施工中，要紧跟每层开挖支撑的进展，对地下墙变形和地层移动进行监测。主要包括地下墙墙顶隆沉观测、地下墙变形观测、基坑回弹观测、地下墙两侧纵向及横向的地面沉降观测。应根据基坑每个开挖段，每层开挖中的地下墙变形等项的监测反馈资料，及时根据各项监测项目在各工序的变形量及变形速率的警戒指标，及时采取措施改进施工，控制变形。

（14）地下管线的监控与保护

在一个开挖段开挖过程中，要根据需要组织专业队伍负责保护地下管线的监控工作，每日对开挖段两侧管道地基沉降观测点至少观测一次，及时画出两侧管道地基的最大沉降量、不均匀沉降曲线，以及相邻沉降（约 5m）的沉降坡度差 Δi，当 Δi 接近控制指标时，即进行跟踪注浆，以控制沉降量及曲率不超过管道所允许的数值。应注意在车站两端端墙附近的墙外纵向沉降曲线的最大曲率会因端头开挖坡度的骤变而有较大幅度的增加，此处要准备用加强的跟踪注浆，以调整沉降曲率保护管道。

思考题

[1] 基坑土方开挖施工中时空效应的表现及产生的原因有哪些？

[2] 基坑开挖时土体的应力松弛产生的原因及影响因素有哪些？

[3] 如何控制土体蠕变对基坑开挖过程的不利影响？

第10章 地 下 水 控 制

10.1 地下水控制方法

10.1.1 地下水控制类型及适用性分析

对基坑工程而言，地下水的危害类型主要包括涌水、流土、管涌、突涌、流砂、地层固结沉降及岩溶地面塌陷等多种类型。其中，流土、管涌、突涌属于渗流破坏。

深基坑工程中地下水控制方法主要分为三大类型：明排、隔渗帷幕和井点降水。当降水引起地面沉降过大等情况下时，宜采用回灌方法。

1. 明排

明排有基坑内排水和基坑外地面排水两种情况。明排适用于收集和排除地表雨水、生活废水和填土、黏性土、粉土、砂土等土体内水量有限的上层滞水、潜水，并且土层不会发生渗透破坏的情况。

2. 隔渗帷幕

在基坑开挖之前，为防止地下水渗入坑内，沿基坑周边或在基坑坑底构筑的连续、封闭的隔渗体，称为隔渗帷幕，如图 10-1 所示。主要作用是在基坑开挖过程中，阻隔地下水或延长其渗径，防止基坑发生渗透破坏，使地下开挖可顺利进行，同时避免基坑周边发生过大的沉降变形。

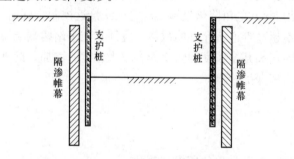

图 10-1 竖向隔渗帷幕示意图

按照不同的分类标准，隔渗帷幕有不同的分类：

（1）按帷幕施工工艺，隔渗帷幕可分为：水泥土搅拌法帷幕，包括深层搅拌法（湿法）和粉体喷搅法（干法）；高压喷射注浆法帷幕；地下连续墙帷幕和 SMW 工法帷幕。

（2）按帷幕体材料，隔渗帷幕可分为：水泥土帷幕、混凝土或塑性混凝土帷幕、钢筋混凝土帷幕，如地下连续墙。

（3）按帷幕所处的位置，隔渗帷幕可分为：竖向隔渗帷幕，包括落底式和悬挂式帷幕两种（图 10-2），水平隔渗铺盖（帷幕一般指竖向的，水平隔渗铺盖来自于水利工程）。

（4）按帷幕发挥功能，隔渗帷幕可分为：隔渗帷幕（以隔渗为主，如高压喷射注浆、水泥土搅拌墙等帷幕）；支挡隔渗帷幕（这类帷幕既能发挥防水隔渗功能，又有足够的强度与刚度承受土压力，维持基坑的稳定。如地下连续墙、SMW 工法挡墙、水泥土重力式

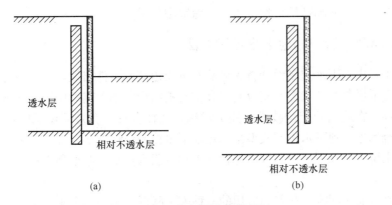

图 10-2 竖向隔渗帷幕类别

(a) 落底式帷幕；(b) 悬挂式帷幕

挡墙等，当有可靠的工程经验时，也可采用地层冻结法形成支挡隔渗帷幕）。

一般情况下，隔渗帷幕方案的工程造价是降水的 2.5～5 倍，并存在渗漏的风险。也可采用隔渗帷幕和降水相结合。在选择隔渗方案前，须掌握场址的地下水类型、水文地质特征，并结合基坑周边环境条件等进行综合的评估。隔渗帷幕主要适用于以下两种情况：

① 地下水资源保护的要求。在我国北方、西北等地区，地下水资源匮乏，为保护地下水资源，不允许采用降水方案。为使基坑开挖顺利，有关部门要求采用隔渗方法。

② 环境保护的要求。基坑周边存在对沉降变形敏感的建（构）筑物或地下管网等设施。为避免渗透破坏和因降水引发过大的附加沉降影响其正常使用或安全性，须采用隔渗帷幕方法。

3. 井点降水

井点降水包括轻型井点、喷射井点、管井井点、电渗井点等多种形式。

（1）轻型井点：适用于土体中存在上层滞水和水量有限的潜水、含水层主要以粉细砂、粉土等为主、降水深度不大的情况。

（2）喷射井点：适用于降水深度要求大于 6m，由于场地狭窄不允许布置轻型井点及含水层以粉土和砂土为主的情况。

（3）管井井点：适用于粉土、砂土、碎石土等高渗透性含水层，地下水以丰富的潜水和承压水形式存在及降水深度较大的情况。

（4）电渗井点：适用于黏土、淤泥质土等渗透性很小的含水层，以及水量有限的上层滞水、潜水等地下水的情况。

4. 隔渗帷幕和井点降水联合使用

以下两种情况可考虑联合使用隔渗帷幕和井点降水方法：

（1）开挖深度范围内既存在上层滞水或潜水，也涉及承压水，基坑同时存在侧壁发生渗漏和坑底发生突涌的可能性。通常的做法：设置侧向帷幕（深层搅拌，或双管高喷，或钢筋混凝土地下连续墙），进入坑底以下一定深度，形成悬挂式或者嵌入承压水隔水层顶板的垂直隔渗帷幕，同时布设井点，进行减压降水或疏干降水。

（2）在基坑周边环境严峻及对地面沉降很敏感的情况下，可采用落底式竖向帷幕。将地下连续墙嵌入承压水含水层以下的隔水层底板中，并辅以坑内深井降水或疏干。这种情况下，竖向帷幕须彻底隔断坑外地下水，确保隔渗效果。

10.1.2　不同含水层中的地下水控制方法

深基坑工程中地下水控制设计首先应从基坑周边环境条件出发，然后研究场地水文地质条件、工程地质与基坑状况，充分利用基坑支挡结构（地下连续墙等）给地下水控制创造的有利条件，在此基础上经技术、经济对比，选择合理、有效、可靠的地下水控制方案，建立适合场地的地下水控制模型来确定地下水控制设计方案。

不同含水层中的地下水控制方法包括三大类：明沟排水、帷幕隔渗法、强制降低地下水水位法。

明沟排水（简称明排）是普遍应用的一种人工降低基坑内地下水水位方法。根据基坑内需明排的水量大小，在基坑周边设置（有时基坑中心也可设置）适当尺寸排水沟或渗渠和集水井，通过抽水设备将排水沟汇集到集水井中的地下水抽出基坑外，保障基坑及基础干燥施工。明排适于基坑周边环境简单，基坑开挖较浅，降水幅度不大，坑壁较稳定，坑底不会发生流土或不存在地下水的排出引起基坑周边浅基础构筑物不均匀沉降问题的基坑工程。

帷幕隔渗（含冷冻法）法是人工制造一定厚度与适当深度的防渗墙体来切断或削弱基坑内外地下水的水力联系，消除基坑外地下水对深基坑的后续危害的地下水控制治理方法，适于深基坑工程中各类含水层中的地下水控制。

强制降低地下水水位法是在基坑外（内）布置一定数量的取水井（孔），通过取水井（孔）抽取场地含水层中地下水向场外排泄，使基坑内地下水水位降低至不能发生危害的深度并维持动态平衡的地下水控制措施，即通常所说的井点降水。井点降水的降水井平面布置可分为坑内井点降水与坑外井点降水两种模式。一般而言，坑内井点降水后对周边环境的影响相对于坑外降水较小，尤其是在基坑周边防渗帷幕伸入坑底深度较大，或已进入坑底下相对隔水层，或坑底下含水层垂直渗透性与水平渗透性相差悬殊时。但与坑外降水比较，坑内降水会使支挡结构物承受更大的水土压力。基坑井点降水后虽能有效消除地下水的危害、增加边坡和坑底的稳定性，但降水形成的地下水降落漏斗范围内土体中孔隙水压力的降低会引起基坑周边一定范围内的地面沉降，基坑降水设计时应对基坑降水后基坑周边地面沉降进行预测分析。在基坑周边存在对地面沉降敏感的重要构筑物及管线等时，对基坑井点降水设计应慎重对待并采取一定的预防措施。防止或减轻基坑井点降水引起的地面沉降的措施通常为回灌及优化基坑井点降水的设计与运行。

回灌分为常压回灌和压力回灌，随回灌时间的延续回灌进入含水层中的水量将减小，回灌水质必须达到一定标准，以防止回灌水对含水层的污染。

图 10-3 表示的是位于高压缩性火山灰黏土＋砂＋粉质黏土互层的地层中，地下水深1m。木板桩 16m 深，4 个 35m 深的深井泵布置在坑内抽水，坑外四周布置了 8 个 9m 深的回灌井，渗水沟（用卵石填充）及 4 个 29m 深回灌井在砂层及透镜体处打孔。抽水井将水排入渗水沟，流入渗水井和回灌井，实现常压回灌。

对于基坑周边环境严峻，场地水文地质条件复杂，开挖深度大的基坑工程，场地地下水的控制宜采用综合法（采用两种或两种以上的地下水控制措施）。实际工程中采用较多的综合法是帷幕隔渗与井点降水（如管井等）的联合使用。

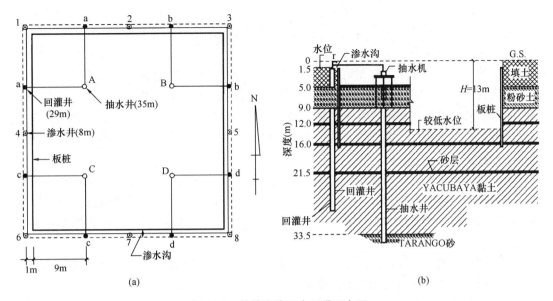

图 10-3　某基坑地下水回灌示意图

A，B，C，D—抽水井（35m）；a，b，c，d—回灌井（29m）；1～8—渗水井（8m）

- - - - -—渗水沟

（1）上层滞水控制方法

基坑工程中对上层滞水的控制可采用明排和帷幕隔渗。

对于场地开阔，水文地质条件简单，放坡开挖且开挖较浅，坑壁较稳定的基坑，可采用明排措施。明排降低地下水水位幅度一般为 2～3m，最大不超过 5m。

对于周边环境严峻、坑壁稳定性较差的基坑，宜采用帷幕隔渗措施。隔渗帷幕深度须进入下伏不透水层或基坑底一定深度，切断上层滞水的水平补给，或加长其绕流路径，满足抗渗稳定性要求。

（2）潜水含水层控制方法

基坑工程中对潜水的控制可采用明排、井点降水、帷幕隔渗或综合法。对于填土、粉质黏土中的潜水，当场地开阔、坑壁较稳定时，可采用明排措施，其降低潜水的幅度不宜大于 5m。

隔渗帷幕深度须进入坑底不透水层，或在坑底宜设置足够厚度水平隔渗铺盖，形成五面隔渗的箱形构造，切断基坑内外潜水的水力联系。在五面隔渗的条件下，基坑开挖过程中可仅抽排基坑内潜水含水层中储存的有限水量。帷幕隔渗法适于基坑周边环境条件苛刻或基坑施工风险高的深基坑工程。

当潜水含水层厚度较大，经技术、经济对比分析，不宜采用帷幕隔渗形成五面隔渗的箱形构造时，潜水含水层中的地下水控制可采取井点疏干降水，根据含水层的渗透性能采用相应的降水井点类型。

当基坑周边环境条件较苛刻、基坑周边存在对地面沉降较敏感的构筑物时，基坑工程中潜水的控制应采用综合法：悬挂式帷幕隔渗与井点降水并用。采用综合法控制基坑工程中地下水时，隔渗帷幕宜适当加深，以增加地下水的渗透路径、减少基坑总涌水量。井点降水宜布置在基坑内，在悬挂式帷幕的情况下，降水井点过滤器深度一般不超过隔渗帷幕深度。当隔渗帷幕植入含水层深度较小（小于含水层厚度的一半或10m）时，其隔渗效果不显著，降水井点过滤器深度可视井点抽水量等情况超过隔渗帷幕一定深度。

（3）承压水控制方法

基坑工程中对承压水的控制可采用井点降水、帷幕隔渗或综合法。

承压含水层中井点降水可分为减压降水和疏干降水。当基坑开挖后坑底仍保留有一定厚度隔水层时，对承压水的控制重点在于减小承压水的压力——减压降水。当基坑开挖后坑底已进入承压含水层一定深度，场地承压水已转变为潜水—承压水，对承压水的控制应采用疏干降水。

在含水层渗透性好、水量丰富、水文地质模型简单的二元结构冲积层中的承压水（如长江一级阶地承压水），宜采用大流量管井减压或疏干降水。对于渗透性较差、互层频繁或含水层结构复杂的承压含水层（如上海、天津滨海相承压含水层），宜采用帷幕隔渗与井点降水结合的综合法或落底式帷幕隔渗。

对于基坑开挖深度接近或超过地下水含水层底板埋深的基坑工程中，无论是潜水含水层还是承压含水层，可只采用帷幕隔渗法。

当地下水控制采用悬挂式帷幕隔渗与井点降水结合的综合法时，可将隔渗帷幕作为模型的边界条件之一，采用绘制流网或进行三维数值计算方法求解。

10.2　降水井类型和适用条件

10.2.1　集水井及导渗井

1. 集水井（坑）

基坑或沟槽开挖时，在坑底设置集水井，并沿坑底的周围或中央开挖排水沟，也可布置在分级斜坡的平台上（图10-4b）。使水自流进入集水井内，然后用水泵抽出坑外，如图10-4所示。

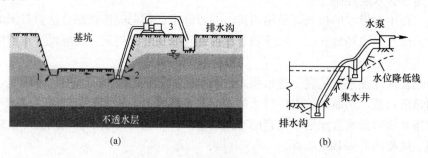

(a)　　　　　　　　　(b)

图 10-4　集水井降低坑内地下水位

1—排水沟；2—集水井；3—水泵

基坑坑地四周的排水沟及集水井一般应设置在基础范围以外地下水流的上游。基坑面积较大时，可在基坑范围内设置盲沟排水。根据地下水量、基坑平面形状及水泵能力，集水井每隔20～40m设置1个。在基坑四周一定距离以外的地面上也应设置排水沟，将抽出的地下水排走，这些排水沟应做好防渗，以免水再渗回基坑中。

2. 导渗井

在基坑开挖施工中，经常采用导渗法，又称引渗法，降低基坑内地下水位，即通过竖向排水通道导渗井或引渗井，将基坑内的地面水、上层滞水、浅层孔隙潜水等，自行下渗至下部透水层中消纳或抽排出基坑，如图 10-5 及图 10-6 所示。

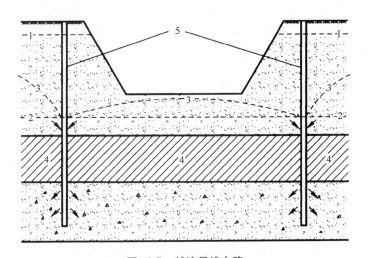

图 10-5 越流导渗自降

1—上部含水层初始水位；2—下部含水层初始水位；3—导渗后的混合动水位；
4—隔水层；5—导渗井

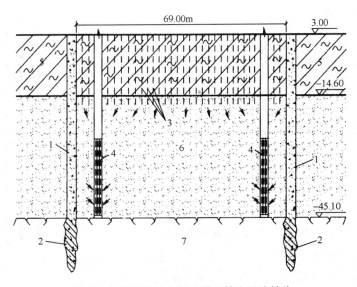

图 10-6 润扬长江大桥北锚深基坑导渗抽降

1—厚 1.20m 的地下连续墙；2—墙下灌浆帷幕；3—ϕ325 导渗井（内填砂，间距 1.50m）；
4—ϕ600 降水管井；5—淤泥质土；6—砂层；7—基岩（基坑开挖至该层岩面）

导渗设施一般包括钻孔、砂（砾）渗井、管井等，统称为导渗井。导渗井应穿越整个导渗层进入下部含水层中，其水平间距一般为 3.0～6.0m。当导渗层为需要疏干的低渗透性软黏土或淤泥质黏性土时，导渗井距宜加密至 1.5～3.0m。

10.2.2　轻型井点

轻型井点设备主要由井点管（包括过滤器）、集水总管、抽水泵、真空泵等组成。轻型井点系统降低地下水位的布置如图 10-7 所示，沿基坑周围以一定的间距插入井点管（下端为滤管），在地面上用水平铺设的集水总管将各井点管连接起来，在一定位置设置真空泵和离心泵。当开动真空泵和离心泵时，地下水在真空吸力的作用下经滤管进入管井，然后经集水总管排出。

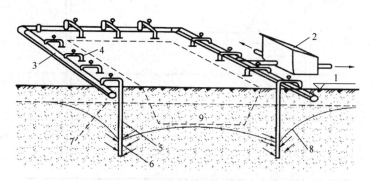

图 10-7　轻型井点降低地下水位全貌图

1—地面；2—水泵房；3—总管；4—弯联管；5—井点管；6—滤管；
7—初始地下水位；8—水位降落曲线；9—基坑

10.2.3　降水管井

降水管井也简称为"管井井点"，管井是一种抽汲地下水的地下构筑物，泛指抽汲地下水的大直径抽水井。

管井降水系统一般由管井、抽水泵（一般采用潜水泵、深井泵、深井潜水泵或真空深井泵等）、泵管、排水总管、排水设施等组成。

管井由井孔、井管、过滤管、沉淀管、填砾层、止水封闭层等组成，如图 10-8 所示。

对于以低渗透性的黏性土为主的弱含水层中的疏干降水，一般可利用降水管井采用真空降水，目的在于提高土层中的水力梯度。真空降水管井由普通降水管井与真空抽气设备共同组成，真空抽气设备主要由真空泵与井管内的吸气管路组成。

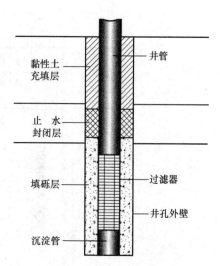

图 10-8　降水管井结构简图

10.2.4　基坑壁排水

对于坡开挖、土钉墙支护和排桩支护的情况，坑壁处外渗的地下水可能是土层滞水，地下管线的局部漏水，降水后饱和度很高的土中水，降雨等产生的地面水的下渗等。需要设置坑壁泄水管，泄水管一般采用 PVC 管，直径不小于 40mm，长度 400～600mm，埋置在土中的部分钻有透水孔，透水孔直径 10～15mm，开孔率 5％～20％，尾端略向上倾斜 5°～10°外包土工布，管尾端封堵防止水土从管内直接流失。纵横间距 1.5～2m，砂层等水量较大的区域局部加密。

10.3 降水设计与施工

10.3.1 水文地质参数

基坑降水设计所需要的水文地质参数有：渗透系数与导渗系数 T、影响半径 R、给水度 μ、贮水系数 S、贮水率 S、越流因素 B、导压系数 a 等。

测定或确定水文地质参数的方法有室内渗透试验、原位抽水（或注水、压水）试验及渗透性计算（根据含水层颗粒分布等用公式计算）等。非稳定流抽水试验水文地质参数计算可采用配线法、直线法、汉图什（Hantush）拐点半对数法等。

10.3.2 水文地质参数经验值

基坑降水初步设计阶段，当还未取得场地含水层的参数时可参考地区经验。根据单位出水量、单位水位下降确定影响半径 R 经验值也可参考表 10-1。

根据单位出水量、单位水位下降确定影响半径 R 经验值 表 10-1

单位出水量 [L/(s・m)]	单位水位降低 [m/(L/s)]	影响半径 R（m）
＞2	≤0.5	300～500
2～1	1～0.5	100～300
1～0.5	2～1	60～100
0.5～0.33	3～2	25～50
0.33～0.2	5～3	10～25
＜0.2	＞5	＜10

10.3.3 隔水帷幕与降水井的共同作用

当基坑周边环境要求严格时，为防止基坑施工引起周边环境造成较大的变形，基坑支护结构设计有隔渗帷幕。隔渗帷幕的设置通常会改变地下水渗透途径，隔渗帷幕植入深度、位置的差别将显著改变基坑降水量。

1. 完全隔渗

当基坑四周隔渗帷幕插入基坑底以下不透水层时，隔渗帷幕与坑底不透水层共同形成一"箱形"结构，此时基坑内储水量可按下述经验公式进行计算：

$$Q = AS\mu \tag{10-1}$$

式中　Q——基坑储水量；

　　　A——基坑开挖面积；

　　　μ——含水层的给水度，对于砂土、砾石 $\mu=0.15～0.35$，对于黏性土、粉土 $\mu=0.10～0.15$；

S——基坑内含水层顶板或潜水面到基坑底部的高度。

这时,基坑内的地下水控制理论有上限,只需将"箱形"构造内储存的有限地下水排出即可,但实际上由于隔渗帷幕施工质量的缺陷而存在渗漏,需要设置一定的备用降水井。隔渗帷幕的渗漏使得地下水的渗流计算变得复杂化。

2. 部分隔渗

部分隔渗主要是针对悬挂式隔渗帷幕的情形。基坑降水时,悬挂式隔渗帷幕局部改变地下水的渗透途径,使场地地下水渗流变得复杂(见图10-9的等势线)。悬挂式隔渗帷幕植入含水层的深度大小对基坑总涌水量影响较大,决定了基坑降水井平面布设及降水井结构设计。悬挂式隔渗帷幕使基坑内降水负担减轻,通过渗流数值方法可求解场地地下水渗流问题。

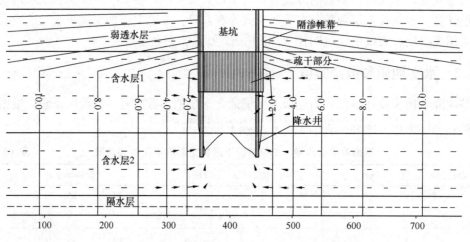

图 10-9　基坑周边悬挂式隔渗帷幕地下水流情况

隔渗帷幕与降水井的共同作用后应能使降水引起的地面沉降控制在可接受的范围内。

10.3.4　基坑降水设计目标

深基坑工程中降水可分为两种类型:疏干降水与减压降水。

1. 疏干降水设计目标

基坑坑底位于含水层中时,基坑降水后地下水水位须位于基坑底面以下 $1.5 \sim 2.0\text{m}$,基坑降水前初始水位与降水后的目标水位之差即为疏干降水设计目标(S)。

2. 减压降水设计目标

减压降水设计目标较疏干降水设计目标稍复杂,计算简图如图10-10所示,基坑降水运行是一个动态过程。水位降低按式(10-2)控制:

$$S \geqslant H_0 \frac{(h_0 - d)\gamma_s}{f_w \gamma_w} \tag{10-2}$$

式中　γ_s——图10-10中 AB 线段斜率(隔水层天然重度);

　　　γ_w——图10-10中 OC 线段斜率(地下水重度);

　　　f_w——承压水分项安全系数($1.05 \sim 1.20$)。

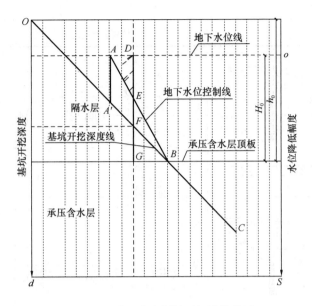

图 10-10　减压降水设计目标计算简图

h_0—承压含水层顶板埋深最小值；H_0—承压水位自顶板起算的高度；A'—减压降水开始的基坑开挖深度（d）；
DE—需减压降水的最小幅度（s）；EF—承压水位允许超过顶板的最大值；FG—坑底残余隔水层厚度（h_0-d）；
B点—减压降水转变为疏干降水

10.3.5　基坑涌水量估算

对于矩形基坑，布置于基坑周边的降水井点同时抽水，在影响半径范围内相互干扰，形成大致以基坑中心为降落漏斗中心的大降落漏斗，等价代换为一口井壁由各个降水井进水组成、井半径为 r_0、井内水位降深为 S 的大直径井抽水。

1. 大井法估算公式

大井法估算基坑涌水量时形式上与单井涌水量计算公式相同。表 10-2、表 10-3 为常用的基坑涌水量大井法估算公式。

潜水含水层稳定流基坑涌水量计算公式表　　　　　　　　　　　　　表 10-2

示意图	计算公式	适用条件
	$$Q = \dfrac{\pi k(H^2 - h^2)}{\ln(R + r_0) - \ln r_0}$$	① 潜水完整井； ② 均质含水层； ③ 基坑远离边界

示意图	计算公式	适用条件
	$$Q = \frac{\pi k (H^2 - h^2)}{\ln \dfrac{R + r_0}{r_0} + \dfrac{\overline{h} - l}{l} \ln \left(1 + 0.2 \dfrac{\overline{h}}{r_0}\right)}$$ $$\overline{h} = \frac{H + h}{2}$$	① 潜水非完整井； ② 均质含水层； ③ 基坑远离边界
	$$Q = \frac{2\pi k M S}{\ln \dfrac{R + r_0}{r_0} + \dfrac{M - l}{l} \ln \left(1 + 0.2 \dfrac{M}{r_0}\right)}$$	① 承压非完整井； ② 均质含水层
	$$Q = \frac{2\pi k M S}{\ln \dfrac{2b}{r_0}}$$	基坑靠河岸 $b < 0.5R$； 完整井
	$$Q = 2\pi \overline{k} \, \frac{MS}{\ln \dfrac{R + r_0}{r_0}}, \overline{k} = \frac{\sum k_i H_i}{\sum H_i}$$ $$M = H_1 + H_2 + H_3$$	① 多层承压含水层； ② 基坑远离地表水体补给
	$$Q = \pi k \, \frac{2HM - M^2 - h^2}{\ln \dfrac{R + r_0}{r_0}}$$	承压-潜水

承压含水层稳定流基坑涌水量计算公式表　　　　　　　　表 10-3

示意图	计算公式	适用条件
	$$Q = \frac{2\pi k M S}{\ln(R + r_0) - \ln r_0}$$	① 承压完整井； ② 均质含水层； ③ 基坑远离边界
	$$Q = \frac{2\pi k M S}{\ln \dfrac{R + r_0}{r_0} + \dfrac{M - l}{l} \ln \left(1 + 0.2\dfrac{M}{r_0}\right)}$$	① 承压非完整井； ② 均质含水层
	$$Q = \frac{2\pi k M S}{\ln \dfrac{2b}{r_0}}$$	基坑靠河岸 $b < 0.5R$，完整井
	$$Q = 2\pi \bar{k}\ \frac{MS}{\ln \dfrac{R + r_0}{r_0}},\ \bar{k} = \frac{\sum k_i H_i}{\sum H_i}$$ $$M = H_1 + H_2 + H_3$$	① 多层承压含水层； ② 基坑远离地表水体补给
	$$Q = \pi k \frac{2HM - M^2 - h^2}{\ln \dfrac{R + r_0}{r_0}}$$	承压-潜水

在表 10-2 与表 10-3 中，Q 为基坑涌水量（m^3/d）；k 为渗透系数（m/d）；H 为潜水含水层水头高度（m）；R 为影响半径（m）；h 为基坑动水位至含水层底板深度（m）；S 为水位降深（m）；r_0 为基坑半径（m）；l 为过滤器有效工作部分长度（m）；M 为承压含水层厚度（m）；M_1，M_2，M_3 为不同含水层厚度（m）；k_1，k_2，k_3 为不同含水层的渗透系数（m/d）；其他符号含义见图形。

对于窄条（线形）形（长宽比＞10）基坑，将其强行概化为大口径井显然失真，此时基坑涌水量可按式（10-3）与式（10-4）进行估算。

对于潜水：

$$Q = \frac{kL(H^2 - h^2)}{R} + \frac{1.366k(H^2 - h^2)}{\lg R - \lg\left(\frac{B}{2}\right)} \tag{10-3}$$

对于承压水：

$$Q = \frac{2kLMS}{R} + \frac{2.73kMS}{\lg R - \lg\left(\frac{B}{2}\right)} \tag{10-4}$$

式中　Q——基坑涌水量（m^3/d）；

$\quad\quad L$——基坑长度（m）；

$\quad\quad k$——含水层渗透系数（m/d）；

$\quad\quad B$——基坑宽度（m）；

$\quad\quad h$——动水位至含水层底板深度（m）；

$\quad\quad S$——基坑地下水位降深（m）；

$\quad\quad H$——潜水含水层厚度（m）；

$\quad\quad R$——降水影响半径（m）；

$\quad\quad M$——承压含水层厚度（m）。

2. 单井抽水量

估算降水井单井抽水量时可参考抽水试验的单井抽水量，在无抽水试验资料时，单井抽水量 q 可按式（10-5）计算：

$$q = 120\pi r l \sqrt[3]{k} \tag{10-5}$$

式中　r——降水井半径（m）；

$\quad\quad l$——降水井过滤器进水长度（m）；

$\quad\quad k$——含水层渗透系数（m/d）；

$\quad\quad q$——单井出水量（m^3/d）；

3. 等效半径 r_0

大井法估算时等效半径 r_0 按式（10-6）与式（10-7）计算。对于圆形基坑：

$$r_0 = \sqrt{\frac{A}{\pi}} \tag{10-6}$$

对于矩形基坑：

$$r_0 = \zeta(l + b)/4 \tag{10-7}$$

式中　A——基坑面积（m^2）；

l——基坑长度（m）；

b——基坑宽度（m）；

ζ——基坑形状修正系数，$b/l \leqslant 0.3$ 时 $\zeta = 1.14$，$b/l \geqslant 0.3$ 时 $\zeta = 1.16$。

对于不规则的基坑：

$$r_0 = \sqrt[n]{r_1 r_2 r_3 \cdots r_n} \tag{10-8}$$

式中　r_1、r_2、r_3、$\cdots$、r_n——多边形基坑各顶点到多边形中心的距离（m）。

10.3.6　降水井施工

降水井包括轻型井点、降水管井和真空管井等。各降水井施工方法有所不同，现分别介绍如下。

1. 轻型井点施工

轻型井点的工作原理是在真空泵和离心泵的作用下，地下水经滤管进入管井，然后经集水总管排出，从而降低地下水位。轻型井点施工的工艺主要包括井点成孔施工和井点管埋设。

（1）井点成孔施工方法有水冲法成孔和钻孔法成孔，具体要求如下：

① 水冲法成孔施工：利用高压水流冲开土层，冲孔管依靠自重下沉。砂性土中冲孔所需水流压力为 0.4～0.5MPa，黏性土中冲孔所需水流压力为 0.6～0.7MPa。

② 钻孔法成孔施工：适用于坚硬地层或井点紧靠建筑物，一般可采用长螺旋钻机进行成孔施工。

③ 成孔孔径一般为 300mm，不宜小于 250mm。成孔深度宜比滤水管底端埋深大 0.5m 左右。

（2）井点管埋设。井点管的埋设应满足以下要求：

① 水冲法成孔达到设计深度后，应尽快降低水压，拔出冲孔管，向孔内沉入井点管并在井点管外壁与孔壁之间快速回填滤料（粗砂、砾砂）。

② 钻孔法成孔达到设计深度后，向孔内沉入井点管，在井点管外壁与孔壁之间回填滤料（粗砂、砾砂）。

③ 回填滤料施工完成后，在距地表约 1m 深度内，采用黏土封口捣实以防止漏气。

④ 井点管埋设完毕后，采用弯联管（通常为塑料软管）分别将井点管连到集水总管上。

2. 降水管井施工

降水管井施工的整个工艺流程包括成孔工艺和成井工艺，具体又可以分为以下过程：

准备工作→钻机进场→定位安装→开孔→下护口管→钻进→终孔后冲孔换浆→下井管→稀释泥浆→填砂→止水封孔→洗井→下泵试抽合理安排排水管路及电缆电路→试抽水→正式抽水→水位与流量记录。

（1）成孔工艺

成孔工艺亦即管井钻进工艺，指管井井身施工所采用的技术方法、措施和施工工艺过程。

管井钻进方法习惯上分为：冲击钻进、回转钻进、潜孔锤钻进、反循环钻进、空气钻进等，应根据钻进地层的岩性和钻进设备等因素进行选择，以卵石和漂石为主的地层，宜采用冲击钻进或潜孔锤钻进,其他第四纪系地层宜采用回转钻进。

钻进过程中为防止井壁坍塌、掉块、漏失以及钻进高压含水、气层时可能产生的喷涌等井壁失稳事故,需采取井孔护壁措施。可根据下列原则,采用护壁措施:

① 保持井内液柱压力与地层侧压力(包括土压力和水压力)的平衡,是维系井壁稳定的基本方法。对于易坍塌地层,应注意经常维持和调整压力平衡关系。冲击钻进时,如果能保持井内水位比静止地下水位高3~5m,可采用水压护壁。

② 遇水不稳定地层,选用的冲洗介质类型和性能应能够避免水对地层的影响。

③ 当其他护壁措施无效时,可采用套管护壁。

④ 冲洗介质是钻进时用于携带岩屑、清洗井底、冷却和润滑钻具及保护井壁的物质。常用的冲洗介质有清水、泥浆、空气、泡沫等。钻进对冲洗介质的基本要求是:冲洗介质的性能应能在较大范围内调节,以适应不同地层的钻进;冲洗介质应有良好的散热能力和润滑性能,以延长钻具的使用寿命,提高钻进效率;冲洗介质应无毒,不污染环境;配置简单,取材方便,经济合理。

(2)成井工艺

管井成井工艺是指成孔结束后,安装井内装置的施工工艺,包括探井、换浆、安装井管、填砾、止水、洗井、试验抽水等工序。这些工序完成的质量直接影响成井质量能否达到设计要求的各项指标。如成井质量差,可能引起井内大量出砂或井的出水量降低,甚至不出水。因此,严格控制成井工艺中的各道工序是保证成井质量的关键。

1)探井

探井是检查井身和井径的工序,目的是检查井身是否圆直,以保证井管顺利安装和滤料厚度均匀。探井工作采用探井器进行,探井器直径应大于井管直径,小于孔径25mm;其长度宜为(20~30)倍孔径。在合格的井孔内任意深度处,探井器应均能灵活转动。如发现井身质量不符要求,应立即进行修整。

2)换浆

成孔结束、经探井和修整井壁后,井内泥浆黏度很大并含有大量岩屑,过滤管进水缝隙可能被堵塞,井管也可能沉不到预计深度,造成过滤管与含水层错位。因此,井管安装前,应进行换浆。

换浆是以稀泥浆置换井内的稠泥浆的施工工序,不应加入清水,换浆的浓度应根据井壁的稳定情况和计划填入的滤料粒径大小确定,稀泥浆一般黏度为16~18s,密度为1.05~10g/cm³。

3)安装井管

安装井管前需先进行配管,即根据井管结构设计,进行配管,并检查井管的质量。井管沉设方法应根据管材强度、沉设深度和起重设备能力等因素选定,并宜符合下列要求:

① 提吊下管法,宜用于井管自重(或浮重)小于井管允许抗拉力和起重的安全负荷;

② 托盘(或浮板)下管法,宜用于井管自重(或浮重)超过井管允许抗拉力和起重的安全负荷;

③ 多级下管法,宜用于结构复杂和沉设深度过大的井管。

4)填砾

填砾前的准备工作包括:① 井内泥浆稀释至密度小于1.10g/cm³(高压含水层除

外）；② 检查滤料的规格和数量；③ 备齐测量填砾深度的测锤和测绳等工具；④ 清理井口现场加井口盖，挖好排水沟。

滤料的质量包括以下方面：滤料应按设计规格进行筛分，不符合规格的滤料不得超过15％；滤料的磨圆度应较好，棱角状砾石含量不能过多，严禁以碎石作为滤料；不含泥土和杂物；宜用硅质砾石。

滤料数量按式（10-9）计算：

$$V = 0.785(D^2 - d^2)L\alpha \tag{10-9}$$

式中　V ——滤料数量（m）；

　　　D ——填砾段井径（m）；

　　　d ——过滤管外径（m）；

　　　L ——填砾段长度（m）；

　　　α ——超径系数，一般为 1.2～1.5。

填砾的方法应根据井壁的稳定性、冲洗介质的类型和管井结构等因素确定。常用的方法包括静水填砾法、动水填砾法和抽水填砾法。

5）洗井

为防止泥皮硬化，下管填砾之后，应立即进行洗井。管井洗井方法较多，一般分为水泵洗井、活塞洗井、空压机洗井、化学洗井和二氧化碳洗井以及两种或两种以上洗井方法组合的联合洗井。洗井方法应根据含水层特性、管井结构及管井强度等因素选用，简述如下：

① 松散含水层中的管井在井管强度允许时，宜采用活塞洗井和空压机联合洗井。

② 泥浆护壁的管井，当井壁泥皮不易排除，宜采用化学洗井与其他洗井方法联合进行。

③ 碳酸盐岩类地区的管井宜采用液态二氧化碳配合六偏磷酸钠或盐酸联合洗井。

④ 碎屑岩、岩浆岩地区的管井宜采用活塞、空气压缩机或液态二氧化碳等方法联合洗井。

6）试抽水

管井施工阶段试抽水主要目的是检验管井出水量的大小，确定管井设计出水量和设计动水位。试抽水类型为稳定流抽水试验，下降次数为 1 次，且抽水量不小于管井设计出水量；

稳定抽水时间为 6～8h；试抽水稳定标准是在抽水稳定的延续时间内井的出水量、动水位仅在一定范围内波动，没有持续上升或下降的趋势，即可认为抽水已经稳定。抽水过程中需考虑自然水位变化和其他干扰因素影响。试抽水前需测定井水含砂量。

7）管井竣工验收质量标准

降水管井竣工验收是指管井施工完毕，在施工现场对管井的质量进行逐井检查和验收。降水管井竣工验收质量标准主要应有下述 4 个方面。

① 管井出水量：实测管井在设计降深时的出水量应不小于管井设计出水量，当管井设计出水量超过抽水设备的能力时，按单位储水量检查。当具有位于同一水文地质单元并且管井结构基本相同的已建管井资料时，新建管井的单位出水量应与已建管井的单位出水量接近。

② 井水含砂量：管井抽水稳定后，井水含砂量应不超过 $1/100000 \sim 1/50000$（体积比）。

③ 井斜：实测井管斜度应不大于 $1°$。

④ 井管内沉淀物：井管内沉淀物的高度应小于井深的 $5‰$。

3. 真空管井施工

真空降水管井施工方法与降水管井施工方法相同，详见前述。真空降水管井施工尚应满足以下要求：

（1）宜采用真空泵抽气集水，深井泵或潜水泵排水。

（2）井管应严密封闭，并与真空泵吸气管相连。

（3）单井出水口与排水总管的连接管路中应设置单向阀。

（4）对于分段设置滤管的真空降水管井，应对开挖后暴露的井管、滤管、填砾层等采取有效封闭措施。

（5）井管内真空度不宜小于 $0.065MPa$，宜在井管与真空泵吸气管的连接位置处安装高灵敏度的真空压力表监测。

10.4　隔渗帷幕设计

10.4.1　帷幕体的主要形式

帷幕体的主要形式有地下连续墙、SMW 工法、水泥土搅拌法和高压喷射注浆法帷幕等。

1. 地下连续墙

地下连续墙可将隔渗和基坑支护功能合为一体，整体性和止水效果好，适用面广，但工程造价高。

2. SMW 工法

与地下连续墙类似，SMW 工法形成的挡墙也能将隔渗和支护两功能合二为一，通过将水泥浆与原状土混合形成水泥土墙，然后插入 H 型钢，形成连续的地下墙体。SMW 工法施工工期短，对环境影响小，隔渗效果好，造价相对较低。

3. 水泥土搅拌法

水泥土搅拌法既可以构成具有基坑止水和支护两种功能的水泥土挡墙，也可以构成以隔渗功能为主的独立止水帷幕，还可以与支护桩排或土钉墙结合，共同发挥隔渗和支挡功能。它将原状土与水泥混合，形成渗透系数远比天然原状土小的水泥土。该方法包括干法和湿法两种施工工艺，施工工期短，对施工条件要求低。

4. 高压喷射注浆法

与水泥土搅拌法类似，高压喷射注浆法既可以形成水泥土挡墙，也可以构成以止水功能为主的隔渗帷幕。还可以与支护桩排或土钉墙结合，共同发挥隔渗和支挡功能。其通过喷端喷出的水泥浆切制土体，使原状土与浆液搅拌混合。水泥凝固后，水泥土混合体渗透系数大为降低，形成隔水帷幕。该方法施工方便、工期短、施工设备简单。假如深度过大，施工质量难保障。

10.4.2 隔渗帷幕设计

如前所述,按隔渗体所在的位置不同,分成竖向隔渗帷幕和水平铺盖封底两种。前者沿基坑周边竖直形成连续封闭帷幕体,阻止地下水沿基坑坑壁或坑底附近渗入坑内,是广泛采用的一种方式,后者是当基坑坑底存在突涌、管涌破坏可能性时,采用水泥搅拌法等在坑底或离坑底一定距离的土体深度范围内形成一定厚度的水平隔渗封底,防止发生渗透破坏。由于施工质量难以保障,其防突涌的效果也不明显,往往需要加设管井降水减压。与竖向隔渗帷幕相比,水平封底隔渗应用较少。

1. 竖向隔渗帷幕设计

将隔渗和支护挡土两种功能合二为一的帷幕体的设计方案首先应满足基坑变形、支护结构强度、稳定等要求,然后验算其抗渗性,在综合考虑这两方面因素的基础上确定帷幕体深度、宽度等几何尺寸。

对以发挥隔渗功能为主的止水帷幕,土压力由支护结构承担,帷幕体假设不承受外部荷载,其布置、厚度等只需满足止水隔渗要求。

落底式帷幕将止水帷幕直接嵌入相对不透水土(岩层),切断了基坑内外的地下水的水力联系。

当相对不透水层位置较深时,采用落底式帷幕投资过大时,采用悬挂式帷幕(帷幕体趾位于透水层中),通过延长地下水渗流路径降低水力坡降的方法控制地下水。悬挂式帷幕体进入基坑坑底以下的深度 D(图 10-11)由基坑底部不发生渗透破坏的条件确定,即 $i \leqslant i_{允许}$。其中坑底处水力坡降 i 根据流网分析获得,允许临界渗透坡度 $i_{允许}$ 可根据理论分析和工程经验确定。

在无工程经验的情况下,假设沿帷幕外轮廓的渗流水力坡度是相同的,深度 D 也可以由式(10-10)确定。

$$D \geqslant \frac{h - (h + b)i_{允许}}{2i_{允许}} \tag{10-10}$$

式中 h ——坑内外水头差(m);

       D ——嵌入深度(m);

       b ——帷幕底部宽度(m);

       $i_{允许}$ ——基坑底部土层允许渗透坡度。

嵌入下卧相对不透水层的落底式帷幕深度 l 由式(10-11)确定:

$$l = 0.2\Delta h - 0.5b \tag{10-11}$$

式中 Δh ——基坑内外作用水头差(m);

       b ——帷幕厚度。嵌入深度 l 也不宜小于 1.5m。

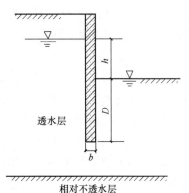

图 10-11   悬挂式帷幕体管涌验算

由水泥土搅拌法等方法形成的隔渗帷幕,其厚度由施工机械、成桩直径和桩排列方式决定,多为 0.8~1.0m,也可大于 1.0m。水泥土混合物固化后,强度要求大于 1MPa,渗透系数 k 小于 10^{-6} cm/s。尽管施工过程中,成桩垂直偏差要求不超过 1‰,桩位偏差不得大于 50mm。当帷幕体深度超过 10m 时,相邻底端部错位可能大于 10cm,从而形成水泥无法与土层混合的盲区，容易产生渗漏区域。对这些部位可采用高压灌浆方法填补泄漏点。设计中，对于搅拌深度不大于10m，相邻桩搭接宽度不宜小于150mm，深度加大，搭接宽度也加大。

竖向隔渗帷幕设计中须注意几个问题：

（1）对由水泥土材料形成的帷幕体，应满足渗透系数 k 小于 10^{-6}cm/s；

（2）帷幕体厚度、嵌固深度应满足土体不发生渗透破坏的要求；

（3）若场地条件许可，隔渗帷幕尽可能与支护结构分离，形成独立的封闭体（图10-12）；

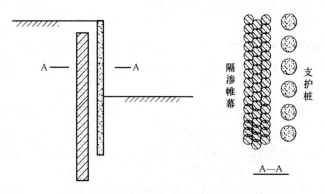

图10-12　隔渗帷幕与支护结构分离布置

（4）若场地开阔，隔渗帷幕可布置在支护结构主动区范围之外，以避免万一发生过大变形导致墙体开裂、防渗功能失效；

（5）当含水层较厚、渗透系数较大时，隔水帷幕可与降水井联合使用；

（6）当含水层和相对隔水层互层时，宜优先选择落底（相对隔水层）帷幕，当含水层很厚，隔水层底板很深时，可采用悬挂式帷幕和降水相结合的方式。

2. 水平隔渗层

水平隔渗层是在基坑开挖前，通过水泥土搅拌法等方法在坑底或距坑底某一深度形成的一定厚度的水泥土混合体，水泥凝固后因其渗透系数远比原状土小，因此可以获得隔渗的效果。水平隔渗层宜沿整个基坑开挖范围内布置，并与竖向帷幕结合，形成五面隔水层面。水平隔渗层不宜单独布置。

水平隔渗层需与竖向帷幕接触紧密，注意不能出现渗漏区域。隔渗层底水压力需小于隔渗层及上覆土的重量，以防止突涌。据此来确定水平隔渗层厚度 d：

$$d \geqslant \frac{K_{ty}\gamma_w h}{\gamma} \tag{10-12}$$

式中　h——隔渗层底板承压水头（m）；

　　　γ——隔渗层帷幕体和上覆土层平均重度（kN/m）；

　　K_{ty}——突涌稳定安全系数，可按有关规范取值。

设计方案中可适当增加隔渗层在支护结构、工程桩等处的厚度，增强结合能力。水平隔渗层能否奏效，关键在于它是否连续和封闭、不出现渗漏。另外，在坑内可均匀布设减压孔（井），隔渗与降水减压相结合，减少上浮力。

10.5 环境影响预测及处理措施

10.5.1 工程降水引起的地面沉降及控制措施

因降水引起土层压密问题需采用太沙基有效应力原理考虑。抽水引起的渗透压力使得土体应力变化，使隔水层中的孔压逐渐降低，有效应力增加，土体压密，导致地表沉降。降水影响范围一般很大，大规模降水影响区域可达到上千米。

1. 降水引起地面沉降的计算方法

工程降水会使土层中的有效应力增加，引起地面下沉。工程降水引起的地面沉降量计算，目前通常采用分层总和法。降水引起的地面某点沉降量按式（10-13）计算：

$$s = \psi_w \sum_{i=1}^{n} \sigma'_{wi} \frac{\Delta h_i}{E_{si}} \tag{10-13}$$

式中　s——水位下降引起的地面沉降（cm）；

　　　ψ_w——沉降计算经验系数；

　　　σ'_{wi}——水位下降引起的各计算分层有效应力增量（kPa）；

　　　Δh_i——受降水影响地层第 i 层土的厚度（cm）；

　　　n——计算分层数；

　　　E_{si}——各分层的压缩模量（kPa）。

在计算承压水水位下降引起的有效应力增量时，应充分考虑常年地下水位变化及拟开挖基坑附近竣工的降水工程对其地面沉降的影响。

分层总和法计算工程降水引起的地面沉降量应用简便，估算精度取决于两方面：

（1）沉降经验修正系数的取值：工程降水引起的土层固结是一个复杂的三维压缩变形过程，土层的固结度也难以准确估计，影响降水引起的地面沉降估算精度。

（2）变形参数取值：降水引起的土层固结是包含弹性压缩变形在内的非线性压缩过程。分层总和法基于弹性变形理论建立，不能较全面解释降水引起地面沉降的机理，其线性变形参数也不能全面反映土层固结的基本性质及固结的全过程。

降水的深度和降水时间长短影响沉降量；降落漏斗的水力坡度和受压层厚度变化影响沉降差，大量的工程实践证明有两类普遍存在的沉降类型：

（1）含水层渗透性较强（k 值较大），降落漏斗水力坡度小，且受压层厚度均匀时，地面沉降差较小（2‰～1‰以下），一般情况下对环境影响很小；

（2）含水层渗透性弱（k 值较小），降落漏斗水力坡度较大，且受压土层厚度变化较大时，地面沉降差较大（＞3‰），则对环境影响较大。

2. 控制地面不均匀沉降的主要措施

当由于降水引起的地面沉降与沉降差较小，对环境的影响也不大时，可不需要特殊措施，只要合理布置降水井点，尽量缩小降水影响范围即可。但当土层的压缩性较大，渗透系数较小，或者土层厚度变化较大时，则应设置帷幕隔渗，在完全隔渗条件下，进行坑内封闭式降水，或对非桩基础的既有建筑物地基采取预先托换式加固措施后再进行降水。条件许可情况下，可进行回灌。

10.5.2　渗透破坏引起的地面沉陷

渗流破坏（流土、管涌、突涌）产生含水层水土流失引起的地面沉陷与降水引起的固结沉降是两种性质截然不同的地面变形。前者可能导致地表数十米范围内产生大量下沉并伴随地表开裂，造成周边建（构）筑物及管线和支护结构破坏，后者则是在降水漏斗范围内产生有限、可控的不均匀沉降。

1. 渗透破坏产生原因

渗流破坏的产生有以下三种情况：

（1）在没有管井降水和可靠隔渗帷幕的情况下，在地下水位以下强行开挖，产生较大范围流土或突涌；

（2）帷幕隔渗不严，局部有漏洞存在，渗漏水流携砂，造成砂土层损失；

（3）降水未达到预计深度，地下水位仍高于开挖深度或减压降水后的承压水头高度仍可突破坑底隔水层，产生突涌。

2. 控制渗透破坏的主要措施

对于深基坑开挖，一方面要正确认识渗透破坏，找到产生渗透破坏的原因，另一方面又要采取一定的措施，防止渗透破坏的发生或将渗透破坏的影响降低。常用的工程措施有：

（1）根据含水层渗透性的大小，选用适当类型的管井降水，使地下水位降至开挖深度以下一定深度，即疏干开挖深度内的含水层，是防止渗流破坏的根本措施；

（2）采用可靠的竖向隔渗帷幕或竖向帷幕加水平封底也是可行的控制措施，但水平封底对承压水突涌不易奏效，应以降水减压为宜。

10.5.3　石灰岩中降水引起的地面塌陷及其防治措施

工程降水引起的石灰岩地区地面塌陷，是指在石灰岩中存在未填充或半填充的溶洞或溶岩、通道、基岩以上的覆盖层物质在降水时随地下水垂直运动，其松散物质漏失到其下的岩溶空洞中，引起的地面塌陷。

1. 岩溶地面塌陷的机理和类型

岩溶地面塌陷有3种机理和类型：

（1）石灰岩体之上为松散饱和的砂类土层，在降水引起地下水垂直运动过程中，使砂土层发生潜蚀乃至渗流液化后大量漏失到石灰岩空洞中，进而造成地面大范围塌陷；

（2）石灰岩体之上为黏性土覆盖层，但长期受地下水潜蚀已形成土洞。在工程降水作用下，土洞顶板破坏，发生地面塌陷，产生与土洞对应的陷坑；

（3）石灰岩体之上的覆盖土层（砂土、软土或各种黏性）厚度不大时，在工程降水使岩溶水位在短时间内急剧下降后，产生负压乃至真空，这种负压加上土层自重超过土体强度时，覆盖土层破坏，漏失到其下的岩溶空洞中，地表产生与溶洞对应的陷坑（穴）或陷井。

以上情况和类型在基坑工程中并不多见，但在石灰岩分布广、埋藏深度浅地区的超深基坑中也可遇到，此时应高度重视、慎重对待，尽量避免因基坑引起周围地面塌陷。

2. 防治措施

对于不同地质条件下石灰岩中降水引起的地面塌陷，常采取不同的防治措施。

（1）在石灰岩体之上有饱和砂土、粉土覆盖层存在时，原则上禁止在石灰岩中抽排岩溶水。若因基坑深度要求在石灰岩中开挖并抽排降岩溶水时，需在基坑四周的石灰岩中进行注浆，填堵岩溶空洞，在基坑周边形成竖向帷幕（深度超过浅层岩溶发育带底板）。

（2）在石灰岩体之上有老黏性土覆盖层存在且土体中并不存在土洞时，可在石灰岩中排降岩溶水（一般不会使周围产生地面塌陷）。当黏性土中已有土洞存在时，应预先探明土洞位置、规模，并对土洞进行注浆充填或在石灰岩体中形成竖向帷幕后，方可抽排降石灰岩中的岩溶水。

（3）不论石灰岩体之上存在何种覆盖层，当覆盖层厚度较薄但对石灰岩体封闭较严密时，在石灰岩中进行大降深抽水都可能产生真空吸蚀型地面塌陷。对于此种情况，应做详细勘察和分析、预测，采取可靠措施才能降水。一般情况下，应在基坑四周形成竖向帷幕，并在外围预打一定数量的排气孔以消除真空负压。

由于覆盖层有一定厚度，基坑挖深一般进入石灰岩的深度不大，浅部石灰岩体大多处于包气带中，岩溶水往往在深部，不需在石灰岩中进行深井降水。个别情况下，岩溶水位很浅时，也应避免采用深井降水，尽量采用集水明排，以免造成岩溶水产生较大波动。可见岩溶地下水位深度的准确判断是非常重要的，这就要求在勘察过程中对岩溶地下水是否存在、其准确深度是多少，进行专门的勘探、测试工作。在石灰岩地区的水文地质勘探孔，一般不要太深，只需钻至浅部岩溶发育带底板即可，以免将深部岩溶承压水打穿。岩溶地下水位的观测，必须将覆盖层中的空隙用套管止水，切实测到岩溶水位，在确知岩溶地下水影响基坑开挖时，再采取防治水措施。

习题

1. 单项选择题

某基坑工程场地由两层砂性土组成，无地下水。支护桩后主动土压力分布如图所示，下列哪个选项是正确的？（   ）

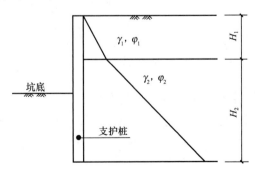

A. $\varphi_1 = \varphi_2$，$\gamma_1 < \gamma_2$ B. $\varphi_1 > \varphi_2$，$\gamma_1 < \gamma_2$

C. $\varphi_1 < \varphi_2$，$\gamma_1 < \gamma_2$ D. $\varphi_1 = \varphi_2$，$\gamma_1 > \gamma_2$

2. 多项选择题

[1] 当有透过砂性土土堤的地下水渗流时，下列哪些选项条件下更容易发生管

涌？（　　）

    A. 水力梯度较大　　　　　　　　　　B. 土的不均匀系数较小

    C. 土体的级配不连续　　　　　　　　D. 土的密实程度高

  [2] 采用排桩式围护结构的基坑，土层为含潜水的细砂层。原方案为排桩加止水帷幕，采用坑内集水明排，断面如图所示。现拟改为坑外降水井方案，降水深度在坑底0.5m 以下。下列哪些选项符合降水方案改变后条件的变化？（　　　）

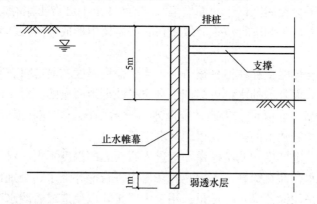

    A. 可适当减小排桩的桩径

    B. 可适当减小排桩的插入深度

    C. 可取消止水帷幕

    D. 在设计时需计算支护结构上的水压力

3. 案例分析题

  [1] 某建筑基坑平面为 34m×34m 的正方形，坑底以下为 4m 厚黏土，其天然重度为 19kN/m³，再下为厚 20m 的承压含水层，其渗透系数为 20m/d，承压水水头高出坑底 6.5m，拟在基坑周围距坑边 2m 处布设 12 口非完整降水井抽水减压，井管过滤器进水部分长度为 6m。为满足基坑坑底抗突涌稳定要求，按《建筑基坑支护技术规程》JGJ 120—2012 的规定，平均每口井的最小单井设计流量最接近多少？

答案详解

  1. 单项选择题

  A

  根据题图可知，在分层界面处的主动土压力强度相同，即有 $\gamma_1 H_1 K_{a1} = \gamma_1 H_1 K_{a2}$，即 $\varphi_1 = \varphi_2$；再根据下层土的土压力强度斜率更大，即 $\gamma_2 K_{a2} > \gamma_1 K_{a2}$，综上则有 $\gamma_2 > \gamma_1$。

  2. 多项选择题

  【1】A、C

  管涌是在渗流作用下，土中细颗粒在粗颗粒形成的孔隙通道中移动并被带出的现象，水力梯度较大，渗流力大，细颗粒更容易被带出，容易发生管涌，选项 A 正确；不均匀系数表示土的均匀程度，不均匀系数小，说明土颗粒大小相差不大，不能形成孔隙通道，不容易发生管涌，选项 B 错误；级配不连续说明缺乏某一粒径的土，可以形成孔隙通道，容易发生管涌，选项C正确；土的密实程度高，细颗粒对粗颗粒形成的骨架的填充程度也高，大大减少了孔隙通道的存在，也就不容易发生管涌，选项D错误。

【2】A、B、C

水位降低至坑底0.5m时，水压力为零，不需计算水压力，水土总压力减小，支护结构受力减小，其插入深度和桩径可适当减小，且坑外降水后，水位位于坑底以下，不再影响基坑，可以取消止水帷幕。

3. 案例分析题

【1】（1）根据突涌稳定性计算降深

$$\frac{D\gamma}{h_w\gamma_w} = \frac{4\times19}{h_w\times10} \geq 1.1，解得 h_w \leq 6.9m$$

降水深度为 $s_d = 4+6.5-6.9 = 3.6m$

（2）基坑涌水量计算

承压水非完整井：

$$r_0 = \sqrt{\frac{(34+4)\times(34+4)}{\pi}} = 21.44m$$

$$s_w = 10m$$

$$R = 10s_w\sqrt{k} = 10\times10\times\sqrt{20} = 447.2m$$

$$Q = 2\pi k \frac{Ms_d}{\ln\left(1+\frac{447.2}{21.44}\right)+\frac{20-6}{6}\times\ln\left(1+0.2\times\frac{20}{21.44}\right)} = 2597.2m^3/d$$

（3）降水井单井设计流量

$$q = 1.1\frac{Q}{n} = 1.1\times\frac{2597.2}{12} = 238.1m^3/d$$

第 11 章 基坑工程施工监测

11.1 概述

11.1.1 基坑监测的重要性和目的

基坑工程监测是通过信息反馈，达到如下三个目的：

（1）确保基坑围护结构和相邻建（构）筑物的安全。

在基坑开挖与围护结构施筑过程中，必须要求围护结构及被支护土体是稳定的，在避免其极限状态和破坏发生的同时，不产生由于围护结构及被支护土体的过大变形而引起邻近建（构）筑物的过度变形、倾斜或开裂以及邻近管线的渗漏等。从理论上说，如果基坑围护工程的设计是合理可靠的，那么表征土体和支护系统力学形态的一切物理量都随时间而渐趋稳定，反之，如果测得表征土体和支护系统力学形态特点的某几种或某一种物理量，其变化随时间而不是渐趋稳定，则可以断言土体和支护系统不稳定，支护必须加强或修改设计参数。在工程实际中，基坑在破坏前，往往会在基坑侧向的不同部位上出现较大的变形，或变形速率明显增大。近几年来，随着工程经验的积累，由基坑工程失稳引起的工程事故已经越来越少，但由围护结构及被支护土体的过大变形而引起邻近建（构）筑物和管线破坏则仍然时有发生。事实上，大部分基坑围护工程的目的就是保护邻近建（构）筑物。因此，基坑开挖过程中进行周密的监测，在建（构）筑物的变形在正常的范围内时保证基坑的顺利施工，在建（构）筑物和管线的变形接近警戒值时，有利于及时对建（构）筑物采取保护措施，避免或减轻破坏的后果。

（2）指导基坑开挖和围护结构的施工，必要时调整施工工艺参数和设计参数。

基坑工程设计尚处于半理论半经验的状态，还没有成熟的基坑围护结构上土压力，围护结构内力变形、土体变形的计算方法，使得理论计算结果与现场实测值有较大的差异，因此，需要在施工过程中进行现场监测以获得其现场实际的受力和变形情况。基坑施工总是从点到面、从上到下分工况局部实施，可以根据由局部和前一工况的开挖产生的受力和变形实测值与设计计算值的比较分析，验证原设计和施工方案合理性，同时可对基坑开挖到下一个施工工况时的受力和变形的数值和趋势进行预测，并根据受力和变形实测和预测结果与设计时采用的值进行比较，必要时对施工工艺参数和设计参数进行修正。

（3）为基坑工程设计和施工的技术进步收集积累资料。

基坑围护结构上所承受的土压力及其分布，与地质条件、支护方式、支护结构设计参数、基坑平面几何形状、开挖深度、施工工艺等有关，并直接与围护结构内力和变形、土体变形有关，同时与挖土的空间顺序、施工进度等时间和空间因素有复杂的关系，现行设计理论和计算方法尚未全面地考虑这些因素。基坑围护的设计和施工应该在充分借鉴现有成功经验和吸取失败教训的基础上，力求更趋成熟和有所创新。对于新设计的基坑工程，尤其是采用新的设计理论和计算方法、新支护方式和施工工艺或工程地质条件和周边环境特殊的基坑工程，在方案设计阶段需要参考同类工程的图纸和监测成果，在竣工完成后则为以后的基坑工程设计增添了一个工程实例。所以施工监测不仅确保了本基坑工程的安全，在某种意义上也是一次1：1的实体试验，所取得的数据是结构和土层在工程施工过程中的真实反映，是各种复杂因素作用下基坑围护体系的综合体现，因而也为基坑工程的技术进步收集积累了第一手资料。

11.1.2　施工监测的基本要求

（1）计划性：监测工作必须是有计划的，应根据设计方提出的监测要求和业主下达的监测任务书制订详细的监测方案，计划性是监测数据完整性的保证，但计划性也必须与灵活性相结合，应该根据在施工过程中变化了的情况来修正原先的监测方案。

（2）真实性：监测数据必须是可靠真实的，数据的可靠性由测试元件安装或埋设的可靠性、监测仪器的精度和可靠性以及监测人员的素质来保证，所有数据必须是原始记录的，不得更改、删除，但按一定的数学规则进行剔除、滤波和光滑处理是允许的。

（3）及时性：监测数据必须是及时的，监测数据需在现场及时计算处理，计算有问题可及时复测，尽量做到当天报表当天出，以便及时发现隐患，及时采取措施。

（4）匹配性：埋设于结构中的监测元件不应影响和妨碍监测对象的正常受力和使用，埋设于岩体介质中的水土压力计、测斜管和分层沉降管等回填时的回填土应注意与岩土介质的匹配，监测点应便于观测、埋设稳固、标识清晰，并应采取有效的保护措施。

（5）多样性：监测点的布设位置和数量应满足反映工程结构和周边环境安全状态的要求，在同一断面或同一监测点，尽量施行多个项目和监测方法进行监测，通过对多个监测项目的连续监测资料进行综合分析，可以互相印证、互相检验，从而对监测结果有全面正确的把握。

（6）警示性：对重要的监测项目，应按照工程具体情况预先设定预警值和预警制度，预警值应包括变形和内力累计值及其变化速率。

（7）完整性：基坑监测应整理完整的监测记录表、数据报表、形象的图表和曲线，监测结束后整理出监测报告。

11.2　基坑工程监测方案

基坑工程施工前，应在收集相关资料、进行现场踏勘的基础上，依据相关规范和规程编制监测方案。所需要收集的资料包括：

（1）勘察成果文件；

（2）基坑围护设计文件；

（3）基坑影响范围内地下管线图及地形图；

（4）周边建（构）筑物状况（建筑年代、基础和结构形式）等；

（5）基坑工程施工方案。

在阅读熟悉场地工程和水文地质条件、工程性质、基坑围护设计和施工方案以及基坑工程地上和地下邻近环境资料的基础上，进行现场踏勘和调查，根据工程的地质条件复杂程度、周边环境保护等级确定工程监测的等级，在分析研究工程风险及影响工程安全的关键部位和关键工序的基础上，有针对性地编制施工监测方案。工程施工监测方案主要编制的内容是：

(1) 监测项目的确定；

(2) 监测方法和精度的确定；

(3) 施测部位和测点布置的确定；

(4) 监测频率和期限的确定；

(5) 预警值及预警制度。

监测方案还应包括基坑工程潜在的风险与对应措施，基准点、工作基点、监测点的布设与保护措施，监测点布置图，异常情况下的监测措施，监测信息的处理、分析及反馈制度，主要仪器设备和人员配备，质量管理、安全管理及其他管理制度等。

基坑工程施工监测方案还需要征求工程建设相关单位、地下管线主管单位、道路主管部门和邻近建（构）筑物业主的意见并经他们的认定后方可实施。

当基坑工程位于轨道交通等大型地下设施安全保护区范围内，邻近城市生命线工程。邻近优秀历史保护建筑，邻近有特殊使用要求的仪器设备厂房，采用新工艺、新材料或有其他特殊要求时，应编制专项监测方案。

高质量的监测方案是监测工作有条不紊顺利开展的基础和保障。

11.2.1　监测项目的确定

基坑工程监测项目应根据工程具体的特点来确定，主要取决于工程的规模、重要性程度、地质条件及业主的经济能力。确定监测项目的原则是监测简单易行、结果可靠、成本低、便于监测元件埋设和监测工作实施。此外，所选择的被测物理量要概念明确，量值显著，数据易于分析，易于实现反馈。其中的位移监测是最直接易行的，因而应作为施工监测的重要项目，同时支撑的内力和锚杆的拉力也是施工监测的重要项目。

表11-1是《建筑基坑工程监测技术标准》GB 50497—2019规定的基坑工程安全等级及据此等级确定的基坑工程监测项目表。表中分"应测项目""宜测项目"和"可测项目"3个监测重要性档次。

土质基坑工程监测项目表　　　　　　　　表 11-1

监测项目	基坑工程安全等级		
	一级	二级	三级
围护墙（边坡）顶部水平位移	应测	应测	应测
围护墙（边坡）顶部竖向位移	应测	应测	应测
深层水平位移	应测	应测	宜测
立柱竖向位移	应测	应测	宜测
围护墙内力	宜测	可测	可测
支撑轴力	应测	应测	宜测
立柱内力	可测	可测	可测
锚杆轴力	应测	宜测	可测

续表

监测项目		基坑工程安全等级		
		一级	二级	三级
坑底隆起		可测	可测	可测
围护墙侧向土压力		可测	可测	可测
孔隙水压力		可测	可测	可测
地下水位		应测	应测	应测
土体分层竖向位移		可测	可测	可测
周边地表竖向位移		应测	应测	宜测
周边建筑	竖向位移	应测	应测	应测
	倾斜	应测	宜测	可测
	水平位移	宜测	可测	可测
周边建筑裂缝、地表裂缝		应测	应测	应测
周边管线	竖向位移	应测	应测	应测
	水平位移	可测	可测	可测
周边道路竖向位移		应测	宜测	可测

支护结构的安全等级　　　　　　　　　　　表 11-2

安全等级	破坏后果
一级	支护结构失效、土体过大变形对基坑周边环境或主体结构施工安全的影响很严重
二级	支护结构失效、土体过大变形对基坑周边环境或主体结构施工安全的影响严重
三级	支护结构失效、土体过大变形对基坑周边环境或主体结构施工安全的影响不严重

表 11-1 中的基坑工程安全等级分三级，是《建筑基坑支护技术规程》JGJ 120—2012 根据基坑支护结构失效和土体过大变形对基坑周边环境或主体结构施工安全的影响程度进行划分的。此外，北京市地方标准《建筑基坑支护技术规程》DB 11/489—2016 依据基坑开挖深度、工程地质和水文地质条件、环境条件将基坑侧壁安全等级划分为 3 个等级。上海市工程建设规范《基坑工程施工监测规程》DG/TJ 08—2001—2016 根据基坑开挖深度将基坑安全等级、周边环境保护等级对工程监测等级进行划分，共划分为 3 个等级，并结合地质条件复杂程度调整基坑各侧壁工程监测等级。

《城市轨道交通工程监测技术规范》GB 50911—2013 则依据工程自身风险等级和周边环境风险等级对基坑工程的监测等级进行划分，同样划分为 3 个等级。

11.2.2　监测精度的确定

监测项目的精度由其重要性和市场上用于现场监测的一般仪器的精度确定，在确定监测元件的量程时，需首先估算各被测量的变化范围。

国家行业标准《建筑基坑工程监测技术标准》GB 50497—2019 规定的水平位移和竖

向位移监测精度要求分别见表 11-3 和表 11-4。

水平位移监测精度要求（mm）　　　　　　表 11-3

水平位移 预警值	累计值 D（mm）	D≤40		40<D≤60	D>60
	变化速率 v_D（mm/d）	$v_D \leq 2$	$2 < v_D \leq 4$	$4 < v_D \leq 6$	$v_D > 6$
监测点坐标中误差		≤1.0	≤1.5	≤2.0	≤3.0

竖向位移监测精度要求（mm）　　　　　　表 11-4

竖向位移 预警值	累计值 S（mm）	S≤20	20<S≤40	40<S≤60	S>60
	变化速率 v_S（mm/d）	$v_S \leq 2$	$2 < v_S \leq 4$	$4 < v_S \leq 6$	$v_S > 6$
监测点测站高差中误差		≤0.15	≤0.5	≤1.0	≤1.5

深层水平位移监测采用的测斜仪的系统精度不宜低于 0.25mm/m，分辨率不宜低于 0.02mm/0.5m。

土压力计、孔隙水压力计、支撑轴力计、用于监测围护墙和支撑体系内力、锚杆拉力的各种钢筋应力计和应变计分辨率应不大于 0.2%FS（满量程），精度优于 0.5%FS。其量程应取最大设计值或理论估算值的 1.5～2 倍。

地下水位的监测精度优于 10mm，裂缝宽度的监测精度不宜低于 0.1mm，长度和深度监测精度不宜低于 1mm。

监测方法和仪器的确定主要取决于场地工程地质条件和力学性质，以及测量的环境条件。通常，在软弱地层中的基坑工程，对于地层变形和结构内力，由于量值较大，可以采用精度稍低的仪器和装置；对于地层压力和结构变形，测量值较小，应采用精度稍高的仪器；而在较硬土层的基坑工程中，则与此相反，对于地层变形和结构内力，量值较小，应采用精度稍高的仪器；对于地层压力，测量值较大，可采用精度稍低的仪器和装置。

11.2.3　监测点布置

测点布置涉及各监测项目中元件或探头的埋设位置和数量，应根据基坑工程的受力特点及由基坑开挖引起的基坑结构及周围环境的变形规律来布设。

1. 围护墙顶水平位移和竖向位移

围护墙顶水平位移和竖向位移是基坑工程中最直接、最重要的监测项目。测点一般布置在将围护墙连接起来的混凝土冠梁上，水泥搅拌桩、土钉墙、放坡开挖时的上部压顶上，水平位移和竖向位移监测点一般合二为一，是共用的。测点的间距一般不宜大于20m，重要部位适当加密，可以等距离布设，也可根据支撑间距、现场通视条件、地面超载等具体情况机动布置。对于阳角部位和水平位移变化剧烈的区域，测点可以适当加密，有水平支撑时，测点布置在两根支撑的中间部位。有围护墙侧向变形监测点（测斜管）处应布设监测点。

2. 立柱竖向位移和内力

立柱竖向位移测点布置在基坑中部多根支撑交汇受力复杂处、施工栈桥处、逆作法施工时承担上部结构荷载的逆作区与顺作区交界处的立柱上。监测点一般直接布置在立柱桩上方的支撑面上，总数不应少于立柱总根数的 5%，逆作法施工的基坑不应小于 10%，且均不应小于 3 根。有承压水风险的基坑，应增加监测点。

地质条件复杂位置和不同结构类型的立柱内力监测点宜布置在受力较大的立柱上，每个截面传感器埋设不少于 4 个，且布置在坑底以上立柱长度的 1/3 部位。

3. 围护墙深层水平位移

围护墙深层水平位移监测，也称桩墙测斜，一般应布设在围护墙每边的中间部位处、阳角部位处。布置间距一般为 20～60m，一般在每条基坑边上至少布设 1 个测斜孔，很短的边可以不布设。监测深度一般取与围护墙入土深度一致，并延伸至地表，在深度方向的测点间距为 0.5～1.0m。

4. 支撑、冠梁和围檩内力

对于设置内支撑的基坑工程，一般可选择部分有代表性和典型性的支撑进行轴力监测，以掌握支撑系统的受力状况。支撑轴力的测点布置需决定平面、立面和截面三方面的要素。平面指设置于同一标高，即同一道支撑内选择监测的支撑，原则上应参照基坑围护设计方案中各道支撑内力计算结果，选择轴力最大处、阳角部位和基坑深度有变化等部位的支撑以及数量较多的支撑即有代表性的支撑进行监测。在缺乏计算资料的情况下，通常可选择平面净跨较大的支撑布设测点，每道支撑的监测数量应不少于 3 根。立面指基坑竖直方向不同标高处设置各道支撑的监测选择，由于基坑开挖、支撑设置和拆除是一个动态发展过程，各道支撑的轴力存在着量的差异，在各施工阶段都起着不同的作用，因而，各道支撑都应监测，并且各道支撑的测点应在竖向上保持一致，即应设置在同一平面位置处，这样，从轴力-时间曲线上就可很清晰地观察到各道支撑设置-受力-拆除过程中的内在相互关系、对切实掌握水平支撑受力规律很有指导意义。由于混凝土支撑出现受拉裂缝后，受力计算就不符合支撑内钢筋与混凝土变形协调的假定了，计算数据会发生偏差，所以应避免布置在可能出现受拉状态的混凝土支撑上。

混凝土支撑轴力的监测断面应布设在支撑长度的 1/3 部位至跨中部位，对监测轴力的支撑，宜同时监测其两端和中部的竖向位移和水平位移。实际量测结果表明，由于支撑的自重以及各种施工荷载的作用，水平支撑的受力相当复杂，除轴向压力外，尚存在垂直方向和水平方向作用的荷载，就其受力形态而言应为双向压弯扭构件。为了能真实反映出支撑杆件的受力状况，采用钢筋应力计或应变计监测支撑轴力时，监测断面内一般配置四个钢筋应力计或应变计，应分别布置在四边中部。H 型钢、钢管等钢支撑采用电阻应变片、表面应变计，或位移传感器、千分表等传感器监测轴力时，每个截面上布设的传感器应不少于 2 个，监测断面应布设在支撑长度的 1/3 部位。钢管支撑轴力计监测时，轴力计布设在支撑端头。

冠梁和围檩内力较大、支撑间距较大处的冠梁和围檩应进行其内力监测，监测断面应布设在每边的中间部位、支撑的跨中部位，在竖向上监测点的位置也应该保持一致，即应设置在各道支撑的同一平面位置处。每个监测截面布设传感器不应少于 2 个，布设在冠梁或围檩两侧对称位置。

5. 围护墙内力

围护墙的内力监测点应设置在围护结构体系中计算受力变形较大且有代表性的位置。监测点在竖向的间距宜为 2～4m，并综合考虑在如下位置布设监测点：围护结构内支撑及拉锚所在位置、计算的最大弯矩所在的位置和反弯点位置、各土层的分界面、结构变截面或配筋率改变的截面位置。

6. 锚杆内力

采用土层锚杆的围护体系，每层土层锚杆中都必须选择数量为锚杆总数 $1\%\sim3\%$ 的锚杆进行锚杆内力监测，且每边不少于 1 根。应选择在基坑每侧边中间部位、阳角部位、开挖深度变化部位、地质条件变化部位以及围护结构体系中受力有代表性和受力较大处的锚杆进行监测。在每道土层锚杆中，若锚杆长度不同、锚杆形式不同、锚杆穿越的土层不同，则通常要在每种不同的情况下布设 3 根以上的土层锚杆进行监测。每层监测点在竖向上的位置也应该保持一致。

7. 坑外地下水位和孔隙水压力

在高地下水位的基坑工程，基坑降水期间坑外地下水位监测的目的是检验基坑止水帷幕的实际效果，以预防基坑止水帷幕渗漏引起相邻地层和建（构）筑物的竖向位移。坑外地下水位监测井应布置在搅拌桩施工搭接处、转角处、相邻建（构）筑物处和地下管线相对密集处等，并且应布置在止水帷幕外侧 2m 处，潜水水位观测管的埋设深度一般在常年水位以下 $4\sim5m$，监测井间距宜为 $20\sim50m$，边长大于 10m 的侧边每边至少布置一个，水文地质条件复杂时应适当加密。

对需要降低微承压水或承压水位的基坑工程，监测点宜布设在相邻降压井近中间部位，间距不宜超过 50m，每条基坑边至少布设一个监测点，观测孔的埋设深度应能反映承压水水位的变化，层厚不足 4m 时，埋到该含水层层底。

8. 建（构）筑物和地下管线变形

相邻环境监测项目的确定和布设需根据地下工程种类、周边临近建（构）筑物性质、地下管线现状等确定。建（构）筑物主要监测竖向位移，当竖向不均匀位移较大，或有整体移动趋势时，增加水平位移监测。高度大于宽度的建筑物要进行倾斜监测，地下管线需同时进行竖向位移和水平位移监测，地表则主要监测竖向位移，当建（构）筑物和地表有裂缝时，应选择典型和重要的裂缝进行监测，土层中的监测项目根据需要布设。

周边建筑竖向位移监测点的布置应符合下列规定：

（1）建筑四角、沿外墙每 $10\sim15m$ 处或每隔 $2\sim3$ 根柱的柱基或柱子上，且每侧外墙不应少于 3 个监测点；

（2）不同地基或基础的分界处；

（3）不同结构的分界处；

（4）变形缝、抗震缝或严重开裂处的两侧；

（5）新、旧建筑或高、低建筑交接处的两侧；

（6）高耸构筑物基础轴线的对称部位，每一构筑物不应少于 4 点。

地下管线竖向和水平位移监测点的布设前应听取地下管线所属部门和主管部门的意见，并考虑地下管线的重要性及对变形的敏感性，结合地下管线的年份、类型、材质、管径、管段长度、接口形式等情况，综合确定监测点。

（1）给水、燃气管尽量利用窨井、阀门、抽气孔以及检查井等管线设备直接布设监测点；

（2）在管线接头处、端点、转弯处应布置监测点；

（3）监测点间距一般为 $15\sim25m$，管线越长，在相同位移下产生的变形和附加弯矩就越小，因而测点间距可大些，在有弯头和丁字形接头处，对变形比较敏感，测点间距就要小些；

（4）给水管承接式接头一般应按 2～3 个节点设置 1 个监测点；

（5）影响范围内有多条管线时，则应选择最内侧的管线、最外侧的管线、对变形最敏感的管线或最脆弱的管线布置监测点。

9. 地表和土体位移

一般垂直基坑工程边线布设地表竖向位移监测剖面线，剖面线间距为 30～50m，至少在每侧边中部布置一条监测剖面线，并延伸到施工影响范围外，每条剖面线上一般布设 5 个监测点、监测点间距按由内向外变稀疏的规则布置，作为地下管线间接监测点的地表监测点，布置间距一般为 15～25m。

在测点布设时应尽量将桩墙深层侧向位移、支撑轴力和围护结构内力、土体分层沉降和水土压力等测点布置在相近的范围内，形成若干个系统监测断面，以使监测结果互相对照，相互检验。

位于地铁、上游引水、合流污水等主要公共设施安全保护区范围内的监测点设置，应根据相关管理部门技术要求确定。

11.2.4 监测方法

由于基坑监测项目较多，以下内容仅对常见的监测项目对应的监测方法进行介绍，重点介绍水平位移、竖向位移、深层水平位移、锚杆内力、支撑轴力、地下水位等监测项目。此外，基坑的施工振动可能引起周边纠纷，对振动监测进行简要介绍。

1. 水平位移

测定特定方向上的水平位移时，可采用视准线法、小角度法、投点法等；测定监测点任意方向的水平位移时，可视监测点的分布情况，采用极坐标法、交会法、自由设站法等；当测点与基准点无法通视或距离远时，可采用 GPS 测量法或三角、三边、边角测量与基准线法相结合的综合测量方法。设备主要采用高精度全站仪（图 11-1），根据风险程度可考虑选择具有自动化监测功能的测量机器人和监测设备 GNSS（图 11-2）。

图 11-1 全站仪图

图 11-2 位于坡顶的 GNSS

2. 竖向位移

竖向位移监测采用几何水准或液体静力水准等方法。设备主要是高精度电子水准仪（图 11-3），自动化监测时的液体静力水准常采用磁致伸缩式静力水准仪（图 11-4）或压差式静力水准仪等。当条件受限时也可采用自动化监测设备 GNSS 的竖向位移监测数据。

图 11-3　高精度电子水准仪　　　　　图 11-4　磁致伸缩式静力水准仪

3. 深层水平位移

深层水平位移监测宜采用在墙体、桩身或土体中埋设测斜管、通过测斜仪（图 11-5）观测各深度处水平位移的方法，根据现场情况，必要时选择可用于自动化监测的固定式测斜仪（图 11-6）。

 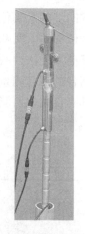

图 11-5　测斜管和测斜仪　　　　　图 11-6　固定式测斜仪

4. 锚杆内力与支撑轴力

锚杆内力监测常采用轴力计、钢筋应力计或应变计。对于锚杆内力，工程中常通过安装振弦式锚索测力计进行监测（图 11-7）；对于支撑轴力，常通过安装轴力计进行钢支撑轴力的监测；对于钢筋混凝土内支撑，常通过在内支撑截面周边（上下左右对称或 4 个角点处）布置钢筋计进行监测。对于振弦式传感器，常采用频率读数仪（图 11-8）进行监测，可根据现场需要采用振弦采集模块进行数据自动化采集。

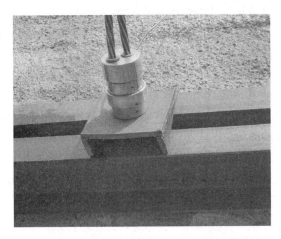

图 11-7 安装腰梁之上的锚索测力计   图 11-8 频率读数仪

5. 地下水位

地下水位监测宜采用钻孔内设置水位管或设置观测井，通过水位计（图 11-9）进行量测。根据情况可考虑采用液位计（图 11-10）等传感器并结合自动化采集模块进行地下水位的自动化监测。

图 11-9 水位计   图 11-10 液位计

6. 振动监测

可采用配有三分量速度传感器的振动监测仪进行监测。如，钢板桩或爆破等施工时，对周边环境产生振动，容易产生纠纷，需要采用振动监测仪进行监测。必要时，在土方开挖阶段，对重型机械车辆的通行引起建筑物振动进行监测。监测结果可参考《建筑工程容许振动标准》GB 50868—2013 的速度峰值规定进行分析。

11.2.5 监测期限与频率

1. 监测期限

基坑围护工程的作用是确保主体结构地下部分工程快速安全顺利地完成施工，因此，基坑工程监测工作的期限基本上要经历从基坑围护墙和止水帷幕施工、基坑开挖到主体结构施工到±0.000标高的全过程。也可根据需要延长监测期限,如相邻建(构)筑物的竖向位移监测要待其竖向位移速率恢复到基坑开挖前值或竖向位移基本稳定后。

2. 埋设时机和初读数

土体竖向位移和水平位移监测的基准点应在施测前15d埋设,让其有15d的稳定时间,并取施测前2次观测值的平均值作为初始值。在基坑开挖前可以预先埋设的各监测项目,必须在基坑开挖前埋设并读取初读数。

埋设在土层中的元件如土压力计、孔隙水压力计、土层中的测斜管和分层沉降环等需在基坑开挖一周前埋设,以便被扰动的土体有一定的稳定时间,经逐日定时连续观测一周时间,读数基本稳定后,取3次测定的稳定值的平均值作为初始值。

埋设在围护墙中的测斜管、埋设在围护和支撑体系中监测其内力的传感器宜在基坑开挖一周前埋设,取开挖前连续2d测定的稳定值的平均值作为初始值。

监测土层锚杆拉力的传感器和监测钢支撑轴力的传感器需在施加预应力前测读初读数,当基坑开挖到设计标高时,土层锚杆的拉力应是相对稳定的,但监测仍应按常规频率继续进行。如果土层锚杆的拉力每周的变化量大于5%,就应当查明原因,采取适当措施。

3. 监测频率

基坑工程监测频率应以能系统而及时地反映基坑围护体系和周边环境的重要动态变化过程为原则,应考虑基坑工程等级、基坑及地下工程的不同施工阶段以及周边环境、自然条件的变化。当监测值相对稳定时,可适当降低监测频率。对于应测项目,在无数据异常和事故征兆的情况下,表11-5是《建筑基坑工程监测技术标准》GB 50497—2019规定的监测频率,表11-6是上海市工程建设规范《基坑工程施工监测规程》DG/TJ 08—2001—2016给出的监测频率,选测项目的监测频率可以适当放宽,但监测的时间间隔不宜大于应测项目的2倍。现场巡检频次一般应与监测项目的监测频率保持一致,在关键施工工序和特殊天气条件时应增加巡检频次。原则上实施监测时采用定时监测,但也应根据监测项目的性质、施工速度、所测物理量的变化速率和总变化以及基坑工程和相邻环境的具体状况而变化。当遇到下列情况之一时,应提高监测频率:

(1) 监测数据变化速率达到预警值;

(2) 监测数据累计值达到预警值,且参建各方协商认为有必要加密监测;

(3) 现场巡检中发现支护结构、施工工况、岩土体或周边环境存在异常现象;

(4) 存在勘察未发现的不良地质条件,且可能影响工程安全;

(5) 暴雨或长时间连续降雨;

(6) 基坑工程出现险情或事故后重新组织施工;

(7) 其他影响基坑及周边环境安全的异常现象。当有事故征兆时应连续跟踪监测。对于分区或分期开挖的基坑,在各施工分区及其影响范围内,应按较密的监测频率实施监测工作,对施工工况延续时间较长的基坑施工区,当某监测项目的日变化量较小时,可以减少监测频率或暂时停止监测。监测数据必须及时整理,对监测数据有疑虑时可以及时复测,当监测数据接近或达到预警值或其他异常情况时应尽快通知有关单位,以便施工单位尽快采取措施。监测日报表最好当天提交,最迟不能超过次日上午,以便施工单位尽快据此安排和调整施工进度。监测数据不准确，不能及时提供信息反馈去指导施工就失去监测的作用。

监测频率　　　　　　　　　　　　　　　　　　　　表 11-5

基坑设计安全等级	施工进程		监测频率
一级	开挖深度 h	$\leqslant H/3$	1 次/(2~3)d
		$H/3 \sim 2H/3$	1 次/(1~2)d
		$2H/3 \sim H$	(1~2)次/d
	底板浇筑后时间 (d)	$\leqslant 7$	1 次/d
		7~14	1 次/3d
		14~28	1 次/5d
		>28	1 次/7d
二级	开挖深度 h	$\leqslant H/3$	1 次/3d
		$H/3 \sim 2H/3$	1 次/2d
		$2H/3 \sim H$	1 次/d
	底板浇筑后时间 (d)	$\leqslant 7$	1 次/2d
		7~14	1 次/3d
		14~28	1 次/7d
		>28	1 次/10d

注：1. h——基坑开挖深度；H——基坑设计深度。
　　2. 支撑结构开始拆除到拆除完成后 3d 内监测频率加密为 1 次/d。
　　3. 基坑工程施工至开挖前的监测频率视具体情况确定。
　　4. 当基坑设计安全等级为三级时，监测频率可视具体情况适当降低。
　　5. 宜测、可测项目的仪器监测频率可视具体情况适当降低。

上海市《基坑工程施工监测规程》DG/TJ 08—2001—2016 的监测频率　　表 11-6

基坑开挖深度监测频率 基坑设计深度（m）	$\leqslant 4$	4~7	7~10	10~12	$\geqslant 12$
$\leqslant 4$	1 次/d	1 次/d	1 次/2d	1 次/2d	1 次/2d
4~7	—	1 次/d	1 次/2d~1 次/d	1 次/2d~1 次/d	1 次/2d
7~10	—	—	1 次/d	1 次/d	1 次/2d~1 次/d
$\geqslant 10$	—	—		1 次/d	1 次/d

注：1. 基坑工程开挖前的监测频率应根据工程实际需要确定；
　　2. 底板浇筑后 3d 至地下工程完成前可根据监测数据变化情况放宽监测频率，一般情况每周监测 2~3 次；
　　3. 支撑结构拆除过程中及拆除完成后 3d 内监测频率应加密至 1 次/d。

11.2.6　预警值和预警制度

基坑工程施工监测的预警值就是设定一个定量化指标体系，在其容许的范围之内认为工程是安全的，并对周围环境不产生有害影响，否则，则认为工程是非稳定或危险的，并将对周围环境产生有害影响。建立合理的基坑工程监测的预警值是一项十分复杂的研究课题，工程的重要性越高，其预警值的建立就越重要，难度也越大。

监测预警值的确定要综合考虑基坑的规模和特点、工程地质和水文地质条件、周围环境的重要性程度以及基坑的施工方案等因素。预警值的确定可以有根据设计预估值、经验类比值和参照现行的相关规范和规程的规定值等方式。

监测预警值可以分为支护结构和周围环境的监测项目两大部分指标，支护结构监测项目的预警值首先应根据设计计算结果及基坑工程监测等级等综合确定。

周边环境监测项目的预警值应根据监测对象的类型和特点、结构形式、变形特征、已有变形的现状，并结合环境对象的重要性、易损性，以及各保护对象主管部门的要求及国家现行有关标准的规定等进行综合确定，对地铁、属于文物的历史建筑等特殊保护对象的监测项目的预警值，必要时应在现状调查与检测的基础上，通过分析计算或专项评估后确定。周围有特殊保护对象的基坑工程，其支护结构监测项目的预警值也受到周围特殊保护对象的控制，无论在基坑设计计算时和预警值确定时都要特殊对待。由于周围环境各边的复杂程度不同，支护结构监测预警值各边也可以不一样。

《建筑基坑工程监测技术标准》GB 50497—2019将基坑工程按破坏后果和工程复杂程度区分为3个等级，根据支护结构类型的特点和基坑安全等级给出了各监测项目的预警值（表11-7）。监测预警值可分为变形监测预警值和受力监测预警值，变形预警值给出容许位移绝对值、与基坑深度比值的相对值以及容许变化速率值，基坑和周围环境的位移类监测预警值是为了基坑安全和对周围环境不产生有害影响，需要在设计和监测时严格控制的；而围护结构和支撑的内力、锚杆拉力等，则是在满足以上基坑和周围环境的位移和变形控制值的前提下由设计计算得到的，因此，围护结构和支撑轴力、锚杆轴力等应以设计预估值为确定预警值的依据，该规范中将受力类的预警值按基坑等级分别确定了设计允许最大值的百分比值。其中，支撑轴力和锚杆内力监测项目也规定了监测值与预应力设计值的比值最小值。

基坑及支护结构监测预警值　　　　　　　　　　　　　　　　表 11-7

序号	监测项目	支护类型	基坑设计安全等级								
			一级			二级			三级		
			累计值		变化速率(mm/d)	累计值		变化速率(mm/d)	累计值		变化速率(mm/d)
			绝对值(mm)	相对基坑设计深度H控制值		绝对值(mm)	相对基坑设计深度H控制值		绝对值(mm)	相对基坑设计深度H控制值	
1	围护墙（边坡）顶部水平位移	土钉墙、复合土钉墙、喷锚支护、水泥土墙	30~40	0.3%~0.4%	3~5	40~50	0.5%~0.8%	4~5	50~60	0.7%~1.0%	5~6
		灌注桩、地下连续墙、钢板桩、型钢水泥土墙	20~30	0.2%~0.3%	2~3	30~40	0.3%~0.5%	2~4	40~60	0.6%~0.8%	3~5

续表

序号	监测项目	支护类型	一级 累计值 绝对值(mm)	一级 累计值 相对基坑设计深度H控制值	一级 变化速率(mm/d)	二级 累计值 绝对值(mm)	二级 累计值 相对基坑设计深度H控制值	二级 变化速率(mm/d)	三级 累计值 绝对值(mm)	三级 累计值 相对基坑设计深度H控制值	三级 变化速率(mm/d)
2	围护墙(边坡)顶部竖向位移	土钉墙、复合土钉墙、喷锚支护	20~30	0.2%~0.4%	2~3	30~40	0.4%~0.6%	3~4	40~60	0.6%~0.8%	4~5
		水泥土墙、型钢水泥土墙	—	—	—	30~40	0.6%~0.8%	3~4	40~60	0.8%~1.0%	4~5
		灌注桩、地下连续墙、钢板桩	10~20	0.1%~0.2%	2~3	20~30	0.3%~0.5%	2~3	30~40	0.5%~0.6%	3~4
3	深层水平位移	复合土钉墙	40~60	0.4%~0.6%	3~4	50~70	0.6%~0.8%	4~5	60~80	0.7%~1.0%	5~6
		型钢水泥土墙	—	—	2~3	50~60	0.6%~0.8%	3~5	60~70	0.7%~1.0%	5~6
		钢板桩	50~60	0.6%~0.79	2~3	60~80	0.7%~0.8%	3~5	70~90	0.8%~1.0%	4~5
		灌注桩、地下连续墙	30~50	0.3%~0.4	2~3	40~60	0.4%~0.6%	3~5	50~70	0.6%~0.8%	4~5
4	立柱竖向位移		20~30		2~3	20~30		2~3	20~40		2~4
5	地表竖向位移		25~35		2~3	35~45		3~4	45~55		4~5
6	坑底隆起(回弹)		累计值(30~60)mm,变化速率(4~10)mm/d									
7	支撑轴力		最大值:(60%~80%)f			最大值:(70%~80%)f			最大值:(70%~80%)f		
8	锚杆轴力		最小值:(80%~100%)f_y			最小值:(80%~100%)f_y			最小值:(80%~100%)f_y		
9	土压力		(60%~70%)f_1			(70%~80%)f			(70%~80%)f		
10	孔隙水压力											
11	围护墙内力		(60%~70%)f			(70%~80%)f			(70%~80%)f		
12	立柱内力											

注:1. H——基坑设计深度;f_1——荷载设计值;f——构件承载能力设计值,锚杆为极限抗拔承载力;f_y——钢支撑、锚杆预应力设计值。

2. 累计值取绝对值和相对基坑设计深度H控制值两者的较小值。

3. 当监测项目的变化速率达到表中规定值或连续3次超过该值的70%应预警。

4. 底板完成后,监测项目的位移变化速率不宜超过表中速率预警值的70%。

深圳市建设局对深圳地区建筑深基坑地下连续墙安全性给出了稳定判别标准,见表11-8,表中给出的判别标准有两个特点,首先是各物理量的控制值均为相对量,例如水平位移与开挖深度的比值等,采用无量纲数值,不仅易记,同时不易搞错。其次是给出了安全、注意、危险3种指标,一种比一种需要引起重视,符合工地施工工程技术人员的思维方式。

深圳地区建筑深基坑地下连续墙安全性判别标准　　表 11-8

监测项目	安全或危险的判别内容	安全性判别			
		判别标准	危险	注意	安全
侧压（水、土压）	设计时应用的侧压力	$F_1 = \dfrac{设计用侧压力}{实测侧压力（或预测值）}$	$F_1 \leqslant 0.8$	$0.8 \leqslant F_1 \leqslant 1.2$	$F_1 > 1.2$
墙体变位	墙体变位与开挖深度之比	$F_2 = \dfrac{实测（或预测）变位}{开挖深度}$	$F_2 > 1.2\%$ $F_2 > 0.7\%$	$0.4\% \leqslant F_2 \leqslant 1.2\%$ $0.2\% \leqslant F_2 \leqslant 0.7\%$	$F_2 < 0.4\%$ $F_2 < 0.2\%$
墙体应力	钢筋拉应力	$F_3 = \dfrac{钢筋抗拉强度}{实测（或预测）拉应力}$	$F_3 < 0.8$	$0.8 \leqslant F_3 \leqslant 1.0$	$F_3 > 1.0$
	墙体弯矩	$F_4 = \dfrac{墙体容许弯矩}{实测（或预测）弯矩}$	$F_4 < 0.8$	$0.8 \leqslant F_4 \leqslant 1.0$	$F_4 > 1.0$
支撑轴力	容许轴力	$F_5 = \dfrac{容许轴力}{实测（或预测）轴力}$	$F_5 < 0.8$	$0.8 \leqslant F_5 \leqslant 1.0$	$F_5 > 1.0$
基底隆起	隆起量与开挖深度之比	$F_6 = \dfrac{实测（或预测）隆起值}{开挖深度}$	$F_6 > 1.0\%$ $F_6 > 0.5\%$ $F_6 > 0.2\%$	$0.4\% \leqslant F_6 \leqslant 1.0\%$ $0.2\% \leqslant F_6 \leqslant 0.5\%$ $0.04\% \leqslant F_6 \leqslant 0.2\%$	$F_6 < 0.4\%$ $F_6 < 0.2\%$ $F_6 < 0.04\%$
沉降量	沉降量与开挖深度之比	$F_7 = \dfrac{实测（或预测）沉降值}{开挖深度}$	$F_7 > 1.2\%$ $F_7 > 0.7\%$ $F_7 > 0.2\%$	$0.4\% \leqslant F_7 \leqslant 1.2\%$ $0.2\% \leqslant F_7 \leqslant 0.7\%$ $0.04\% \leqslant F_7 \leqslant 0.2\%$	$F_7 < 0.4\%$ $F_7 < 0.2\%$ $F_7 < 0.04\%$

　　注：1. F_2 上行适用于基坑旁无建筑物或地下管线，下行适用于基坑近旁有建筑物和地下管线。

　　2. F_6、F_7 上、中行与 F_2 同，下行适用于对变形有特别严格要求的情况。

　　建筑物的安全与正常使用判别准则应参照国家或地区的房屋检测标准确定，表 11-9 为《建筑地基基础设计规范》GB 50007—2011 规定的相邻建筑物的基础倾斜允许值。地下管线的允许沉降和水平位移量值由管线主管单位根据管线的性质和使用情况确定，否则可以由经验类比确定。经验类比值是根据大量工程实际经验积累而确定的预警值，表 11-10 是《建筑基坑工程监测技术标准》GB 50497—2019 的建筑基坑内降水或基坑开挖引起的基坑外水位下降、各种管线和建（构）筑物位移监测预警值。

　　各监测项目的监测值随时间变化的时程曲线也是判断基坑工程稳定性的重要依据，施工监测到的时程曲线可能呈现出 3 种形态，如果基坑工程施工后监测得到的时程曲线持续衰减、变形加速度始终保持小于 0，则该基坑工程是稳定的；如果时程曲线持续上升，出现变形加速度等于 0 的情况，也即变形速度不再继续下降，则说明基坑土体变形进入"定常蠕变"状态，需要发出预警，加强监测，做好加强支护系统的准备；一旦时程曲线出现变形逐渐增加甚至急剧增加，即加速度大于 0 的情况，则表示已进入危险状态，必须发出报警并立即停工，进行加固。根据该方法判断基坑工程的安全性，应区分由于分部和土体集中开挖以及支撑拆除引起的监测项目数值的突然增加，使时程曲线上呈现位移速率加速，但这并不预示着基坑工程进入危险阶段，所以，用时程曲线判断基坑工程的安全性要结合施工工况进行综合分析。

建筑物的基础倾斜允许值 表 11-9

建筑物类别		允许倾斜
多层和高层建筑基础	$H \leqslant 24m$	0.004
	$24m < H \leqslant 60m$	0.003
	$60m < H \leqslant 100m$	0.0025
	$H > 100m$	0.002
高耸结构基础	$H \leqslant 20m$	0.008
	$20m < H \leqslant 50m$	0.006
	$50m < H \leqslant 100m$	0.005
	$100m < H \leqslant 150m$	0.004
	$150m < H \leqslant 200m$	0.003
	$200m < H \leqslant 250m$	0.002

注：1. H 为建筑物地面以上高度；

2. 倾斜是基础倾斜方向两端点的沉降差与其距离的比值。

建筑基坑工程周边环境监测预警值 表 11-10

	项目 监测对象		累计值（mm）	变化速率 （mm/d）	备注
1	地下水位变化		1000～2000（常年变幅以外）	500	—
2	管线 位移	刚性 管道　压力	10～20	2	直接观 察点数据
		非压力	10～30	2	
		柔性管线	10～40	3～5	
3	邻近建筑位移		小于建筑物地基变形允许值	2～3	—
4	邻近道路 路基沉降	高速公路、道路主干	10～30	3	
		一般城市道路	20～40	3	
5	裂缝宽度	建筑结构性裂缝	1.5～3（既有裂缝） 0.2～0.25（新增裂缝）	持续发展	—
		地表裂缝	10～15（既有裂缝） 1～3（新增裂缝）	持续发展	—

注：1. 建筑整体倾斜度累计值达到 2/1000 或倾斜速度连续 3d 大于 $0.0001H/d$（H 为建筑承重结构高度）时应预警。

2. 建筑物地基变形允许值应按《建筑地基基础设计规范》GB 50007—2011 的有关规定取值。

在施工险情预报中，应同时考虑各项监测项目的累计值和变化速度及其相应的实际时程变化曲线，结合观察到结构、地层和周围环境状况等综合因素做出预报。从理论上说，设计合理的、可靠的基坑工程，在每一工况的挖土结束后，应该是一切表征基坑工程结构、地层和周围环境力学形态的物理量随时间而渐趋稳定，反之，如果测得表征基坑工程结构、地层和周围环境力学形态特点的某一种或某几种物理量，其变化随时间不是渐趋稳定，则可以断言该工程是不稳定的，必须修改设计参数，调整施工工艺。

预警制度宜分级进行，如深圳地区深基坑地下连续墙给出了安全、注意、危险三种警示状态。上海市《基坑工程施工监测规程》DG/TJ 08—2001—2016 根据上海地区软土时空效应的特点以及施工过程中分级控制的需求，根据工程实际需要将监测警示指标分为监测预警值和监测报警值。报警累计值分为绝对值和相对基坑深度 H 值的 2 个报警指标，并规定累计值取绝对值和相对基坑深度 H 值之间的小值。

现场巡查过程中发现下列情况之一时，必须立即发出警情报告：

(1) 基坑围护结构出现明显变形、较大裂缝、断裂、较严重渗漏水，支撑出现明显变位、压曲或脱落，锚杆出现松弛或拔出等。

(2) 基坑出现流土、管涌、突涌或较大基底隆起等。

(3) 周边地表出现较严重的突发裂缝或坍塌。

(4) 周边建（构）筑物出现危害结构安全或正常使用的较大沉降、倾斜、裂缝等。

(5) 周边地下管线变形突然明显增大或出现裂缝、泄漏等。

(6) 据当地工程经验判断应报警的其他情况。

11.3　监测报表与监测报告

11.3.1　监测日报表和中间报告

在基坑监测前要设计好各种记录表格和报表，记录表格和报表应分监测项目根据监测点的数量分布合理设计，记录表格的设计应以记录和数据处理方便为原则，并留有一定的空间，以便记录当日施工进展和施工工况、监测中观测到的异常情况。监测报表有当日报表、周报表、中间报告等形式，其中当日报表最为重要，通常作为施工调整和安排的依据，周报表通常作为参加工程例会的书面文件，对一周的监测成果做简要的汇总，中间报告作为基坑某个施工阶段或发生险情时监测数据的阶段性分析和小结。

监测的日报表应包括下列内容：

(1) 当日的天气情况、施工工况、报表编号等；

(2) 仪器监测项目的本次测试值、累计变化值、本次变化值（或变化速率）、报警值，必要时绘制相关曲线图；

(3) 现场巡检的照片、记录等；

(4) 结合现场巡检和施工工况对监测数据的分析和建议；

(5) 对达到和超过监测预警值或报警值的监测点应有明显的预警或报警标识。

监测的日报表应及时提交给工程建设有关单位，并另备一份经工程建设或现场监理工程师签字后返回存档，作为报表收到及监测工程量结算的依据。报表中应尽可能配备形象化的图形或曲线，使工程施工管理人员能够一目了然。报表中呈现的必须是原始数据，不得随意修改、删除，对有疑问或由人为和偶然因素引起的异常点应该在备注中说明。

中间报告通常包括下列内容：

(1) 相应阶段的施工概况及施工进度；

(2) 相应阶段的监测项目和监测点布置图；

(3) 各监测项目监测数据和巡检信息的汇总和分析，并绘制成相关图表；

(4) 监测报警情况、初步原因分析及施工处理措施建议；

（5）对相应阶段基坑围护结构和周边环境的变化趋势的分析和评价，并提出建议。

11.3.2　监测特征变化曲线和形象图

在监测过程中除了要及时出各种类型的报表，还要及时整理各监测项目的汇总表，绘制特征变化曲线和形象图：

（1）各监测项目时程曲线；

（2）各监测项目的速率时程曲线；

（3）各监测项目在各种不同工况和特殊日期变化发展的形象图（如围护墙顶、建筑物和管线的水平位移和竖向位移用平面图，深层侧向位移、深层竖向位移、围护墙内力、不同深度的孔隙水压力和土压力可用剖面图）。

在绘制各监测项目时程曲线、速率时程曲线以及在各种不同工况和特殊日期变化发展的形象图时，应将工况点、特殊日期以及引起变化显著的原因标在各种曲线和图上，以便较直观地看到各监测项目物理量变化的原因。特征变化曲线和形象图不是在撰写周报表、中间报告和最终报告时才绘制，而是应该用 Excel 等软件，每天输入当天监测数据对其进行更新，并将预警值和报警值也画在图上，这样每天都可以看到数据的变化趋势和变化速度以及接近预警值和报警值的程度。

11.3.3　监测报告

在监测工作时应提交完整的监测报告，监测报告是监测工作的回顾和总结，监测报告主要包括如下几部分内容：

（1）工程概况；

包括：工程地点、工程地质、基坑工程及周边环境情况、基坑开挖和施工方案。

（2）监测的目的和意义；

（3）监测项目及确定依据；

（4）监测历程及工作量；

（5）监测方法与监测仪器和精度；

（6）监测点布置；

（7）监测频率和期限报警值；

（8）报警值及报警制度；

（9）监测成果分析；

（10）结论与建议。

监测报告中还应该包括如下图表：基坑支护体系、基坑周围土体（包括地下水、地表）以及周边环境监测点平面布置图，施工工况进程表，监测点布置图，各监测项目特征变化曲线图，观测仪器一览表，各监测项目监测成果汇总表。

除了监测成果分析和结论与建议外，其他内容监测方案中都已经包括，可以监测方案为基础，按监测工作实施的具体情况，如实地叙述实际监测项目、测点的实际布置埋设情况、监测实际的历程及工作量，监测的实际频率和期限等方面的情况，要着重论述与监测方案相比，在监测项目、测点布置的位置和数量上的变化及变化的原因等。并附上监测工作实施的测点位置平面布置图和必要的监测项目（土压力盒、孔隙水压力计、深层竖向位移和侧向位移、支撑轴力）剖面图。

"监测成果分析"是监测报告的核心，该部分在整理各监测项目的汇总表、各监测项目时程曲线、各监测项目的速率时程曲线、各监测项目在各种不同工况和特殊日期变化发展的形象图的基础上，对基坑及周围环境各监测项目的全过程变化规律和变化趋势进行分析，提出各关键构件或位置的变位或内力的最大值，与原设计计算值和监测预警值及报警值进行比较，并简要阐述其产生的原因。在论述时应结合监测日记记录的施工进度、挖土部位、出土量多少、施工工况、天气和降雨等具体情况对数据进行分析。

"结论与建议"是监测工作的总结与结论，通过基坑围护结构受力和变形以及对相邻环境的影响程度，对基坑设计的安全性、合理性和经济性进行总体评价，总结设计和施工中的经验教训，尤其要总结根据监测结果通过及时的信息反馈在对施工工艺和施工方案的调整和改进中所起的作用。

工程监测项目从方案编制、实施到完成后对数据进行分析整理、报告撰写，除积累大量第一手的实测资料外，总能总结出相当的经验和有规律性的东西，不仅对提高监测工作本身的技术水平有很大的促进，对丰富和提高基坑工程的设计和施工技术水平也是很大的促进。监测报告的撰写是一项认真而仔细的工作，这需要对整个监测过程中的重要环节事件乃至各个细节都比较了解，这样才能够真正地理解和准确地解释所有报表中的数据和信息，并归纳总结出相应的规律和特点。因此报告撰写最好由参与每天监测和数据整理工作的技术人员结合每天的监测日记写出初稿，再由既有监测工作和基坑设计实际经验，又有较好的岩土力学和地下结构理论功底的专家进行分析、总结和提高，这样的监测总结报告才具有监测成果的价值，不仅对类似工程有较好的借鉴作用，而且对该领域的技术进步有较大的推进作用。

习题

1. 基坑工程中用轴力计监测钢管支撑轴力的原理及其使用优点和埋设要点是什么？
2. 基坑工程中用钢筋应力计测试混凝土支撑轴力的原理是什么？
3. 基坑工程中混凝土支撑轴力的测点和监测断面的布设原则有哪些？
4. 在钻孔灌注围护桩中埋设测斜管用测斜仪测量围护桩体不同深度处的水平位移的原理以及埋设中需要注意的问题有哪些？
5. 基坑围护结构土压力盒的埋设有哪些方法及其埋设的要点？
6. 基坑相邻地下管线监测有哪些内容，测点布置有哪些方法？
7. 基坑工程中主要监测项目的布点原则以及所采用的监测仪器有哪些？
8. 基坑围护工程中外力和内力类监测项目有哪些？
9. 做基坑监测方案时需要收集哪些方面的资料？
10. 基坑工程监测的基本要求及施工现场监测的基本内容有哪些？
11. 什么是基坑监测的预警值？应如何制订？

参 考 文 献

[1] 刘国彬，王卫东. 基坑工程手册[M]. 2版. 北京：中国建筑工业出版社，2009.

[2] 木林隆，赵程. 基坑工程[M]. 北京：机械工业出版社，2021.

[3] 王自力，周同和. 建筑深基坑工程施工安全技术规范理解与应用[M]. 北京：中国建筑工业出版社，2015.

[4] 中国土木工程学会土力学及岩土工程分会. 深基坑支护技术指南[M]. 北京：中国建筑工业出版社，2012.

[5] 程良奎，范景伦，韩军. 岩土锚固[M]. 北京：中国建筑工业出版社，2003.

[6] 程良奎，李象范. 岩土锚固·土钉·喷射混凝土：原理设计与应用[M]. 北京：中国建筑工业出版社，2008.

[7] 丛蔼森. 地下连续墙的设计施工与应用[M]. 北京：中国水利水电出版社，2000.

[8] 钱家欢，殷宗泽. 土工原理与计算[M]. 北京：中国建筑工业出版社，1995.

[9] 刘松玉. 土力学[M]. 5版. 北京：中国建筑工业出版社，2020.

[10] 刘波，李东阳，段艳芳，等. 锚杆-砂浆界面黏结滑移关系的试验研究与破坏过程解析[J]. 岩石力学与工程学报，2011，30(S1)：2790-2797.

[11] 刘波，李东阳. 锚杆砂浆粘结-滑移关系的试验拟合分析与模拟[J]. 合肥工业大学学报（自然科学版），2009，32(10)：1510-1513.

[12] 刘波，李东阳. 全长黏结锚杆底部锚头作用效果的试验和计算模型[J]. 岩石力学与工程学报，2011，30(S1)：2770-2776.

[13] 刘波，李先炜，陶龙光. 锚杆拉剪大变形应变分析[J]. 岩石力学与工程学报，2000，19(3)：334-338.

[14] 张乐文，李术才. 岩土锚固的现状与发展[J]. 岩石力学与工程学报，2003，22(增1)：2 2142-221.

[15] 《工程地质手册》编委会. 工程地质手册[M]. 5版. 北京：中国建筑工业出版社，2018.

[16] 张明聚. 土钉支护工作性能的研究[D]. 北京：清华大学，2000.

[17] 袁聚云，钱建固，张宏鸣，等. 土质学与土力学[M]. 4版. 北京：人民交通出版社，2009.

[18] 顾慰慈. 挡土墙土压力计算手册[M]. 北京：中国建材工业出版社，2004.

[19] 邵鹏，朱春柏，潘静杰，等. 基坑群间有限土压力及支护结构相互作用研究[J]. 地下空间与工程学报，2021，17(S1)：187-195.

[20] 陈保国，闫腾飞，王程鹏，等. 深基坑地连墙支护体系协调变形规律试验研究[J]. 岩土力学，2020，41(10)：3289-3299.

[21] 祝建勋，杨春阳，罗正高，等. 北京地铁地连墙基坑变形规律研究[J]. 都市快轨交通，2023，36(03)：35-42.

[22] 梅国雄，宰金珉. 考虑位移影响的土压力近似计算方法[J]. 岩土力学，2001，22(01)：83-85.

[23] 卢国胜. 考虑位移的土压力计算方法[J]. 岩土力学，2004，25(04)：586-589.

[24] 黄茂松，宋晓宇，秦会来. K_0 固结黏土基坑抗隆起稳定性上限分析[J]. 岩土工程学报，2008，30(2)：250-255.

[25] 吕庆，孙红月，尚岳全. 强度折减有限元法中边坡失稳判据的研究[J]. 浙江大学学报（工学版），2008，42(1)：83-87.

[26] 中华人民共和国建设部. 建筑桩基技术规范：JGJ 94—2008[S]. 北京：中国建筑工业出版社，2008.

[27] 中华人民共和国住房和城乡建设部. 建筑基坑支护技术规程：JGJ 120—2012[S]. 北京：中国建筑工业出版社，2012.

[28] 中华人民共和国住房和城乡建设部. 建筑基坑工程监测技术标准：GB 50497—2019[S]. 北京：中国计划出版社，2019.

[29] 左建，温庆博，等. 工程地质及水文地质学[M]. 北京：中国水利水电出版社，2009.

[30] 陈向红. 地下工程顺逆作法施工临时支护及模型分析[J]. 中国煤炭地质，2021，33(12)：56-60.

[31] 陈文昭，陈振富，胡萍. 土木工程地质[M]. 北京：北京大学出版社，2013.

[32] 李瑛，刘岸军，刘兴旺. 考虑假想基础宽度的基坑抗隆起稳定性[J]. 岩土力学，2023(10)：1-9.

[33] 沈健. 深基坑工程考虑时空效应的计算方法研究[D]. 上海：上海交通大学，2006.

[34] XIE C, NGUYEN H, CHOI Y, et al. Optimized functional linked neural network for predicting diaphragm wall deflection induced by braced excavations in clays[J]. Geoscience Frontiers，2022，13(02)：40-57.

[35] JIANLEI Z, QIANGONG C, YAN L, et al. Performance of rectangular closed diaphragm walls in gently sloping liquefiable deposits subjected to different earthquake ground motions[J]. Earthquake Engineering and Engineering Vibration，2021，20(04)：905-923.

[36] WU P, TAN D, LIN S, et al. Development of a monitoring and warning system based on optical fiber sensing technology for masonry retaining walls and trees[J]. Journal of Rock Mechanics and Geotechnical Engineering，2022，14(04)：1064-1076.

[37] 李琳，杨敏，熊巨华. 软土地区深基坑变形特性分析[J]. 土木工程学报，2007，40(4)：66-72.

[38] 徐中华. 上海地区支护结构与主体地下结构相结合的深基坑变形性状研究[D]. 上海：上海交通大学，2007.

[39] 黄生根，张义，霍昊，等. 软土地区深基坑支护工程格构柱变形规律研究[J]. 岩土力学，2023，(S1)：1-6.

[40] 李涛，任东伟，刘学成，等. 考虑深基坑支护结构变形的邻近管线变形解析方法[J]. 中国矿业大学学报，2023，52(01)：86-97.

[41] 尹利洁，李宇杰，朱彦鹏，等. 兰州地铁雁园路站基坑支护监测与数值模拟分析[J]. 岩土工程学报，2021，43(S1)：111-116.

[42] 郑刚，雷亚伟，程雪松，等. 局部锚杆失效对桩锚基坑支护体系的影响及其机理研究[J]. 岩土工程学报，2020，42(03)：421-429.

[43] 李杭州，张志龙，廖红建，等. 结构性土的三维修正剑桥模型研究[J]. 岩土工程学报，2022，44(S1)：12-16.

[44] 张玉伟，翁效林，宋战平，等. 考虑黄土结构性和各向异性的修正剑桥模型[J]. 岩土力学，2019，40(03)：1030-1038.

[45] 王建华，李江腾，廖峻. 土钉墙＋排桩在明挖隧道深基坑支护中的几个问题[J]. 岩土力学，2016，37(04)：1109-1117.

[46] 郭院成，李明宇，张艳伟. 预应力锚杆复合土钉墙支护体系增量解析方法[J]. 岩土力学，2019，40(S1)：253-258＋266.

[47] 刘晨，饶运东，许开军，等. 基于 MADIS/GTS 的基坑复合土钉墙支护效果模拟分析[J]. 岩土工程学报，2012，34(S1)：217-221.

[48] 刘澄赤，杨敏，刘斌，等. 疏排桩-土钉墙组合支护基坑整体稳定性分析[J]. 岩土工程学报，2014，36(S2)：82-86.

[49] 朱彦鹏，俞木兵，章凯. 土钉失效的三维有限元分析[J]. 岩土工程学报增刊，2008(30)：134-137.

[50] 李厚恩，秦四清. 预应力锚索复合土钉支护的现场测试研究[J]. 工程地质报告，2008，16(03)：

393-400.

[51] 康志军,黄润秋,卫彬,等. 上海软土地区某逆作法地铁深基坑变形[J]. 浙江大学学报(工学版),2017,51(08):1527-1536.

[52] 应宏伟,王小刚,郭跃,等. 逆作法基坑支护结构三维 m 法及工程应用[J]. 岩土工程学报,2019,41(S1):37-40.

[53] 陈畅. 上下同步逆作法在武汉地区基坑工程中的设计与应用[J]. 土木工程学报,2015,48(S2):93-97.

[54] 张坤勇,张梦,孙斌,等. 考虑时空效应的软土狭长型深基坑地连墙变形计算方法[J]. 岩土力学,2023(08):1-11.

[55] 陈涛,宋静,翟超. 考虑时空效应软土地区深基坑开挖变形分析[J]. 岩土工程技术,2019,33(03):149-153+187.

[56] 董恩远,王卫军,马念杰,等. 考虑围岩蠕变的锚固时空效应分析及控制技术[J]. 煤炭学报,2018,43(05):1238-1248.

[57] 吴玮,张维佳. 水力学[M]. 3 版. 北京:中国建筑工业出版社,2020.

[58] 刘鹤年,刘东. 流体力学[M]. 3 版. 北京:中国建筑工业出版社,2016.

[59] 王卫东,王建华. 深基坑支护结构与主体结构相结合的设计、分析与实例[M]. 北京:中国建筑工业出版社,2007.

[60] 王卫东,吴江斌,黄绍铭. 上海地区建筑基坑工程的新进展与特点[J]. 地下空间与工程学报,2005,1(4):547-553.

[61] 路林海,孙红,王国富,等. 地铁车站支护与主体结构相结合深基坑变形[J]. 中国铁道科学,2021,42(01):9-14.

[62] 王卫东,徐中华. 深基坑支护结构与主体结构相结合的设计与施工[J]. 岩土工程学报,2010,32(S1):191-199.

[63] 刘占博,任金明,李树一,等. 地下单体构筑物与深基坑支护一体化结构发展趋势[J]. 建筑结构,2021,51(S1):1999-2006.

[64] 董必昌,王雅新,陈世龙,等. 深基坑三排桩支护结构被动区力学特性研究[J]. 武汉理工大学学报(交通科学与工程版):1-8.

[65] 程峰,黄志焯,杨德欢,等. 基于三维数字地质的深基坑排桩支护渗流耦合稳定性数值分析[J]. 建筑结构,2023,53(S1):2891-2897.

[66] 胡琦,陈彧,柯瀚,等. 深基坑工程中的咬合桩受力变形分析[J]. 岩土力学,2008,29(8):2144-2148.

[67] 廖少明,周学领,宋博,等. 咬合桩支护结构的抗弯承载特性研究[J]. 岩土工程学报,2008,30(1):72-78.

[68] 吴文,徐松林,周劲松,等. 深基坑桩锚支护结构受力和变形特性研究[J]. 岩石力学与工程学报,2001,20(3):399-402.

[69] 李明,曹新海,闫继朋. 仙霞路框架中桥基坑工程施工监测分析[J]. 地下空间与工程学报,2011,7(S1):1552-1555.

[70] 栗晴瀚,张静涛,郑刚,等. 含水层越流情况下基坑降水引发变形机理及控制措施[J]. 土木工程学报,2023,56(05):89-101.

[71] 祁凌飞,曲新钢,周山君,等. 富水砂层深基坑悬挂式止水帷幕降水方案优化研究[J]. 工程力学,2023,40(S1):213-218.

[72] 刘凌晖,雷明锋,李水生,等. 强透水地层半封闭基坑降水特性及排水量预测[J]. 华中科技大学学报(自然科学版),2021,49(12):119-125.

[73]　汪旭玮，杨天亮，许烨霜，等. 基坑降水效应的室内试验研究[J]. 中南大学学报（自然科学版），
　　　　2019，50(11)：2823-2830.

[74]　王申侠. 下穿浐河地铁站深基坑与降水设计研究[J]. 铁道工程学报，2020，37(08)：11-14＋64.

[75]　姚天强，石振华. 基坑降水手册[M]. 北京：中国建筑工业出版社，2006.

[76]　朱学愚，钱孝星. 地下水水文学[M]. 北京：中国环境科学出版社，2005.

[77]　张有天. 岩石水力学与工程[M]. 北京：中国水利水电出版社，2005.

[78]　王军连. 工程地下水计算[M]. 北京：中国水利水电出版社，2003.

[79]　邱滟玲，丁文其，赵腾腾，等. 单侧卸荷诱发深基坑的不对称性变形特性与机制[J]. 岩土工程学
　　　　报：1-9.

[80]　盛兴旺，林超，郑纬奇，等. 软粘土地区深大基坑工程桩-连续墙体系空间变形效应[J]. 铁道科学
　　　　与工程学报：1-11[2023-0729].

[81]　谭鑫，金永乐，黄明华，等. 桩锚支护基坑对近邻建筑影响实测及三维数值分析[J]. 土木工程学
　　　　报，2023，56(07)：126-136.

[82]　张明聚，谢治天，李鹏飞，等. 基于有限元分析的基坑工程钢支撑活络端偏心受压性能研究[J].
　　　　土木工程学报，2021，54(10)：106-116.

[83]　宋二祥，付浩，李贤杰. 基坑坑底抗隆起稳定安全系数计算方法改进研究[J]. 土木工程学报，
　　　　2021，54(03)：109-118.

[84]　伍浩，王毅军，王海，等. 大面积基坑开挖回弹简化计算方法[J]. 土木工程学报，2020，53(S1)：
　　　　361-366.

[85]　曾超峰，薛秀丽，郑刚. 基坑工程长期地下水回灌控沉应注意的几个问题[J]. 土木工程学报，
　　　　2019，52(S2)：127-131.

[86]　汪波，高筠涵，马龙祥，等. 近海潮汐作用下深大基坑围护结构力学响应规律分析[J]. 同济大学
　　　　学报（自然科学版），2023，51(04)：523-533.

[87]　周红波，蔡来炳. 软土地区深基坑工程承压水风险与控制[J]. 同济大学学报（自然科学版），
　　　　2015，43(01)：27-32.

[88]　周健，李飞，张姣，等. 复合土钉墙支护基坑颗粒流数值模拟研究[J]. 同济大学学报（自然科学
　　　　版），2011，39(07)：966-971.

[89]　杨敏，卢俊义. 上海地区深基坑周围地面沉降特点及其预测[J]. 同济大学学报（自然科学版），
　　　　2010，38(02)：194-199.

[90]　杨其润，李明广，陈锦剑，等. 同步实施的相邻基坑相互作用机理[J]. 上海交通大学学报，2022，
　　　　56(06)：722-729.